Kommunikation und Medienmanagement

Die Reihe **Kommunikation und Medienmanagement** stellt Informationen aus der gleichnamigen Disziplin bereit, die stetig wächst und interdisziplinär viele Bereiche tangiert. Dieser jungen und dynamischen Disziplin geht es darum, Nutzerbelange zu verstehen und Informationen nutzergerecht zur Verfügung zu stellen.

Den Kern der Reihe bilden sprachliche, sprachwissenschaftliche und sprachtechnologische Themen, Informationsarchitektur und -management, visuelle Kommunikation und Medien. Spezialthemen und Vertiefungen ergänzen die Kernbereiche.

Die in der Reihe erscheinenden Bücher stellen den jeweils aktuellen Wissenstand in diesem facettenreichen Spektrum dar und tragen zur gezielten Professionalisierung in dieser Disziplin bei.

Angesprochen werden sowohl Studierende als auch Praktiker aus Informations-, Sprach- und Medienmanagement, die sich in das Themenfeld der Reihe auf verschiedenen Gebieten einarbeiten möchten.

Mehr Informationen zu dieser Reihe auf http://www.springer.com/series/15380

Petra Drewer • Klaus-Dirk Schmitz

Terminologiemanagement

Grundlagen - Methoden - Werkzeuge

 Springer Vieweg

Petra Drewer
Hochschule Karlsruhe
Karlsruhe
Deutschland

Klaus-Dirk Schmitz
Technische Hochschule Köln
Köln
Deutschland

„Konzeption der Reihe Kommunikation + Medienmanagement: Prof. Sissi Closs und Prof. Petra Drewer, Studiengang Kommunikation und Medienmanagement an der Hochschule Karlsruhe"

„Die Originalversion dieses Kapitels wurde revidiert: Satztechnische Korrekturen wurden im Kapitel ausgeführt. Ein Erratum zu diesem Kapitel ist verfügbar unter https://doi.org/10.1007/978-3-662-53315-4_8„

ISSN 2520-1638   ISSN 2520-1646 (electronic)
Kommunikation und Medienmanagement
ISBN 978-3-662-53314-7   ISBN 978-3-662-53315-4   (eBook)
https://doi.org/10.1007/978-3-662-53315-4

Die Deutsche Nationalbibliothek verzeichnet diese Publikation in der Deutschen National-bibliografie; detaillierte bibliografische Daten sind im Internet über http://dnb.d-nb.de abrufbar.

Gedruckt auf säurefreiem und chlorfrei gebleichtem Papier

Springer Vieweg ist Teil von Springer Nature
Die eingetragene Gesellschaft ist Springer-Verlag GmbH Deutschland
Die Anschrift der Gesellschaft ist: Heidelberger Platz 3, 14197 Berlin, Germany

Vorwort

In den vergangenen Jahren sind wir immer wieder darauf gestoßen (worden), dass es eine Lücke zwischen theoretisch orientierten terminologiewissenschaftlichen Publikationen einerseits und allzu hemdsärmeligen Praxistipps andererseits gibt, die dringend gefüllt werden muss. Sowohl in der Hochschullehre als auch in unserer Gremienarbeit oder bei Beratungstätigkeiten wurde regelmäßig der Wunsch geäußert, zwischen den beiden Extremen zu vermitteln und ein praxisorientiertes und zugleich theoretisch fundiertes Lehr- und Fachbuch zu veröffentlichen.

Diesem Wunsch möchten wir mit diesem Buch nachkommen. Es erläutert zum einen die theoretischen Grundlagen und Methoden der Terminologiewissenschaft und zeigt zum anderen, wie diese sinnvoll in die Unternehmenspraxis übertragen und dort angewandt werden können. Es wendet sich damit nicht nur an alle, die bereits mit Terminologiemanagementprojekten befasst sind, sondern auch an unsere Studierenden an den Hochschulen Köln und Karlsruhe sowie an Studierende ähnlicher Fachrichtungen, denen die Herausforderungen des Terminologiemanagements noch bevorstehen.

Das vorliegende Buch ist über einen längeren Zeitraum hinweg entstanden. Die Idee und die Grundkonzeption entstanden in unserem gemeinsamen Forschungssemester im Sommer 2011. Seitdem sind viele Versionen zwischen Köln und Karlsruhe verschickt, diskutiert, überarbeitet, gekürzt, ergänzt und wieder völlig neu erstellt worden.

Dabei waren wir zum Glück nicht allein. Viele Kolleginnen und Kollegen aus den Bereichen Terminologie- und Übersetzungsmanagement standen zur Verfügung, wenn wir „schnell mal" eine Frage diskutieren wollten. Auch konnten wir immer auf die Unterstützung unserer Hilfskräfte und Assistenten zählen.

Wir möchten uns daher herzlich bei allen bedanken, die uns auf dem Weg begleitet haben und die wir leider nicht alle hier aufführen können. Einige sollen aber doch namentlich genannt werden.

Eingehende Lektorate sowie viele Hinweise auf zielgruppenspezifische Anpassungen verdanken wir Stefanie Frank, Laura Keßler, Ladivia Röhrl und Carolin Schneider. Felix Mack hat mit großer Geduld jeden unserer (Sonder-)Wünsche bei der Gestaltung und Anfertigung der Abbildungen in diesem Buch umgesetzt.

Ein besonderer Dank geht an Donatella Pulitano und Ines Fink, die unsere Arbeit mit großer Expertise und Sorgfalt durchgesehen haben und uns viele, viele konstruktive Verbesserungsvorschläge gemacht haben.

Wir freuen uns besonders, dass mit diesem Buch beim Springer-Verlag eine neue Buchreihe ins Leben gerufen wird und wir Band 1 zu „Kommunikation und Medienmanagement" beisteuern dürfen.

Karlsruhe und Köln, im Oktober 2016   Petra Drewer, Klaus-Dirk Schmitz

Inhaltsverzeichnis

Abkürzungsverzeichnis

AMS	Authoring-Memory-System
API	Application Programming Interface
CAD	Computer-Aided Design
CAT	Computer-Aided Translation
CLC	Controlled-Language-Checker
CMS	Content-Management-System
CSV	Comma-Separated Values
DTP	Desktop-Publishing
DTT	Deutscher Terminologie-Tag
ERP	Enterprise-Resource-Planning
GIGO	Garbage In – Garbage Out
KMU	Kleine und Mittlere Unternehmen
KWIC	Keyword in Context
LAN	Local Area Network
LISA	Localization Industry Standards Association
MARTIF	MAchine-Readable Terminology Interchange Format
MÜ	Maschinelle Übersetzung
NCR	No Country Redirect
PLM	Product-Lifycycle-Management
RaDT	Rat für Deutschsprachige Terminologie
SaaS	Software as a Service
TaaS	Terminology as a Service
TBX	TermBase eXchange
TMS	Translation-Memory-System
TSV	Tab-Separated Values
TVS	Terminologieverwaltungssystem
TWSC	Tilde Wrapper System for CollTerm
UDC	Universal Decimal Classification
URL	Uniform Resource Locator
XML	eXtensible Markup Language

Einleitung

Durch die zunehmende Spezialisierung in Wissenschaft, Technik und Wirtschaft sowie durch die Entwicklung innovativer Verfahren und Produkte in den verschiedenen Branchen und Unternehmen wächst nicht nur das Fach*wissen*, sondern auch der entsprechende Fach*wortschatz*, die Terminologie. Um eindeutig und widerspruchsfrei über fachliche Inhalte kommunizieren zu können, benötigt man eine festgelegte und konsistent verwendete Terminologie. Zeitgleich zur fachlichen entsteht in vielen Unternehmen eine eigene firmenspezifische Terminologie. Als Corporate Language ist sie Teil der Corporate Identity und trägt sowohl zur reibungslosen internen Kommunikation als auch zum Ausbau der eigenen Marktposition bei, indem sie Glaubwürdigkeit vermittelt und den Wiedererkennungswert eines Unternehmens oder einer Marke steigert.

Terminologie ist also ein wichtiger Qualitätsfaktor. Wenn gleich zu Beginn der Erstellung und Verwaltung von sprachlichen Informationsprodukten auf terminologische Konsistenz geachtet wird, potenziert sich dieser Qualitätsgewinn mit jedem Prozessschritt und erst recht mit jeder Sprache, in die übersetzt wird. Die positiven Effekte eines professionellen Terminologiemanagements setzen sich im weiteren Prozess der Dokumentationserstellung und Kommunikation fort:

- Konsistenz, Verständlichkeit und Eindeutigkeit der gesamten Dokumentation (in der Ausgangssprache und in den Zielsprachen) steigen.
- Die Corporate Identity des Unternehmens wird durch die einheitliche Corporate Language gestärkt.
- Das Produkt- bzw. Firmenimage wird durch die Corporate Language sowie die höhere Qualität der Texte verbessert.
- Die Dokumentationserstellung in der Ausgangssprache wird günstiger, da aufwendige terminologische Recherchen und Rückfragen entfallen. Auch lassen sich durch ein

© Springer-Verlag GmbH Deutschland 2017
P. Drewer, K.-D. Schmitz, *Terminologiemanagement*,
Kommunikation und Medienmanagement,
https://doi.org/10.1007/978-3-662-53315-4_1

funktionierendes Terminologiemanagement bei der Dokumentationserstellung modularisierte Texte aus Content-Management-Systemen zusammenfügen, da keine terminologischen „Sprünge" oder „Brüche" mehr entstehen. Ohne vorherige Terminologie- und Stilvorgaben hingegen kann ein solches System kaum sinnvoll eingesetzt werden.

- Die Übersetzungskosten sinken deutlich, da der Einsatz von elektronischen Übersetzungswerkzeugen (v. a. von Translation-Memory-Systemen) effizienter oder überhaupt erst möglich wird. Gleichzeitig steigt die Qualität der Übersetzungen, insbes. hinsichtlich Konsistenz und Verständlichkeit.
- Für den Übersetzer – wie für den Ersteller der Ausgangstexte – entfallen viele aufwendige terminologische Recherchen. Selbst eine einsprachige Terminologiedatenbank in der Ausgangssprache leistet wertvolle Dienste, da die Begriffe hier unmissverständlich definiert sind. Für den Auftraggeber von Übersetzungen besteht durch ein gutes Terminologiemanagement die Gewissheit, dass v. a. firmenspezifische Benennungen (auch: Termini oder Fachwörter) korrekt und konsistent verwendet und dafür immer die gleichen Äquivalente gewählt werden und immer der letzte Stand der terminologischen Vorgaben in den Texten umgesetzt wird.
- Bestellwesen und andere Kommunikationsprozesse (zwischen Kunde und Lieferant, zwischen Mitarbeitern aus Marketing, Entwicklung, Technischer Redaktion, Service etc.) verlaufen reibungsloser. Fehlbestellungen, Rückfragen oder andere Missverständnisse werden deutlich seltener, denn alle Kommunikationspartner wissen sofort, von welchem Teil oder Verfahren die Rede ist, wenn es durchgängig gleich benannt ist. Durch die bessere Verständlichkeit der Texte sind die Kunden nicht nur zufriedener, sondern auch die Zahl der Rückfragen (z. B. über die Service-Hotline) nimmt ab, sodass hier ein weiteres Einsparungspotential entsteht.
- Die Belastung des Supports lässt sich auch dadurch reduzieren, dass die Suche der Kunden in der Dokumentation oder auf den Webseiten des Unternehmens durch ein konsequentes Terminologiemanagement erfolgreicher verläuft. Auch aus der Lagerhaltung oder dem Bestellwesen kommen keine unnötigen und zeitraubenden Rückfragen.
- Rechtsstreitigkeiten und andere Unstimmigkeiten können vermieden werden.
- Der erarbeitete Terminologiebestand ist für Schulungen und Einarbeitungen nutzbar. Speziell neue Mitarbeiter profitieren stark von dieser systematischen, leicht zugänglichen Art des Wissensmanagements.
- Der Wissenstransfer innerhalb des Unternehmens wird deutlich verbessert – sowohl durch das Ergebnis der Terminologiearbeit als auch durch die Terminologiearbeit selbst, da sie viele Beteiligte im Unternehmen anspricht und sensibilisiert.

Grundvoraussetzung für eine terminologisch konsistente, standardisierte Dokumentationserstellung ist das Erarbeiten, Verwalten und Anwenden zumindest einsprachiger terminologischer Datenbestände, die die relevanten Benennungen, die festgelegten Vorzugsbenennungen und verbotenen Synonymen, Begriffsdefinitionen, Hinweise zur Zielgruppengerechtheit bestimmter Benennungen, firmenspezifische Besonderheiten etc. enthalten. Soll die Dokumentation übersetzt werden, so benötigt man mehrsprachige

terminologische Datenbestände, die dazu beitragen, den Übersetzungsablauf zu optimieren und auch die Zieltexte konsistent, eindeutig und damit qualitativ hochwertig zu
machen. Die Einhaltung dieser Vorgaben kann entweder manuell über einen Leitfaden
oder aber mit maschineller Unterstützung überprüft werden.

Kaum ein Bereich trägt mehr zur Kosteneinsparung, Arbeitserleichterung und Quali-
tätssteigerung (mehrsprachiger) Dokumentation bei als ein konsequentes Terminologiemanagement. Leider haben bislang nur wenige Unternehmen diese Relevanz in aller Klar-
heit erkannt. So zeigt eine Umfrage im tekom-Web-Forum aus dem Jahre 2003, dass zwar
98 % aller befragten Unternehmen Terminologiearbeit für wichtig halten, aber nur 25 %
die Terminologieverwendung tatsächlich (mit Hilfe eines Leitfadens) systematisch kontrollieren. Noch geringer (18 %) ist die Zahl derer, die die Terminologie mit Tool-Unter-
stützung verwalten (vgl. Herwartz 2005, S. 40).

Eine aktuellere Studie der tekom über erfolgreiches Terminologiemanagement im
Unternehmen (Schmitz und Straub 2016a) untersucht zwar etwas andere Fragestellungen,
zeigt aber, dass sich die Situation leicht verbessert hat. So geben 45 % der befragten Unternehmen an, dass sie eine definierte Terminologie verwenden, und 46 % nutzen bereits ein
Terminologieverwaltungssystem oder sind in der Phase der Einrichtung.

Wichtig für ein erfolgreiches Terminologiemanagement ist, dass der gesamte Prozess
der Terminologieentstehung und -verwendung durch terminologische Klärungen und
Standardisierungen begleitet wird. Früher war es meist so, dass erst in der Übersetzungs-
phase mit der Terminologiearbeit begonnen wurde (siehe Abb. 1.1). Erst später erkannte
man, dass schon bei der Erstellung der Ausgangstexte die Weichen für eine konsistente,
verständliche Terminologie gestellt werden, und bezog auch diesen Bereich mit ein.
Heute setzt sich die Erkenntnis durch, dass die eigentliche Terminologiearbeit noch früher
beginnt, und zwar bei der Schaffung neuer Benennungen in der Phase der Wissens- und
Informationsentstehung, also in Abteilungen wie Forschung und Entwicklung oder im
Anschluss daran in der Konstruktion und Produktion.

Terminologiearbeit darf nicht erst am Schluss erfolgen. Je früher sich die Beteiligten mit
terminologischen Fragen befassen, desto eher werden adäquate Benennungen eingeführt
und etabliert, was Missverständnisse, Rückfragen, Zusatzaufwand und somit Kosten ver-
meidet. Begriffe und Benennungen müssen folglich möglichst bereits bei der Gewinnung

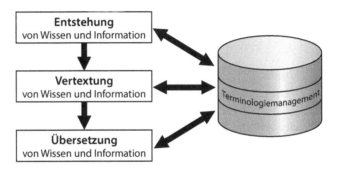

Abb. 1.1 Terminologiearbeit als Teil der Informationskette

neuer Erkenntnisse, in der Praxis also bei der Produktentwicklung, geklärt und festgelegt werden.[1]

Um diese Ziele zu erreichen, ist ein gezieltes, professionelles Vorgehen erforderlich. Das vorliegende Buch will dabei helfen, zentrale Entscheidungen in der Praxis auf einem gesicherten theoretischen Fundament zu fällen.

Dazu werden in Kap. 2 zunächst die wichtigsten Grundbegriffe aus der Terminologie-wissenschaft eingeführt und erläutert, insbes. die Besonderheiten von Begriff und Benen-nung sowie die Zusammenhänge und Beziehungen zwischen den Begriffen.

Darauf aufbauend erklärt Kap. 3, welche grundsätzlichen Formen der Terminologie-arbeit es gibt und was bei der Durchführung von Terminologieprojekten zu beachten ist. Schwerpunkt sind hier die beteiligten Personengruppen und ihre Rollen.

Kapitel 4 widmet sich den Details der praktischen Terminologiearbeit, indem es aus-führlich die Arbeitsschritte der Terminologiegewinnung/Terminologieextraktion, der Begriffsdefinition, der Bildung von Benennungen sowie der Terminologiebereinigung erläutert.

Kapitel 5 befasst sich mit der Konzeption und Einrichtung einer IT-Lösung zur Termi-nologieverwaltung. Es stellt zum einen zentrale inhaltliche, technische und wirtschaftliche Überlegungen vor (v. a. einen umfassenden Überblick über mögliche Datenkategorien), zum anderen liefert es eine Systematik zur Klassifikation und Auswahl von geeigneten Terminologieverwaltungssystemen.

In Kap. 6 wird eingehend beschrieben, was bei der Nutzung eines Terminologiever-waltungssystems zu berücksichtigen ist. Nach wichtigen Grundlagen z. B. zu Datenfluss-management und Nutzergruppen geht es v. a. um die wichtigen Arbeitsschritte der Über-nahme, Eingabe, Validierung, Bereitstellung, Suche und Anzeige von terminologischen Daten.

Das abschließende Kap. 7 befasst sich detailliert mit der Verwendung von (bereinig-ter) Terminologie in Texten. Betrachtet wird sowohl die Erstellung von terminologisch konsistenten Ausgangstexten als auch von terminologisch konsistenten Zieltexten (also Übersetzungen). Im Mittelpunkt der Betrachtungen stehen die grundsätzlichen Metho-den und Vorteile der Terminologiekontrolle sowie die zur Verfügung stehenden Werk-zeuge, die die Textersteller unterstützen können (z. B. Translation-Memory-Systeme oder Sprachkontrolltools).

---

[1] Dieselbe zeitliche Empfehlung gilt für Standardisierungsmaßnahmen auf anderen Ebenen, wie z. B. Modularisierung, grafische Standardisierung, syntaktisch-stilistische Vereinheitlichung etc. (vgl. Drewer und Ziegler 2014, S. 116ff., Drewer 2012b, 2016).

Grundlagen der Terminologiewissenschaft

2

2.1 Einleitung

Im folgenden Kapitel sollen die Grundbegriffe und Prinzipien der Terminologielehre bzw. Terminologiewissenschaft dargestellt werden, soweit sie für das praktische computergestützte Terminologiemanagement und die Arbeit mit Terminologieverwaltungssystemen notwendig sind. Natürlich können an dieser Stelle nicht alle Aspekte der Terminologiewissenschaft ausführlich beleuchtet werden, sondern wir streben eine Beschränkung auf die für das Terminologiemanagement notwendigen Grundlagen an. Für eine ausführliche Beschäftigung mit der Gesamtthematik der Terminologiewissenschaft und Terminologiearbeit siehe z. B. Arntz et al. (2014), Cabré (1999), DTT (2014), Felber und Budin (1989), Kockaert und Steurs (2015), Sager (1990), Wright und Budin (1997, 2001) oder Wüster (1991).

2.2 Was ist Terminologie?

Im Rahmen der ein- und mehrsprachigen Fachkommunikation beschäftigt man sich zwangsläufig mit Fachsprache.[1] Ein wesentliches – aber nicht das einzige – Element der Fachsprache sind die Fachwörter. Die Gesamtheit der Fachwörter eines Fachgebiets

---

[1] Auf den Unterschied zwischen Fachsprache und Gemeinsprache soll an dieser Stelle nicht eingegangen werden, es wird auf weiterführende Literatur zur Terminologielehre oder speziell zur Fachsprache/Fachsprachenforschung verwiesen.

wird als Terminologie bezeichnet. DIN 2342 (2011, S. 16) definiert Terminologie als den „Gesamtbestand der Begriffe und ihrer Bezeichnungen in einem Fachgebiet".[2]

Die Beschäftigung mit der Terminologie eines Fachgebiets ist eine unabdingbare Voraussetzung für jeden, der sich mit fachsprachlichen Texten beschäftigt – sei es, um sie als Anwender zu rezipieren bzw. zu verstehen, um sie als Technischer Redakteur zu produzieren oder um sie als Fachübersetzer in eine andere Sprache zu übertragen.

Im Laufe der Zeit haben sich durch die Personen, die sich mit Fachwörtern beschäftigen, Methoden und Verfahren entwickelt, wie man mit Terminologie arbeitet. Die Beschäftigung mit den Grundsätzen der Terminologiearbeit hat sich zu einer wissenschaftlichen Disziplin entwickelt, die häufig (fälschlicherweise) auch als „Terminologie" bezeichnet wird, da dies ähnlich klingt wie „Lexikologie", die Wissenschaft vom Wortschatz einer Sprache. Da man sich aber gerade bei der Fachkommunikation darum bemühen sollte, gleiche und eindeutige Bezeichnungen für gleiche Dinge und verschiedene Bezeichnungen für verschiedene Dinge zu benutzen, muss der Wissenschaftszweig, der sich damit beschäftigt, mit gutem Beispiel vorangehen. Deshalb wird die Wissenschaft, die sich mit den Grundsätzen der Arbeit mit Terminologien auseinandersetzt, als „Terminologielehre" oder „Terminologiewissenschaft" bezeichnet. DIN 2342 (2011, S. 14) beschreibt die Terminologielehre als die „Wissenschaft von den Begriffen und ihren Bezeichnungen in den Fachsprachen".

Die konkrete Arbeit an und mit Fachwörtern und Fachwortbeständen ist die Terminologiearbeit. Sie ist die „auf der Terminologielehre aufbauende Planung, Erarbeitung, Bearbeitung oder Verarbeitung, Darstellung oder Verbreitung von Terminologie" (DIN 2342 2011, S. 14). Weitere Details zur praktischen Terminologiearbeit folgen in den Kap. 4 und 5.

Sowohl in der Definition von Terminologie als auch in der von Terminologiewissenschaft wird von Begriffen und Benennungen gesprochen. Das durch die amerikanischen Linguisten Ogden und Richards im Jahre 1923 eingeführte „semiotische Dreieck" (vgl. Ogden und Richards 1974 und Abb. 2.1) wurde von der Terminologiewissenschaft zur Erläuterung von Begriff und Benennung und zur Darstellung der Beziehungen zwischen beiden adaptiert.

Von verschiedenen Seiten wurde und wird das Dreiecksmodell als eine zu starke Vereinfachung und unzureichende Repräsentation der komplexen Beziehungen zwischen Begriff und Benennung, zwischen Begriffen untereinander und zwischen Benennungen untereinander kritisiert. Auch Wüster hat komplexere Modelle zur Veranschaulichung der Zusammenhänge benutzt (vgl. Wüster 1959/1960, S. 23ff.). Aber trotz dieser Kritik am

---

[2] In (DIN-)Normen werden in Definitionen oft Notationen als Verweise auf andere Begriffe in derselben Norm angegeben, die hinter den Benennungen, die auf andere Begriffseinträge verweisen, in Klammern stehen. Diese Klammern wurden aus Lesbarkeitsgründen in den Zitaten aus Normen gelöscht, ohne diese Auslassungen explizit kenntlich zu machen.

Abb. 2.1 Semiotisches
Dreieck

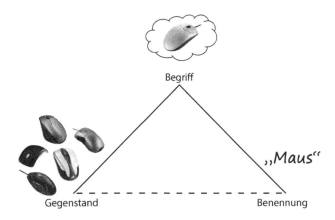

Dreiecksmodell ist es genau diese Vereinfachung, die es zu einem idealen Werkzeug für die Erklärung der Beziehungen zwischen Begriff, Benennung und Gegenstand macht, und dies besonders für Personen, die gerade mit der Terminologiearbeit beginnen. Deshalb werden in dieser Arbeit das Dreiecksmodell benutzt und die drei Eckelemente im Folgenden näher erläutert, wohl wissend, dass komplexe linguistische, kognitive und philosophische Aspekte durch dieses Modell nicht adäquat repräsentiert werden können.

2.3 Gegenstand

Ein Gegenstand im Sinne des semiotischen Dreiecks ist ein Ausschnitt aus der Welt, in der wir leben. Gegenstände können nicht nur konkrete (materielle) Objekte, sondern auch abstrakte (immaterielle) Objekte sein. Auch Sachverhalte oder Vorgänge werden unter Gegenstand subsumiert.

Beispiel

Beispiel für einen konkreten Gegenstand: *Tastatur*

Beispiel für einen abstrakten Gegenstand: *Silbentrennung*

Beispiel für einen Sachverhalt/Vorgang: *Festplatte formatieren*

Wüster (1991) verdeutlicht den Gegenstandsbegriff dadurch, dass er von individuellen Gegenständen spricht. Dies bedeutet, dass nicht die Computertastatur als solche in unserer Welt existiert, sondern nur eine Vielzahl von individuellen Computertastaturen. Aufgrund der Übereinstimmung relevanter Eigenschaften werden diese individuellen Gegenstände zu Begriffen zusammengefasst (siehe Abschn. 2.4). Eine detaillierte Auseinandersetzung mit dem Gegenstand sowie eine komplexere Klassifikation von Gegenstandstypen finden sich z. B. in Arntz et al. (2014).

2.4   Begriff

2.4.1   Grundlagen

Begriffe sind „gedankliche Vertreter" (Felber und Budin 1989, S. 69) von Gegenständen, die dadurch entstehen, dass das Gemeinsame, das Menschen an einer Mehrzahl von individuellen Gegenständen erkennen, festgehalten und für das gedankliche Ordnen und das Verstehen benutzt wird. DIN 2342 (2011, S. 5) definiert den Begriff als „Denkeinheit, die aus einer Menge von Gegenständen unter Ermittlung der diesen Gegenständen gemeinsamen Eigenschaften mittels Abstraktion gebildet wird". Die feststellbaren gemeinsamen Eigenschaften von Gegenständen, die zur Begriffsbildung und zur Begriffsabgrenzung benutzt werden, werden auch Merkmale genannt.

Die Terminologiewissenschaft unterscheidet klar zwischen Eigenschaft und Merkmal. Merkmale sind (wie die Begriffe) durch Abstraktion gewonnene Denkeinheiten und damit selbst Begriffe. Während Eigenschaften also im Bereich der realen Gegenstände verortet sind, geben Merkmale diejenigen Eigenschaften wieder, welche zur Begriffsbildung und -abgrenzung dienen (vgl. DIN 2330 2013, S. 7).

Man ist sich in der modernen Kognitions- und Neurowissenschaft nicht ganz einig, wie diese begrifflichen Informationen in unserem Gehirn gebildet, gespeichert und untereinander verknüpft werden und wie sprachliche und nicht-sprachliche Repräsentationen mit diesen begrifflichen Informationen verbunden sind (vgl. z. B. Damasio 1994). Dennoch ist unumstritten, dass diese kognitiven Einheiten (Begriffe) in unserem Kopf existieren und mit Repräsentationen (Benennungen, Symbolen etc.) verknüpft und assoziiert werden.

DIN 2342 (2011, S. 5) führt weiter aus, dass Begriffe nicht an bestimmte Sprachen, wohl aber an Kulturen oder Gesellschaften gebunden sind. Der kulturelle und gesellschaftliche Hintergrund der Menschen, die die Begriffe benutzen, und das Umfeld, in dem diese Menschen leben und in dem die Gegenstände vorhanden sind, beeinflussen die Ausprägung von Begriffen – und nicht etwa die Sprache, die in diesen kulturellen Gemeinschaften gesprochen wird.

Grundlegend kann man zwischen Individualbegriffen und Allgemeinbegriffen unterscheiden. Ein Individualbegriff bezieht sich auf einen einzelnen Gegenstand, der durch einen konkreten Raum- und Zeitbezug definiert ist (Beispiele: Saturn, Raumschiff Enterprise, Kölner Dom), während ein Allgemeinbegriff die Eigenschaften einer Gruppe von Gegenständen zusammenfasst (Planet, Raumschiff, Dom). Bei den Bezeichnungen von Allgemeinbegriffen spricht man daher eher von „Benennungen", bei den Bezeichnungen von Individualbegriffen von „Namen".

2.4.2   Begriffsbeziehungen und Begriffssysteme

2.4.2.1   Überblick

Begriffe kann man zueinander in Beziehung setzen, wobei die Merkmale eine wichtige Rolle spielen. Um die Beziehungen zwischen einer größeren Menge thematisch zusammenhängender Begriffe zu ordnen und darzustellen, kann man grafische Begriffs-systeme verwenden (siehe z. B. die Darstellungen in den folgenden Abbildungen).

In anderen wissenschaftlichen Disziplinen werden Begriffssysteme oft auch als Taxo-nomien, Klassifikationssysteme oder Ontologien bezeichnet.

Die Beziehungen zwischen Begriffen können hierarchischer oder nicht-hierarchischer Natur sein, wobei die **hierarchischen Begriffsbeziehungen** für die Terminologiearbeit bedeutsamer sind als die nicht-hierarchischen. Bei den hierarchischen Begriffsbeziehun-gen unterscheidet man Bestandsbeziehungen und Abstraktionsbeziehungen.

Bei beiden hierarchischen Beziehungsarten werden Über- und Unterordnungen zwi-schen Begriffen her- bzw. dargestellt.

Wie bereits gesagt, sind **nicht-hierarchische Begriffsbeziehungen** für die Termino-logiearbeit weniger bedeutsam als hierarchische. Dennoch ist es in einigen Fällen sinn-voll, auch diese zu betrachten und zu nutzen. So können in nicht-hierarchischen Systemen etwa sequentielle Beziehungen wie chronologische Abfolgen oder Ursache-Wirkung-Be-ziehungen dargestellt werden. Im Folgenden sollen jedoch nur die zwei hierarchischen Beziehungsarten vertieft betrachtet werden.

2.4.2.2 Bestandsbeziehungen

Bestandsbeziehungen (auch: Teil-Ganzes-Beziehungen oder partitive Beziehungen) sind dadurch charakterisiert, dass sich der Verbandsbegriff, d. h. der übergeordnete Begriff, (gedanklich) in seine einzelnen Teilbegriffe zerlegen lässt.

Beispiel

Eine Rollkugelmaus besteht aus Tasten, Scroll-Rad, Gehäuse, Rollkugel etc.

Man spricht von Begriffsreihen, wenn verschiedene Begriffe auf einer Ebene liegen (im obigen Beispiel die Begriffe Taste, Scroll-Rad, Gehäuse etc.), und von Begriffsleitern, wenn die Verbindung zwischen Verbands- und Teilbegriffen bezeichnet werden soll (im obigen Beispiel z. B. die Begriffe Rollkugelmaus und Scroll-Rad).

Bestandsbeziehungen lassen sich in hierarchischen grafischen Begriffssystemen (sog. Bestandssystemen) visualisieren (siehe Abb. 2.2).

2.4.2.3 Abstraktionsbeziehungen

Abstraktionsbeziehungen (auch: logische oder generische Beziehungen) zeichnen sich dadurch aus, dass der Unterbegriff alle Merkmale seines Oberbegriffs enthält, gleichzei-tig aber über mindestens ein weiteres Merkmal verfügt. Auf diese Weise entstehen sog. Abstraktionssysteme.

Beispiel

Ein Drucker ist ein Gerät der Büro- und Datentechnik, das zur Ausgabe visuell erkenn-barer Zeichen auf Papier dient und eine Einrichtung zur Aufnahme und Führung des

Papiers hat. Ein Laserdrucker hat alle Merkmale eines Druckers, ist also ein Drucker, hat aber das zusätzliche Merkmal, dass das Druckbild durch Lasertechnologie erzeugt wird.

Abbildung 2.3 zeigt das Verhältnis von Oberbegriff zu Unterbegriff anhand des semiotischen Dreiecks. Der Begriffsinhalt, also die Zahl der Begriffsmerkmale, ist beim Oberbegriff kleiner als beim Unterbegriff. Dafür ist die Zahl der Gegenstände, die unter diesen Begriff fallen, größer als beim Unterbegriff, der sich aufgrund seiner einschränkenden Merkmale auf eine kleinere Gruppe von Gegenständen bezieht. Übertragen auf das obige Beispiel bedeutet das: Drucker als Oberbegriff entspricht in der Darstellung Begriff 1 (kleinere Begriffswolke = kleinerer Begriffsinhalt = weniger Begriffsmerkmale); Laserdrucker entspricht Begriff 2 (größere Begriffswolke = größerer Begriffsinhalt = mehr Begriffsmerkmale). Da die Zahl der realen Laserdrucker kleiner ist als die Zahl aller Drucker insgesamt, ist die Ellipse um Gegenstand 2 kleiner als um Gegenstand 1.

Begriffe, die auf der gleichen Ebene einem Oberbegriff untergeordnet sind, bezeichnet man als nebengeordnete Begriffe. Sie bilden, wie schon bei den Bestandssystemen erläutert, eine sog. Begriffsreihe. Über- und untergeordnete Begriffe bilden sog. Begriffsleitern.

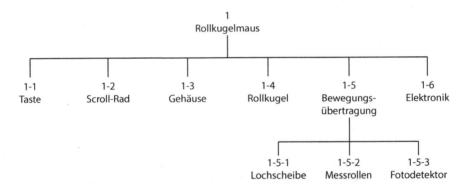

Abb. 2.2 Beispiel für ein Bestandssystem mit Klammerdiagramm und Notation

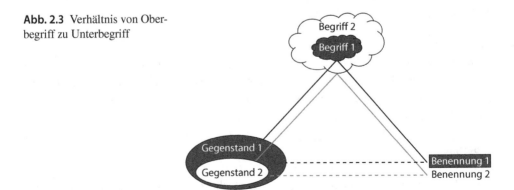

Abb. 2.3 Verhältnis von Oberbegriff zu Unterbegriff

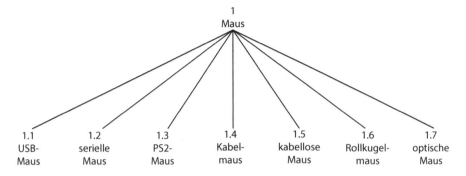

Abb. 2.4 Beispiel für ein Abstraktionssystem mit Winkeldiagramm und Notation – polydimensionale Reihe

In Abb. 2.4 bilden also die Begriffe Maus und USB-Maus eine Begriffsleiter, die Begriffe USB-Maus, serielle Maus, PS/2-Maus etc. eine Begriffsreihe.

Die Reihen in Abstraktionssystemen entstehen auf unterschiedliche Art und Weise:

- **Monodimensionale Reihen**

  Sie entstehen, wenn pro Unterteilungsschritt nur ein Kriterium verwendet wird. Das wäre z. B. der Fall, wenn man Computermäuse nur nach ihrem Funktionsprinzip unterscheiden würde, ohne Schnittstellen und die Datenübertragungsart zu berücksichtigen. Auf diese Weise entsteht eine monodimensionale Reihe mit den zwei Begriffen Rollkugelmaus und optische Maus. Eine entsprechende Darstellung findet sich in Abb. 2.6 (obere Ebene des Systems).

- **Polydimensionale Reihen**

  Sie entstehen, wenn in einem Unterteilungsschritt mehrere Kriterien verwendet werden (im Beispiel: „nach Schnittstelle", „nach Datenübertragung" und „nach Funktionsprinzip"). Werden die verschiedenen Einteilungskriterien nicht genannt, so ergibt sich eine ungeordnete und unübersichtliche Reihe (siehe Abb. 2.4).

  Diese polydimensionale Reihe kann jedoch in mehrere monodimensionale Reihen unterteilt werden, indem die Einteilungskriterien explizit genannt werden (siehe Abb. 2.5). Dies erhöht die Lesbarkeit und Verständlichkeit des Abstraktionssystems und macht sichtbar, welche Überlegungen der Einteilung zugrunde liegen.

Das Nennen der Einteilungskriterien erhöht ohne jeden Zweifel die Verständlichkeit und Übersichtlichkeit der Systeme. Umstritten ist die Frage, ob die Einteilungskriterien Notationen erhalten sollten oder nicht. Auf der einen Seite handelt es sich um relevante Begriffe für die systematische Einteilung, sodass man sie mit eigenen Notationen versehen könnte. Sofern man sich für diese Variante entscheidet, sollte man unbedingt darauf achten, Notationen zu vergeben, die nicht auf Abstraktions- oder Bestandsbeziehungen hindeuten, also keine Punkte oder Bindestriche als Trennzeichen zwischen den einzelnen

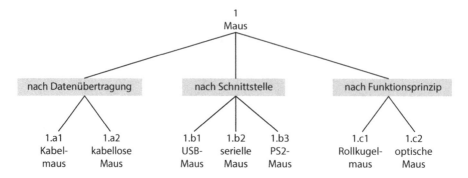

Abb. 2.5 Beispiel für ein Abstraktionssystem mit Winkeldiagramm und Notation – monodimensionale Reihen

Ziffern der Notation zu verwenden. Zum Umgang mit Trennzeichen in Notationen siehe Abschn. 2.4.2.4. Auf der anderen Seite kann man jedoch argumentieren, dass die Einteilungskriterien nicht zu den systematisierten Begriffen gehören und daher anders als die eigentlichen Begriffe behandelt werden müssen, die durch Abstrahieren oder Zerlegen entstehen. In diesem Fall erhalten die Einteilungskriterien keine Notationen.[3]

Eine weitere Unterteilungsmöglichkeit richtet sich nach der im System realisierten Hierarchie. Wenn jeder Begriff im System nur einen einzigen Oberbegriff hat, so spricht man von **Monohierarchie**. **Polyhierarchie** hingegen liegt vor, wenn ein Begriff mehrere Oberbegriffe hat, er also durch Unterteilung „auf verschiedenen Wegen" erreicht werden kann. In einem medizinischen System, das sowohl Lungenerkrankungen als auch Entzündungen umfasst, könnte der Begriff Bronchitis beiden genannten Begriffen (Lungenerkrankung und Entzündung) untergeordnet werden und hätte folglich zwei Oberbegriffe. Durch überkreuzte Linien und die komplexe Darstellung sind polyhierarchische Systeme oft unübersichtlich und schwer nachvollziehbar. Allerdings geben sie die fachlichen Begrifflichkeiten und Zusammenhänge oft treffender und angemessener wieder als monohierarchische Systeme (vgl. Gaus 2013, S. 70f.).

2.4.2.4 Arten und Darstellung von Begriffssystemen

Will man ein Begriffssystem darstellen und die darin enthaltenen Begriffsbeziehungen deutlich machen, so wählt man i. d. R. entweder die schon erwähnte grafische Darstellung oder die Darstellung durch einen numerischen Code. Bei der grafischen Darstellung benutzt man nach DIN 2331 (1980) für Abstraktionsbeziehungen sog.

---

[3] Eine Argumentation in diese Richtung findet man auch bei Arntz et al. (2014, S. 82). Da es sich bei den Einteilungskriterien nicht um echte Oberbegriffe handelt, sprechen die Autoren hier von „Scheinklassen" oder „Pseudoklassen". Auch in den bei Arntz et al. (2014, S. 160, 162) abgebildeten Begriffssystemen werden zwar die systematisierten Begriffe mit Notationen versehen, nicht aber die Einteilungskriterien.

Winkel- oder Fächerdiagramme (z. B. in Abb. 2.4) und für Bestandsbeziehungen sog.
Klammerdiagramme (z. B. in Abb. 2.2). In der Praxis wird aber bei der grafischen
Darstellung oft nicht zwischen beiden Beziehungsarten unterschieden und eine undif-
ferenzierte Form der Darstellung verwendet. Die Darstellung der Beziehungen durch
einen als Notation bezeichneten numerischen Code geschieht dadurch, dass die unterschiedlichen hierarchischen Ebenen durch unterschiedliche Nummerierungsebenen
gekennzeichnet sind, wobei bei Abstraktionsbeziehungen diese Ebenen durch Punkte
(siehe Abb. 2.4) und bei Bestandsbeziehungen durch Striche (siehe Abb. 2.2) getrennt
werden; auch hier werden in der Praxis oft undifferenziert bei beiden Beziehungsarten
Punkte verwendet.

Werden ausschließlich Abstraktionsbeziehungen dargestellt, spricht man von Abstraktionssystemen. Werden ausschließlich Bestandsbeziehungen dargestellt, spricht man von
Bestandssystemen. Doch nicht immer ist es sinnvoll und möglich, Systeme zu erstellen,
die nur einen Beziehungstyp enthalten.

Stattdessen werden **gemischte Begriffssysteme** aufgebaut, die sowohl Abstraktions-
als auch Bestandsbeziehungen oder auch nicht-hierarchische Beziehungsarten beinhal-
ten; bei der grafischen Darstellung und dem Aufbau des Notationssystems verwendet man
dann ebenfalls Mischformen (siehe Abb. 2.6).

In einem Begriffssystem, in dem alle Begriffe eines bestimmten Fachgebiets systematisch aufgrund der Ober- und Unterbegriffsrelationen angeordnet werden, lassen sich
eindeutige Positionsnummern (Notationen) vergeben. Besonders in Zeiten des World
Wide Web und des Semantic Web ergeben sich aber auch Anforderungen an eine gewisse
Dynamik und Offenheit von Begriffssystemen. In dynamischen Begriffssammlungen
werden Begriffe mit Ober-/Unterbegriffsrelationen generischer oder partitiver Art versehen, die sich durch „X ist ein Y" oder „X hat ein Y" ausdrücken lassen. Da immer
wieder neue Begriffe mit diesen Relationen hinzukommen oder sich Beziehungen verändern, werden keine festen bedeutungtragenden Positionsnummern vergeben. Sowohl
die grafische Darstellung als auch die Notation kann – wenn überhaupt gewünscht – nur

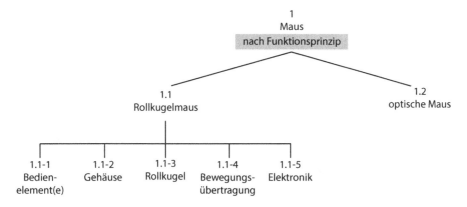

Abb. 2.6 Beispiel für ein gemischtes Begriffssystem

jeweils zu einem bestimmten Zeitpunkt und Zustand der Begriffssammlung dynamisch generiert werden. Darüber hinaus werden weitere Begriffsbeziehungen (v. a. nicht-hierarchische) ergänzt, die sich ebenfalls dynamisch ändern, verschieben oder weiter verzweigen können. In der täglichen Praxis erleichtern solche dynamischen Begriffssammlungen die Terminologiearbeit, da die Erarbeitung und Darstellung von geschlossenen Begriffssystemen sehr aufwendig ist.

Eine etwas lockerere Struktur als ein Begriffssystem hat ein sog. Begriffsfeld. Laut DIN 2342 (2011, S. 7) versteht man darunter eine „Menge von Begriffen, die thematisch zueinander in Beziehung stehen", während ein Begriffssystem definiert ist als „Menge von Begriffen eines Begriffsfeldes, die entsprechend den Begriffsbeziehungen geordnet sind". Ein Begriffssystem ist also strukturierter als ein Begriffsfeld und hat eine stärkere, strengere Ordnung. Innerhalb eines Begriffssystems ist jeder einzelne Begriff durch seine Position bestimmt, während die Begriffe innerhalb eines Begriffsfelds nur locker thematisch miteinander verbunden sein müssen, wie z. B. die Begriffe Rasenmäher, Grasfangkorb, Heckenschere und Gartenschlauch, die alle aus dem Bereich Gartenpflege stammen (vgl. DIN 2342 2011, S. 7).

2.5   Benennung

Der dritte Eckpfeiler des semiotischen Dreiecks in der Terminologiewissenschaft ist die Benennung. In DIN 2342 (2011, S. 11) wird die Benennung als „sprachliche Bezeichnung eines Allgemeinbegriffs aus einem Fachgebiet" definiert.

Die Benennung ist die Ausdrucksseite des Begriffs, die geschrieben und gesprochen werden kann und die wir für die Kommunikation nutzen. Der Oberbegriff zu Benennung ist Bezeichnung, d. h. es gibt noch andere Repräsentationen von Begriffen, die nicht sprachlich sind bzw. die nicht oder nur teilweise aus Wörtern bestehen, so z. B. Symbole, Formeln, Piktogramme (vgl. die Beispiele in Abb. 2.7).

Abb. 2.7 Beispiele für nicht-sprachliche Bezeichnungen

Die meisten Menschen denken bei Benennungen an sprachliche Bezeichnungen, die aus einem Wort bestehen. Es gibt aber auch Benennungen, die aus mehr als einem Wort bestehen, die sog. Mehrwortbenennungen. Mehrwortbenennungen in deutschen Fachsprachen sind meist Kombinationen aus mehreren Substantiven oder Adjektiv-Substantiv-Verbindungen.

Beispiele

Einwortbenennungen	*Einzelblatteinzug*
	Laserdrucker-Papierkassette
Mehrwortbenennungen	*Drucker mit Einzelblatteinzug*
	serielle Schnittstelle

Benennungen sind immer Bezeichnungen von Allgemeinbegriffen; so repräsentiert die Benennung „Dom" alle Kirchen an einem Bischofssitz. Sprachliche Repräsentationen von Individualbegriffen werden dagegen als Namen bezeichnet; „Kölner Dom" ist somit ein Name für genau einen bestimmten Dom.

Für die Bildung von Benennungen gibt es eine ganze Reihe von Grundsätzen und Verfahren, auf die in Abschn. 4.4 und 4.5 noch eingegangen wird (zur Vertiefung siehe z. B. DTT (2014, Modul 3), Arntz et al. (2014, S. 115ff.), Drewer und Ziegler (2014, S. 172ff.), Drewer (2010a, 2015a), Felber und Budin (1989), Sager (1990), Wüster (1991)).

2.6   Beziehungen zwischen Begriff und Benennung

2.6.1   Eineindeutigkeit

Wie oben erläutert, stellt die Benennung die sprachliche Repräsentation eines Begriffs dar. In der fachsprachlichen Kommunikation sollte immer – auch ohne Kontext – eine eineindeutige Beziehung zwischen Begriff und Benennung vorliegen. Man spricht hier vom Prinzip der Eineindeutigkeit, da Eindeutigkeit in beiden Richtungen gefordert ist:

• Nur eine Benennung pro Begriff
• Nur ein Begriff pro Benennung

Auch wenn es häufig schwierig ist, diese Eineindeutigkeit herzustellen, so sollte man doch versuchen, sie innerhalb eines Fachgebiets oder eines Unternehmens zu erreichen. Zwei Problembereiche der uneindeutigen Zuordnung von Begriff und Benennung (Synonymie und Ambiguität) werden im Folgenden diskutiert. Den Abschluss bildet die Darstellung der Äquivalenzproblematik, die bei der mehrsprachigen Terminologiearbeit von besonderer Bedeutung ist.

2.6.2 Synonymie

Sind zwei oder mehr Benennungen einem Begriff zugeordnet, so spricht man von Synonymie. Damit ist ein Synonym eine Benennung, die denselben Begriff bezeichnet wie eine
andere Benennung (siehe Abb. 2.8 und 2.9).

Auch wenn Synonyme die Kommunikation erschweren können, treten sie in der Praxis
recht häufig auf. Dies kann in Fachgebieten geschehen, in denen sich viele Gegenstände
und Begriffe noch in der Entwicklung befinden und konkurrierende Benennungen nebeneinander benutzt werden, bis sich evtl. im Laufe der Zeit (durch Normung) eine eindeutige
Benennung etabliert. Es können aber auch ganz bewusst geschaffene firmen- oder produktspezifische Benennungsvarianten für lange Zeit nebeneinander existieren. Ein weiterer – wenn auch trivialer – Grund für Synonymie ist das Arbeiten mit Abkürzungen und
Kurzwörtern, die zu Synonymen der Langformen werden: „LKW" vs. „Lastkraftwagen",
„Trafo" vs. „Transformator", „E-Werk" vs. „Elektrizitätswerk".

Darüber hinaus werden in der Praxis oft die Benennungen von Oberbegriffen synonym
zu den präziseren, aber längeren Benennungen der Unterbegriffe verwendet, z. B. „Schraubendreher" statt „Kreuzschlitzschraubendreher". Streng genommen liegt hier natürlich
keine echte Synonymie vor, da die kürzere Benennung den Oberbegriff bezeichnet, es
handelt sich aber um eine Art Gebrauchssynonymie. Da dieser Sprachgebrauch v. a. durch
Verkürzungen in Texten zustande kommt, spricht man hier manchmal auch von Reduktionsvarianten (siehe dazu auch Abschn. 4.4.2).

Abb. 2.8 Synonymie
(abstrakte Darstellung)

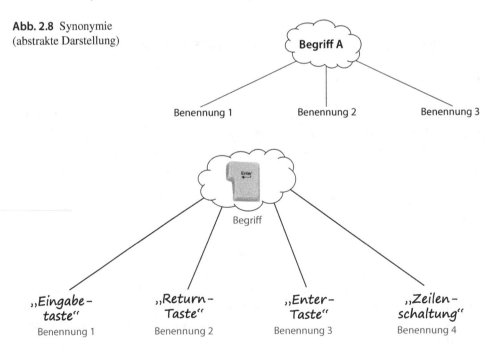

Abb. 2.9 Synonymie (Darstellung am konkreten Beispiel)

Als Teilsynonymie (auch: Quasisynonymie, partielle Synonymie) bezeichnet man das Verhältnis von zwei oder mehr Benennungen, deren Begriffe weitgehend identisch sind, aber nicht ganz genau übereinstimmen. Dennoch sind die Benennungen in einigen Kontexten austauschbar, z. B. „Zündschalter", „Zündschloss", „Lenkanlassschloss", „Zünd-Start-Schalter" (vgl. DIN 2342 2011, S. 13).

In der Semantik spricht man auch dann von Teilsynonymen, wenn die Benennungen zwar denselben Begriff bezeichnen, aber nicht in allen Kontexten bedingungslos austauschbar sind. Dies ist der Fall, wenn sich die Benennungen durch regional oder sozial begrenzten Gebrauch oder auf stilistischer Ebene unterscheiden. So sollte man in einer Berliner Bäckerei nicht unbedingt nach „Semmeln" fragen, sondern nach „Schrippen". Ein weiterer sehr häufiger Grund für Teilsynonymie sind Konnotationen, also wertende Nebenbedeutungen bei einer der Benennungen (vgl. „Führer" [negativ konnotiert] vs. „Leiter" [wertneutral]). Weitere Ausführungen zur vollständigen oder partiellen begrifflichen Übereinstimmung finden sich in Abschn. 2.6.4. Die dortigen Erläuterungen zur Äquivalenz sind direkt auf das Phänomen der Synonymie (= innersprachliche Äquivalenz) übertragbar.

2.6.3 Ambiguität

Bei der Ambiguität (Mehrdeutigkeit) repräsentiert eine Benennung (bzw. mehrere Benennungen mit gleicher Form) mehrere Begriffe.[4] Dabei kann man die zwei Unterarten Homonymie und Polysemie unterscheiden. DIN 2342 (2011, S. 14) definiert Homonymie als „Beziehung zwischen identischen Bezeichnungen in derselben Sprache für unterschiedliche Begriffe" (vgl. Abb. 2.10); die Definition von Polysemie in der gleichen Norm ist nahezu identisch, fordert aber, dass die identischen Bezeichnungen „einen erkennbaren gemeinsamen etymologischen Ursprung haben" (vgl. Abb. 2.11 und Beispiel in Abb. 2.12).

Abb. 2.10 Homonymie

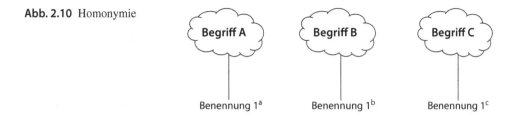

Begriff A   Begriff B   Begriff C

Benennung 1^a Benennung 1^b Benennung 1^c

---

[4] Ambiguität tritt auf verschiedenen Ebenen auf. Im Zusammenhang mit der Terminologiearbeit geht es jedoch weder um syntaktische noch um relationale Ambiguitäten, sondern nur um lexikalische bzw. terminologische, also um Mehrdeutigkeiten, die sich auf Wortebene manifestieren.

Abb. 2.11 Polysemie

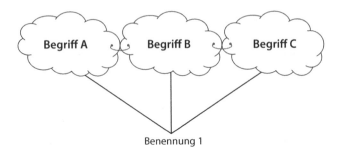

Abb. 2.12 Beispiel für
Polysemie

Abbildung 2.11 (Polysemie) verdeutlicht, dass eine Benennung mehrere verschiedene Begriffe bezeichnet, die aber einen Zusammenhang haben. In der Abbildung wird dieser Zusammenhang durch die verbindenden Klammern zwischen den Begriffswolken dargestellt. Abbildung 2.10 hingegen symbolisiert, dass sich mehrere Benennungen mit zufällig gleicher Form auf völlig verschiedene Begriffe beziehen (Homonymie). Die hochgestellten Buchstaben zeigen an, dass es sich – etymologisch betrachtet – um verschiedene Benennungen handelt, die aber dieselbe Form haben (dies wird ausgedrückt durch die Zahl 1, die bei allen drei Benennungen identisch ist).

Man erkennt, dass es sich bei der Polysemie um eine einzige Benennung handelt, die zur Bezeichnung verschiedener Begriffe verwendet wird. Die bezeichneten Begriffe haben hier etwas miteinander zu tun. Beim Beispiel „Maus" besteht die Verbindung in der Ähnlichkeit im Hinblick auf die Form. Bei der Homonymie hingegen ist kein begrifflicher Zusammenhang (mehr) erkennbar, sodass man von verschiedenen Benennungen mit gleicher Form spricht (z. B. die Benennung „Tau" für einerseits ein starkes Seil und andererseits einen Niederschlag bzw. niedergeschlagene Feuchtigkeit).

In den Fachsprachen basieren nahezu alle Ambiguitäten auf dem Prinzip der Polysemie, da Benennungen aus der Gemeinsprache oder aus anderen Fachsprachen übernommen werden. Reine Homonyme entstehen dagegen nur zufällig, manchmal durch die Übernahme von Benennungen aus anderen Sprachen.

In einigen Fällen zeigt sich der Unterschied durch grammatische Eigenheiten, wie bei „Bank" mit zwei verschiedenen Pluralformen („Banken" und „Bänke") oder „Steuer" mit zwei verschiedenen Genera („die Steuer" und „das Steuer").

Beispiele für Homonymie[5]

- *Bauer* [Vogelkäfig]   *Bauer* [Landwirt]
- *Gericht* [Rechtsprechungsinstitution]   *Gericht* [Mahlzeit]
- *Kiefer* [Schädelknochen]   *Kiefer* [Nadelbaum]

Homonymie kann sich sowohl auf die Lautform als auch auf die Schriftform beziehen. Bei gleicher Aussprache, aber unterschiedlicher Schreibweise spricht man von **Homofonie** („Seite" vs. „Saite"), bei gleicher Schreibweise, aber unterschiedlicher Aussprache von **Homografie** („Tenór" vs. „Ténor"). Die praktische Terminologiearbeit beschäftigt sich in erster Linie mit geschriebenen Benennungen, weshalb reine Homofone kaum eine Rolle spielen.

Auch die Unterscheidung zwischen Homonymie und Polysemie ist sowohl für die Terminologiewissenschaft als auch für die praktische Terminologiearbeit kaum relevant und wird daher mehr und mehr aufgegeben. Für die Sprachanwender ist es unwichtig, ob zwischen zwei Benennungen ein historischer, begrifflicher Zusammenhang besteht. Wichtig ist lediglich die Tatsache, dass verschiedene Begriffe durch identische Benennungen repräsentiert werden.

Darüber hinaus wird die Abgrenzung noch erschwert durch die Tatsache, dass sich aus homonymen Benennungen wiederum Polysemie entwickeln kann. Es gibt also Mischformen aus beiden Phänomenen. Am Beispiel des Homonyms „Bauer" sieht diese Vermischung folgendermaßen aus: Auf der einen Seite gibt es die zwei verschiedenen, also homonymen Benennungen 1[a] und 1[b] für die zwei Begriffe Landwirt und Vogelkäfig. Die Benennung 1[a] hat jedoch verschiedene Bedeutungsvarianten: a) Landwirt, b) ungehobelter Mensch, c) niedrigste Figur beim Schachspiel. Sie bezeichnet hier also verschiedene, aber miteinander verwandte Begriffe und ist folglich polysem. Dieses Beispiel zeigt aber auch, dass – wie oben erwähnt – die Unterscheidung zwischen Homonymie und Polysemie für die Terminologiearbeit weniger relevant ist: Die Begriffe Vogelkäfig, Landwirt, ungehobelter Mensch und Schachfigur repräsentieren vollkommen unterschiedliche Begriffe und die Definitionen dieser Begriffe enthalten keine (kaum) gemeinsame(n) Merkmale.

Sowohl Homonyme als auch Polyseme können die fachsprachliche Kommunikation erschweren; deshalb versucht man, mehrdeutige Benennungen innerhalb des Wortschatzes eines Fachgebiets zu eliminieren. Bei der Entstehung neuer Begriffe werden jedoch neue Benennungen gerne durch Kombination oder Übernahme von (etablierten) Benennungen aus der Gemeinsprache, aus anderen Fachsprachen oder aus Fremdsprachen gebildet, sodass Ambiguitäten kaum zu vermeiden sind. Allerdings stammen bei diesen Ambiguitäten, die durch Terminologisierung entstehen, die Begriffe i. d. R. aus verschiedenen

---

[5] In den folgenden Beispielen sind die Benennungen durch Kursivsetzung gekennzeichnet, in den eckigen Klammern finden sich Hinweise auf den bezeichneten Begriff.

Sachgebieten, sodass die Verwechslungsgefahr nicht allzu hoch ist. „Gefährlich" sind Ambiguitäten nur dann, wenn beide Begriffe im selben Fachgebiet beheimatet sind (siehe dazu auch Abschn. 4.4.5).

In begriffsorientierten Terminologiedatenbanken werden Ambiguitäten in verschiedenen Einträgen verwaltet. Da dieselbe Benennung unterschiedliche Begrifflichkeiten abbildet, müssen mehrere Datensätze angelegt werden, die jeweils einen Begriff umfassen. Die ambige Benennung kommt dann in beiden Einträgen vor (siehe dazu auch Abschn. 5.3.3.1.1).

2.6.4 Äquivalenz

Ein drittes Phänomen bei der Beziehung zwischen Begriff und Benennung ist der Übergang von einer Sprache zur anderen, der bei der mehrsprachigen Terminologiearbeit wichtig wird.[6]

Äquivalenz bezeichnet die Beziehung zwischen zwei Termini aus unterschiedlichen Sprachen, deren Begriffe identisch (oder nahezu identisch) sind. Da Begriffe – wie erwähnt – von gesellschaftlichen und kulturellen Aspekten beeinflusst werden, liegt nicht immer eine vollständige Äquivalenz vor. Das Äquivalenzproblem tritt in der Gemeinsprache sehr häufig auf. Insbesondere Konnotationen führen dazu, dass völlige Äquivalenz ebenso wie völlige Synonymie (siehe dazu Abschn. 2.6.2) v. a. in der Gemeinsprache recht selten ist.

Bei den Fachsprachen ist das Phänomen der Teiläquivalenz unterschiedlich ausgeprägt; in der juristischen Fachsprache tritt es z. B. wegen der unterschiedlichen Rechtssysteme in verschiedenen Ländern deutlich häufiger auf als in anderen Fachsprachen (wie z. B. in der Informationstechnologie).

Äquivalenz beschreibt also im Wesentlichen interlingual (zwischen mehreren Sprachen) dasselbe Phänomen, das intralingual (innerhalb der gleichen Sprache) als Synonymie bezeichnet wird, und stellt damit einen zentralen Aspekt des Übersetzens und der Übersetzbarkeit dar, der von der Ebene des Morphems bis hin zur Textebene diskutiert wird. Für die vorliegende Arbeit ist v. a. die terminologische, die semantisch-inhaltliche Äquivalenz auf lexikalischer Ebene von Bedeutung, also die Frage, ob zwei Termini in verschiedenen Sprachen denselben Begriff repräsentieren.

Äquivalenzprobleme können z. B. sichtbar werden, wenn man Begriffssysteme für mehrere Sprachen erstellt hat und versucht, diese ineinander zu überführen oder miteinander zu vergleichen. Es kann geschehen, dass in verschiedenen Sprachen verschiedene Begriffsbeziehungen von Bedeutung sind oder dass bestimmte Begriffe in einzelnen Sprachen fehlen (terminologische Lücken).

Abbildung 2.13 zeigt einen Vergleich zwischen Deutsch und Englisch. Die englische Benennung „runway" hat kein 1:1-Äquivalent im Deutschen, da dort lediglich die zwei

---

[6] Zur mehrsprachigen Terminologiearbeit siehe auch Abschn. 3.2.4.

Abb. 2.13 Beispiel für eine
terminologische Lücke

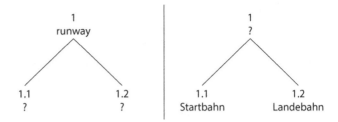

Unterbegriffe mit den Benennungen „Startbahn" und „Landebahn" bezeichnet werden. Eine Benennung für den Oberbegriff ist im Deutschen nicht konventionalisiert, man findet nur die verkürzte und unspezifischere Bezeichnung „Piste". Im Englischen dagegen fehlen separate Benennungen der Unterbegriffe.

Die Leerstellen in den Begriffssystemen fallen natürlich erst bei der mehrsprachigen Terminologiearbeit auf. Solange man nur die Systematik und Terminologie der einen Sprache erarbeitet, bemerkt man keine Lücken. Es würden also keine unvollständigen Systeme mit Leerstellen oder Fragezeichen wie in Abb. 2.13 entstehen, sondern jeweils vollständige (wenn auch unterschiedliche) Begriffssysteme.

Die Basis der Äquivalenzprüfung ist der Vergleich der Begriffsmerkmale. Um diesen Vergleich vornehmen zu können, benötigt man einerseits adäquate Definitionen der Begriffe (möglichst Inhaltsdefinitionen, siehe Abschn. 4.3.2) und andererseits Begriffs-systeme. Zur Vergleichbarkeit von Definitionen siehe auch Abschn. 4.3.3. Die Inhalts-definitionen liefern die relevanten Merkmale, während die Begriffssysteme die Position der Begriffe in ihrer Systematik aufzeigen. Die Skala der Äquivalenzgrade reicht dabei von völliger Äquivalenz über Teiläquivalenz bis hin zu fehlender Äquivalenz (siehe Abb. 2.14).

Völlige Äquivalenz (100-%-Übereinstimmung) bedeutet, dass die zwei verglichenen Begriffe in allen relevanten Merkmalen identisch sind. Dies ist in Fachsprachen mit inter-national genormten Begriffen relativ häufig, aber bei weitem nicht immer der Fall.

Bei der Teiläquivalenz gibt es zum einen die **Überschneidung**, bei der die Begriffs-merkmale teilweise übereinstimmen, gleichzeitig jedoch auch unterschiedliche Merkmale zu finden sind, und zum anderen die **Inklusion**, bei der ein Begriff alle Merkmale des

Abb. 2.14 Äquivalenzgrade
(Darstellung in Anlehnung an
Felber 1987, S. 129)

Völlige Äquivalenz		
Teiläquivalenz		Überschneidung
		Inklusion
Keine Äquivalenz		Falsche Freunde
		Lücke

anderen enthält plus darüber hinaus noch ein oder mehrere zusätzliche Merkmale.[7] Die Anzahl der übereinstimmenden und der abweichenden Merkmale kann bei Überschneidung und Inklusion unterschiedlich groß sein. Ist die Schnittmenge bei der Überschneidung groß (genug), so entsprechen die Benennungen einander relativ genau und können bspw. in Übersetzungen füreinander verwendet werden. Bei einer kleinen Schnittmenge sind die verglichenen Begriffe bereits sehr unterschiedlich, sodass die Äquivalenz nur gering und eine Verwendung im Übersetzungskontext vermutlich nicht möglich ist. Auch bei der Inklusion können die Abweichungen groß oder klein sein. Die Größenordnung der Teiläquivalenz bewegt sich also theoretisch zwischen 1 % und 99 %, obwohl man natürlich die semantische Ähnlichkeit kaum numerisch erfassen kann.

Die Tatsache, dass die fehlende Äquivalenz (0-%-Übereinstimmung) an dieser Stelle überhaupt erwähnt wird, ist auf das Phänomen der „**falschen Freunde**" zurückzuführen. Ansonsten würde man zwei grundverschiedene Begriffe wohl kaum vergleichen. Bei den falschen Freunden jedoch liegt eine große Benennungsähnlichkeit vor, die dazu „verführt", die Benennungen als äquivalent zu betrachten, z. B. „brave" (en) vs. „brav" (de) oder „sensible" (en) vs. „sensibel" (de). Die hinter den ähnlichen Benennungen stehenden Begriffe sind jedoch verschieden und weisen keine gemeinsamen Begriffsmerkmale auf.

Bei den terminologischen **Lücken** ist zwischen Benennungs- und Begriffslücken zu unterscheiden: Während bei den Benennungslücken der Begriff durchaus bekannt ist und nur (noch) nicht benannt wurde, liegt bei Begriffslücken eine größere Abweichung in den Systemen der Sprachgemeinschaften vor. Begriffslücken entstehen v. a. durch unterschiedliche Begriffssystematiken und gehen automatisch mit Benennungslücken einher. Hier muss bei einem Übersetzungsvorgang also nicht nur eine Benennung geschaffen werden, sondern der repräsentierte Begriff muss eingeführt und erläutert werden.

Für die Füllung von Benennungslücken werden – unabhängig davon, ob sie an sich oder als Folge einer Begriffslücke entstehen – v. a. Entlehnungen und Lehnübersetzungen verwendet oder aber es wird ein neues Wort in der Zielsprache geprägt, z. B. durch Verwendung der in Abschn. 4.4 genannten Wortbildungsverfahren. Bei den Begriffslücken kann auch die paraphrasierende Erklärung des Begriffs (vorübergehend) den Status einer Benennung erhalten. Bei einigen Benennungslücken bleibt der „lückenhafte" Zustand allerdings dauerhaft erhalten, wenn die Sprachgemeinschaft offenbar nicht das Bedürfnis hat, eine Benennung zu etablieren.

---

[7] Bei der Inklusion ergibt sich u. a. das Verhältnis von Oberbegriff zu Unterbegriff. Die Merkmale des Oberbegriffs sind vollständig in der Merkmalsliste des Unterbegriffs enthalten. Der Unterbegriff weist aber darüber hinaus noch mindestens ein zusätzliches Merkmal auf.

Grundlagen der Terminologiearbeit

3

3.1 Einleitung

Nachdem in Kap. 2 die wichtigsten Grundbegriffe der Terminologielehre bzw. Terminologiewissenschaft behandelt worden sind, beschäftigt sich dieses Kapitel mit den Grundlagen der Terminologiearbeit. Zunächst werden die unterschiedlichen Formen der Terminologiearbeit beschrieben und einander gegenübergestellt. Anschließend werden die Rahmenbedingungen für erfolgreiche Terminologieprojekte formuliert, wobei vor allem auf die am Terminologieprojekt beteiligten Personengruppen und die Rollen im Prozess eingegangen wird. Abschließend erfolgt eine Übersichtsdarstellung über die wichtigsten Prozessschritte im professionellen Terminologiemanagement.

3.2 Formen der Terminologiearbeit

3.2.1 Einleitung

Wie oben bereits erläutert, definiert DIN 2342 (2011, S. 14) **Terminologiearbeit** als die „auf der Terminologielehre aufbauende Planung, Erarbeitung, Bearbeitung oder Verarbeitung, Darstellung oder Verbreitung von Terminologie". Dabei wird festgestellt, dass auch die Extraktion von Terminologie aus Texten sowie die Einarbeitung von Terminologie in Texte zur Terminologiearbeit zu rechnen sind. **Terminologieverwaltung** wird in der gleichen Norm (2011, S. 15) als der Teil der Terminologiearbeit gesehen, der sich „mit der Erfassung, Verarbeitung, Pflege und Bereitstellung von terminologischen Daten befasst".

Vor allem in der unternehmerischen Praxis hat sich in den letzten Jahren die Benennung **Terminologiemanagement** als Synonym zu Terminologiearbeit durchgesetzt, obgleich

© Springer-Verlag GmbH Deutschland 2017
P. Drewer, K.-D. Schmitz, *Terminologiemanagement*,
Kommunikation und Medienmanagement,
https://doi.org/10.1007/978-3-662-53315-4_3

es sich bei Terminologiemanagement nach DIN 2342 (2011, S. 15) eigentlich nur um einen Teil der Terminologiearbeit, und zwar die Terminologieverwaltung, handelt. Wir schließen uns in diesem Buch dem gängigen Sprachgebrauch an und verwenden Terminologiemanagement ebenfalls synonym zu Terminologiearbeit. Wenn es ausschließlich um die Erfassung und Verarbeitung der terminologischen Daten geht, sprechen wir von Terminologieverwaltung.

Ziel von Terminologiearbeit ist es, Fachwortbestände (Terminologien) in einer oder mehreren Sprachen zu sammeln, zu prüfen und bereitzustellen. Dabei werden existierende Fachwörter aufgezeichnet und die dahinter stehenden Begriffe definiert. In innovativen Fachgebieten kann es auch notwendig sein, neue Benennungen zu schaffen und festzulegen, da in diesen Fachgebieten oft neue Begriffe entstehen, die von den Fachleuten der jeweiligen Sprachgemeinschaft nicht sofort benannt werden.

Die Ergebnisse der Terminologiearbeit werden Nutzern in terminologischen Datenbanken, Fachwortlisten, Glossaren und Fachwörterbüchern zur Verfügung gestellt. Was den Umfang betrifft, so kann Terminologiearbeit für ein Fachgebiet oder für mehrere betrieben werden. Weitere wichtige Unterscheidungen bei den Arbeitsformen sind:

- deskriptive vs. präskriptive Terminologiearbeit
- punktuelle vs. textbezogene vs. fachgebietsbezogene Terminologiearbeit
- einsprachige vs. mehrsprachige Terminologiearbeit

3.2.2 Deskriptive vs. präskriptive Terminologiearbeit

Eine rein deskriptive Terminologiearbeit beschreibt den existierenden Gebrauch der fachsprachlichen Benennungen, ohne ihn zu bewerten oder zu beschränken. Ihr gegenüber steht die präskriptive oder normative Terminologiearbeit, die – im Regelfall **nach** der deskriptiven Phase – festlegt, welche Fachwörter für bestimmte Begriffe zu verwenden sind.

Präskriptive Terminologiearbeit wird nicht nur von Normungs- und Sprachplanungsorganisationen durchgeführt, sondern auch innerhalb von Institutionen, Unternehmen oder Unternehmensgruppen – vor allem mit dem Ziel, durch terminologische Konsistenz die Unternehmenskommunikation zu verbessern und Übersetzungskosten zu reduzieren (zu diesen und weiteren Vorteilen eines professionellen Terminologiemanagements im Unternehmen siehe auch Kap. 1).

Ein rein deskriptives Arbeiten ist für die Lexikografie von Bedeutung, im Unternehmensalltag spielt es selten eine Rolle. Die Beschreibung des terminologischen Ist-Zustands ist hier lediglich ein Zwischenergebnis; sie stellt die Vorstufe für die präskriptive Terminologiearbeit dar.

Durch die präskriptive Terminologiearbeit will man v. a. jede Art von Synonymie verhindern. Das heißt: Immer dann, wenn es konkurrierende Benennungen für denselben Begriff gibt, werden eine Vorzugsbenennung festgelegt und der Gebrauch der anderen Benennungen verboten (Kriterien zur Auswahl dieser Vorzugsbenennungen und zur Festlegung von Schreibweisen werden in Abschn. 4.5 dargestellt). Allerdings kann es in bestimmten Bereichen angebracht sein, für verschiedene Adressaten verschiedene Benennungen zu verwenden, um die Verständlichkeit der Texte zu erhöhen und so Sicherheitsrisiken, Funktionsstörungen und Missverständnisse zu vermeiden. Am ehesten lassen sich Unterscheidungen zwischen Pre- und Aftersales-Bereich (z. B. Entwicklung und Marketing) rechtfertigen, da hier grundverschiedene Textfunktionen und gesetzliche Vorgaben erfüllt werden müssen. Grundsätzlich sollte es jedoch immer das Ziel sein, sich unternehmensweit auf eine einzige Benennung zu einigen – sowohl im Sinne der Corporate Language als auch im Sinne der Kundenfreundlichkeit und Verständlichkeit.

Im Anschluss an die Festlegung der Vorzugsbenennung werden diese sowie alle synonymen Benennungen in einem begriffsorientierten Terminologieverwaltungssystem erfasst, alle verbotenen Synonyme markiert und so der Gebrauch der Vorzugsbenennung forciert. Verbotene Synonyme dürfen nicht aus den terminologischen Datenbeständen gestrichen werden, da Textverfasser oder Übersetzer die Möglichkeit haben müssen, nachzuschlagen, welche Termini synonym sind, welcher Terminus welchen Begriff bezeichnet, welcher Terminus für einen bestimmten Begriff vorgeschrieben ist etc. Darüber hinaus wird für eine automatisierte Kontrolle der Terminologieverwendung (siehe Abschn. 7.3.2) eine Negativliste mit verbotenen Termini benötigt. Um ihren Gebrauch zu verhindern, können auch Teilsynonyme, Gebrauchssynonyme oder Benennungen von Oberbegriffen (Hyperonyme) als verbotene Synonyme erfasst und verwaltet werden. Es kommt z. B. häufig vor, dass die Benennung des Oberbegriffs als Gebrauchssynonym zur Benennung des Unterbegriffs verwendet wird, da sie meist kürzer ist. So benutzt ein Autor im Text die Benennung „Sensor", obwohl nach Messprinzip zwischen „resistiven Sensoren" und „kapazitiven Sensoren" unterschieden werden müsste. Um dies zu verhindern, nimmt man „Sensor" als verbotenes Synonym bei den Unterbegriffen auf, obwohl es begrifflich betrachtet kein Synonym, sondern eben die Benennung des Oberbegriffs ist.

Wenn präskriptiv gearbeitet wird, sind im Anschluss an die Terminologiebereitstellung Kontrollmechanismen erforderlich, die die Verwendung der vorgeschriebenen Terminologie überwachen. Hier können bspw. Controlled-Language-Checker zum Einsatz kommen, die den Verfasser eines Textes auf die korrekte Vorzugsbenennung hinweisen.[1] Welche weiteren elektronischen Werkzeuge in welcher Form zur Kontrolle der Terminologieverwendung eingesetzt werden können, wird ausführlich in Kap. 7 behandelt.

---

[1] Eine ausführliche Darstellung des Einsatzes von Controlled-Language-Checkern im Bereich der Technischen Dokumentation findet sich in Drewer und Ziegler (2014, S. 186ff., 227ff.).

3.2.3   Punktuelle vs. textbezogene vs. fachgebietsbezogene Terminologiearbeit

Ein weiterer Unterschied bezieht sich auf den Umfang der Terminologiearbeit und die Systematik der Vorgehensweise. Terminologiearbeit kann demnach punktuell, textbezogen oder fachgebietsbezogen durchgeführt werden (vgl. auch KÜDES 2002, S. 48ff., KÜDES 2014, S. 62ff.).

Bei der auch als Ad-hoc-Terminologiearbeit bezeichneten punktuellen Untersuchung wird ein akutes terminologisches Einzelproblem gelöst, wobei es meist um die Klärung einzelner Benennungen und der dahinter stehenden Begriffe geht. Tiefer gehende fachliche Erkenntnisse und ein inhaltliches oder terminologisches Durchdringen des Fachgebiets sind hier nicht zu erwarten, die Fehleranfälligkeit ist aufgrund des Zeitdrucks relativ groß.

Bei der textbezogenen Terminologiearbeit wird die Terminologie eines umfangreicheren Fachtextes, der sich idealerweise auf ein Fachgebiet konzentrieren sollte, vollständig erarbeitet, z. B. um ein größeres Übersetzungsprojekt vorzubereiten. Je stärker dieser Text auf nur ein Fachgebiet konzentriert ist, desto zuverlässiger und reichhaltiger ist die terminologische Ausbeute.

Die fachgebietsbezogene terminologische Untersuchung letztlich liefert eine systematisch aufgebaute Terminologie eines in sich geschlossenen (Teil-)Fachgebiets. Nur bei dieser Art der Terminologiearbeit lassen sich gesicherte Begriffsbeziehungen und planvolle Begriffssysteme aufbauen, da der Terminologe umfangreiche Textkorpora als Recherchegrundlage nutzt, sich tief in die Materie einarbeitet und so umfassendes Fachwissen erwirbt.

3.2.4   Einsprachige vs. mehrsprachige Terminologiearbeit

Die letzte Unterteilung bezieht sich auf die Zahl der bearbeiteten Sprachen. Die mehrsprachige Terminologiearbeit ist insofern besonders anspruchsvoll, als hier die Begriffssysteme verschiedener Sprach- und Kulturgemeinschaften erarbeitet, miteinander verglichen und ggf. harmonisiert werden müssen. Im Idealfall werden bei der mehrsprachigen Terminologiearbeit die Methodik der einsprachigen Terminologiearbeit auf jede Einzelsprache angewandt und die Ergebnisse im Anschluss aufeinander projiziert und verglichen (vgl. z. B. Arntz et al. 2014, S. 141ff., 149ff. zu den wünschenswerten Methoden und Drewer und Horend 2007, S. 20ff. zu einer kritischen Betrachtung der gängigen Vorgehensweisen in der Praxis).

Eine 1:1-Übereinstimmung zwischen den Begriffen zweier Sprachräume ergibt sich immer dann, wenn amtlich festgelegte oder international anerkannte Definitionen vorliegen, die dieselben Begriffsmerkmale enthalten. Dies ist bei Fachsprachen häufig, aber bei weitem nicht immer der Fall (vgl. Schmitt 2002, S. 46). Stattdessen lässt sich die Äquivalenzproblematik folgendermaßen beschreiben:[2]

---

[2] Zur Äquivalenzproblematik siehe auch Abschn. 2.6.4.

Due to the nature of language itself, terms selected from more than one natural language vary in the extent to which they represent the same concepts. These variations can be regarded as forming a continuum, one end of which is represented by terms which can, for the practical purposes of indexing, be regarded as exact equivalents, further points being marked by various degrees of partial or inexact equivalence, and the final point being represented by those extreme situations in which a term in one language refers to a concept which cannot be expressed by a single, direct and equivalent term in another language. (ISO 5964 1985, S. 7f.)

Bei der mehrsprachigen Terminologiearbeit fallen unter Umständen terminologische Lücken auf, die durch einen Benennungsvorschlag geschlossen werden müssen.

Fall 1: Benennungslücke
Benennungslücken treten auf, wenn ein Begriff in einer Sprachgemeinschaft bekannt, doch (noch) nicht benannt ist. Zur Füllung einer solchen Benennungslücke kann entweder eine Benennung in Anlehnung an die benachbarten Einträge im Begriffssystem gebildet oder eine fremdsprachige Benennung übernommen werden (als Entlehnung oder als Lehnübersetzung – je nach sprachlichem Umfeld).

Fall 2: Begriffslücke
Begriffslücken treten auf, wenn ein Begriff in einer Sprachgemeinschaft (noch) nicht bekannt und folglich auch (noch) nicht benannt ist, der in anderen Sprachgemeinschaften bereits kognitiv und sprachlich erfasst ist. Begriffslücken sind also ein Zeichen dafür, dass nicht nur Unterschiede in der Versprachlichung bestehen, sondern dass das Denken in den beiden Sprachgemeinschaften verschieden ist bzw. zumindest bis zum Zeitpunkt der Entdeckung der Begriffslücke war. Hier eine geeignete Benennung zu finden, ist wesentlich schwieriger als das Füllen reiner Benennungslücken. Darüber hinaus müssen die Begriffe, die für die eine Kultur neu sind, dort erklärt und definiert werden.

3.3   Aufsetzen und Durchführen erfolgreicher Terminologieprojekte

3.3.1   Rahmenbedingungen

Grundsätzlich gilt, dass Terminologiearbeit so früh wie möglich beginnen sollte. Je früher die Standardisierung greift, desto besser lässt sich terminologischer „Wildwuchs" verhindern. Alle Beteiligten sollten von Beginn an einbezogen und geschult werden, um spätere Missverständnisse, Unstimmigkeiten und v. a. redundante Arbeiten zu vermeiden. Idealerweise wird die Terminologie während der Produktkonzeption, spätestens während der Produktentwicklung festgelegt und verbreitet (siehe dazu auch Kap. 1, speziell Abb. 1.1).

Je früher Terminologie bewusst innerhalb der Prozesse bearbeitet wird, desto einfacher ist es, sie zu standardisieren und sie allen zur Verfügung zu stellen. (RaDT 2013, S. 6)

Wenn erst bei der Ausgangstextproduktion oder gar erst bei der Übersetzung in verschiedene Zielsprachen an die Terminologie gedacht wird, ist es im Grunde schon zu spät. Diese zeitliche Anforderung kann jedoch kaum ein Unternehmen erfüllen. In den meisten Fällen gerät das Arbeitsfeld Terminologie erst durch verschärfte Gesetzgebung, durch ansteigende Zahlen von Produktvarianten, durch wachsende Qualitätsansprüche an Ausgangs- und Zieltexte, durch die Einführung eines Content-Management-Systems und nicht zuletzt durch einen erhöhten Kostendruck ins Blickfeld. Es sind also schon viele Texte produziert und übersetzt worden, bevor die Terminologiearbeit beginnt. Dieser Nachteil kann jedoch zum Vorteil werden, wenn man die terminologische Vorarbeit, die Technische Redakteure und Übersetzer bereits „en passant" geleistet haben, in der Terminologiegewinnungsphase systematisch nutzt.

Im Normalfall geschieht die terminologische Festlegung also in einer späteren Prozessphase, z. B. bei der Dokumentationserstellung. Auch die Einführung eines Terminologiemanagementprozesses findet i. d. R. erst statt, wenn schon eine große Anzahl von Termini „in der Welt" ist. Diese Tatsachen erschweren zwar die Terminologiearbeit, sollten aber auf keinen Fall abschrecken, denn letztlich lohnt sich auch ein späteres Eingreifen.

Vor dem Start sollte sichergestellt werden, dass das Projekt ausreichend Unterstützung im gesamten Unternehmen erfährt. Die wirtschaftlichen Gründe, die in Kap. 1 besprochen wurden, sind ebenso überzeugend wie die Aussicht auf Arbeitserleichterung. Dennoch ist professionelles Terminologiemanagement ein aufwendiges Unterfangen, das von allen Beteiligten getragen werden muss. Entscheidungsträger und die jeweiligen Abteilungen müssen also zunächst von der Notwendigkeit eines Terminologiemanagements überzeugt werden. Je nach Zielgruppe müssen andere Argumente angeführt werden, um Budgetverantwortliche zur Finanzierung des Projekts zu bewegen, um Unternehmensangehörige in verschiedenen Bereichen von der Notwendigkeit der Terminologiearbeit zu überzeugen, um Mitarbeiter zu motivieren, die festgelegte Terminologie tatsächlich zu verwenden oder sich an der Terminologieerarbeitung und -festlegung zu beteiligen. Der DTT-Best-Practices-Ordner (DTT 2014, Modul 1) stellt dafür ein differenziertes Argumentarium zur Verfügung (vgl. Abb. 3.1).[3] Hier werden 65 verschiedene Argumente zunächst stichpunktartig aufgelistet und ihre Relevanz für bestimmte Zielgruppen abgeschätzt. Im Anschluss erfolgt eine nähere Erläuterung zu den einzelnen Argumenten.

Wie bei jedem Projekt müssen vor dem Projektstart Ziele definiert, alle anstehenden Arbeitsschritte beschrieben und aufgelistet und Aufwände abgeschätzt und kalkuliert werden. Einige Arbeiten fallen nur einmalig an[4] (z. B. Kick-Off-Sitzungen, Bestimmen der Verantwortlichen und sonstigen Beteiligten, Systemevaluierung und -auswahl, Festlegen der Rollen und Rechte, Festlegen der Datenstruktur, Erstellen eines Terminologieleitfadens, der alle Prozesse und Festlegungen enthält etc.), andere Arbeiten fallen

---

[3] Weitere Argumente finden sich in den Erfahrungsberichten der tekom-Studie zum erfolgreichen Terminologiemanagement im Unternehmen (Schmitz und Straub 2016a, S. 251ff.).

[4] Einmaliger Aufwand bedeutet jedoch nicht, dass die Festlegungen, die in dieser ersten Phase getroffen werden, später nicht ergänzt oder optimiert werden dürfen.

Terminologie ...	Geschäftsleitung / Management	Controller / Finanzverantwortliche	Marketing- / Vertriebsfachleute / Produktmanager / Einkäufer	Sprachendienst- / Redaktionsverantwortliche	Beschäftigte eines Sprachendienstes / einer Redaktion	Beschäftigte eines Unternehmens	Entwickler / Konstrukteure	Qualitätsbeauftragte	Kundendienst	Schulung	Wissensmanagement
1. ... beschleunigt den Übersetzungsprozess	x	x	x	x	x						
2. ... beschleunigt die Einarbeitung neuer Mitarbeiter.	x			x		x				x	x
3. ... deckt Mehrdeutigkeiten auf.					x			x	x		x
4. ... dient der Qualitätssicherung (Textqualität im Quelltext und im übersetzten Text).			x	x	x			x			
5. ... entlastet den Kundendienst.	x	x					x		x		
⋮											

Abb. 3.1 Argumente für die Einführung eines Terminologiemanagements (Auszug aus DTT 2014, Modul 1)

dauerhaft an (Erarbeitung, Validierung, Erfassung und Pflege der Terminologiebestände, System-Updates etc.).

Empfehlenswert ist das Definieren von Teilzielen. Sie haben verschiedene Vorteile:

- Schnelle erste Erfolge motivieren das Team.
- Ungereimtheiten, Lücken oder methodische Fehler fallen frühzeitig auf, können ohne größeren Aufwand behoben und im weiteren Projektverlauf vermieden werden.

Sinnvoll ist es bspw. auch, zum Start nur ein Produkt terminologisch zu bearbeiten und nicht gleich eine ganze Produktpalette. Liegt erst einmal für einen begrenzten Bereich eine vollständige Terminologie vor, stellen sich erste Erfolgserlebnisse und Verbesserungen schnell ein. Insbesondere Technische Redaktion und Übersetzung profitieren in dieser Phase sehr schnell von den ersten Ergebnissen und treiben das Projekt voran. Auch die Anzahl der bearbeiteten Sprachen sollte zunächst überschaubar gehalten werden, um die Arbeit beherrschbar zu halten, z. B. erst die „Kernsprachen", in denen Ausgangs- und Zieltexte erstellt werden, später dann weitere relevante Sprachen. Die Anzahl der Sprachen variiert stark von Unternehmen zu Unternehmen, liegt jedoch nicht selten bei über 30 Sprachen, bei großen Unternehmen mit hohem Exportanteil sogar bei 50 bis 100 Sprachen (vgl. z. B. Schmitz und Straub 2016a, S. 86).

Die detaillierte Zeit-, Personal- und Budgetplanung ist von Unternehmen zu Unternehmen verschieden und hängt von Projektziel und -umfang ab. Sie kann deshalb hier nicht vertieft werden. Stattdessen sollen einige grundlegende Überlegungen zu den beteiligten Personen und Prozessen angestellt werden.

3.3.2 Projektbeteiligte

3.3.2.1 Nutzer von Terminologie

Die Hauptnutzer einer professionellen Terminologieverwaltung sind Technische Redakteure und Übersetzer; im Prinzip profitieren jedoch alle Abteilungen eines Unternehmens davon und sollten daher auch zur Nutzung der Terminologiebestände verpflichtet werden. Jeder im Unternehmen, der Texte erstellt, trägt zum erfolgreichen Etablieren einer Corporate Language bei, wenn er die festgelegte Terminologie einsetzt.

Um eine wirkliche Vereinheitlichung zu erreichen, müssen jedoch auch und vor allem die Schöpfer neuer Termini einbezogen werden, die zumeist aus dem Kreis der Entwickler und Konstrukteure stammen. Neue Benennungen, die sie ins Leben rufen, haben anfänglich nur die Funktion (und die Qualität!) von Arbeitstiteln, pflegen sich aber durchzusetzen und sind anschließend kaum noch zu eliminieren. Daher müssen diese Nutzergruppen insbes. in diejenigen Prozessschritte eingebunden werden, in denen die Bildung neuer Benennungen geregelt wird.

Bezieht man viele verschiedene Nutzergruppen ein, so ist zu beachten, dass jede Gruppe andere Anforderungen an eine Terminologiedatenbank stellt. Insbesondere die fachliche Tiefe der Definitionen führt oft zu Unstimmigkeiten. Während Entwickler und Techniker Wert auf eine große Detailtiefe und Präzision legen, benötigen Übersetzer und Technische Redakteure eher allgemeine, grundlegende Definitionen, darüber hinaus aber auch Informationen zu benachbarten, über- und untergeordneten Begriffen. Die Mitarbeiter der Hotline wiederum wünschen sich Informationen zu Vorgängerversionen, um z. B. Fragen von Kunden vergleichend beantworten zu können.

3.3.2.2 Erarbeiter von Terminologie

Während möglichst viele Personen die erarbeitete Terminologie nutzen sollen, sollte die Zahl der eigentlichen Terminologieverantwortlichen möglichst überschaubar sein, um klare Verantwortlichkeiten und eindeutige Kontrollmechanismen zu haben. Die Einschränkung der Personengruppe bezieht sich jedoch lediglich auf die Verantwortung für das Terminologieprojekt und die Steuerung der Terminologiemanagementprozesse. Inhaltlich sind die Terminologen auf die Mithilfe verschiedenster Personengruppen angewiesen. Zu nennen sind hier all diejenigen, die im vorangegangenen Abschnitt als potentielle Nutzer besprochen wurden, also in erster Linie Übersetzer, Technische Redakteure, Entwickler und Konstrukteure, Marketingmitarbeiter, Vertriebsmitarbeiter, Servicemitarbeiter etc. Sie verfügen in der Regel bereits über terminologische Daten, die unbedingt genutzt werden sollten. Das Einbinden dieser Personengruppen hat nicht nur den positiven Effekt, dass umfangreiche Kompetenzen und Wissen genutzt werden, sondern stärkt auch die Akzeptanz des gesamten Terminologieprojekts. Ein Projekt, das auf den Schultern weniger lastet

und am Ende als fertige (und zugleich verpflichtende) Lösung präsentiert wird, stößt oft
auf Widerstände, die sogar zum Scheitern des Gesamtprojekts führen können. Außerdem
erkennen benachbarte Berufsgruppen oft Probleme und Besonderheiten, die von den Terminologieverantwortlichen nicht spontan gesehen wurden.

> Zum Beispiel kann es in einem mehrsprachigen Umfeld aus Sicht der Übersetzerinnen und Über-
> setzer notwendig sein, Begriffe und Benennungen zu charakterisieren und festzulegen, die von
> den Autorinnen und Autoren in den Quellsprachen für selbstverständlich gehalten werden, in
> den Zielsprachen jedoch ohne terminologische Klärung problematisch sind. (RaDT 2013, S. 6)

Vorsicht ist jedoch geboten, wenn sich abzeichnet, dass durch das Einbinden von zu vielen
Beteiligten zu viele unvereinbare Wünsche geäußert werden oder Hierarchiekämpfe aus-
brechen. Das letzte Wort muss bei dem oder den Terminologieverantwortlichen liegen.
Um ihre Entscheidungen durchsetzen zu können, sind hier terminologisches Fachwissen,
aber auch Diplomatie und Durchhaltevermögen gefragt.

3.3.3 Rollen und Rechte

Um ein sauberes und systematisches Arbeiten mit großen terminologischen Datenbeständen zu ermöglichen, sind klare Rollen- und Rechtekonzepte erforderlich. Nicht jeder
Nutzer soll Schreibrechte erhalten und auch innerhalb der Gruppe derer, die die Datenbank
befüllen, muss differenziert werden, z. B. danach, wer welche Sprache bearbeiten darf.
  Ein typisches Rollenmodell könnte folgendermaßen aussehen (vgl. Drewer und Schmitz
2014, siehe auch Abb. 3.2):

- **Terminologienutzer**:
  Die Nutzer stellen die größte Gruppe dar. Sie haben i. d. R. keine Schreib-, sondern
  nur Leserechte an den terminologischen Beständen. Sie sollten aber in jedem Fall neue
  Termini vorschlagen oder Fehler melden können, die ihnen beim Gebrauch der Terminologiebestände auffallen.
- **Terminologiebeauftragte/Terminologiemanager**:
  Die Verantwortung und Entscheidungsbefugnis für grundlegende Fragen im Terminologieprojekt sollte klar einer Person (max. 2 Personen) zugeordnet sein. Sie
  ist möglichst professionell im Bereich Terminologie ausgebildet[5] und verfügt
  daher über terminologisch-methodische Kompetenzen, fachliche Kompetenzen im
  zu bearbeitenden Themengebiet sowie über fachsprachliche Kompetenzen (in der

---

[5] Die Aus- und Weiterbildung von Terminologen ist ein wichtiges Thema, dessen Bedeutung in den
nächsten Jahren noch weiter steigen wird. Bisherige Diskussionen und Ausführungen zu diesem
Themenbereich finden sich u. a. in DTT (2014, Modul 6), RaDT (2004, 2013), Drewer und Schmitz
(2013, 2016), Drewer et al. (2016), Drewer (2009b, 2010b, 2013b, 2016), Schmitz (2010e), Schmitz
und Nájera (2012).

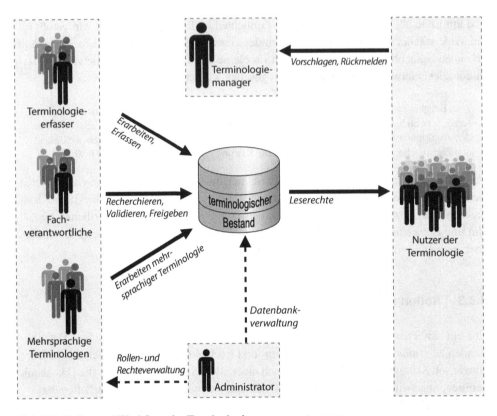

Abb. 3.2 Rollen und Workflows im Terminologiemanagementprozess

Muttersprache sowie einer oder mehreren Fremdsprachen). Weitere Anforderungen, die sich v. a. auf die Persönlichkeit und Arbeitsweise des Terminologiemanagers beziehen, sind: Durchsetzungskraft, Vermittlungsgeschick sowie systematisches Vorgehen.

Die meisten Unternehmen gründen zur Durchsetzung bzw. Durchführung ihres Terminologieprojekts einen sog. Terminologiezirkel oder Terminologiekreis, dem der Terminologiemanager vorsitzt.

- **Terminologen/Terminologieerfasser**:
  Sie erarbeiten und erfassen die relevante Terminologie. Ihre Anzahl variiert von Projekt zu Projekt und je nach Zahl der erforderlichen Sprachen. In einigen Fällen findet man die Gruppe bzw. Rolle der sog. „fremdsprachigen Terminologen". Im Grunde sollte aber jeder Terminologe möglichst mehrere Arbeitssprachen haben. Ein „Übersetzen" der vorhandenen Terminologie gibt es nicht, sondern der Terminologe überprüft die Begrifflichkeiten in seiner Sprachgemeinschaft / seinen Sprachgemeinschaften und ermittelt, ob Voll- oder Teiläquivalente oder Begriffs- bzw. Benennungslücken vorliegen. Im Prinzip wäre es denkbar, dass jeder Terminologe nur in seiner Muttersprache arbeitet. In diesem Fall ist zwar eine Übernahme „fremder" Begrifflichkeiten

und Begriffssysteme ausgeschlossen, allerdings braucht man zumindest am Ende der Erarbeitung jemanden, der die Definitionen und damit die Begriffe in den verschiedenen Sprachen vergleicht.

- **Terminologen/Fachverantwortliche**:
  Oft wird unterschieden zwischen „Terminologieerfassern", die die Vorauswahl der Termini und die Recherche übernehmen, und den fachkompetenten (echten) „Terminologen", die die recherchierte Terminologie inhaltlich validieren und freigeben. Aus diesem Grund werden Mitglieder dieser Gruppe manchmal auch „Fachverantwortliche" oder „Sachexperten" genannt. Im Idealfall vereint ein Terminologe allerdings sowohl terminologische als auch fachliche und fachsprachliche Kenntnisse über das Sachgebiet (zur Bedeutung des Fachwissens im bearbeiteten Themengebiet siehe z. B. Drewer 2016, S. 79ff.).

Neben diesen Rollen, die sich an den inhaltlichen Aufgaben innerhalb des Terminologieprozesses orientieren, lassen sich auch Rollen und Rechte auf Basis des organisatorischen Umfelds definieren. So wird etwa bei größeren Terminologiedatenbanken mit vielen verschiedenen Nutzergruppen ein Administrator benötigt, der unter anderem gerade die Rollen und Rechte verwaltet.

Wenn keine oder zu wenige Terminologen im Unternehmen beschäftigt sind oder die vom Terminologen geforderte Mehrfachqualifikation nicht zu finden ist, können verwandte Berufsgruppen geschult werden und einige der angesprochenen Aufgaben übernehmen. So hat ein Technischer Redakteur i. d. R. ein so gutes Produkt- und damit Sachwissen, dass er Definitionen recherchieren und evtl. auch freigeben kann. Sollte seine Sachkenntnis für die finale Freigabe nicht ausreichen oder möchte er sich absichern, können auch Produktmanager und andere Fachverantwortliche die Aufgabe der Definitionsüberprüfung übernehmen. Sie eignen sich auch sehr gut, um die Synonymie von recherchierten Termini zu prüfen und zu bestätigen sowie weitere Synonyme zu liefern. Wie genau die Mitarbeit und Schulung dieser Fachverantwortlichen aussehen und organisiert werden kann, beschreibt RaDT (2013).[6]

Das Einbinden verschiedener Experten hat zudem den Vorteil, dass die terminologischen Ergebnisse damit ein „Gemeinschaftsprodukt" sind, zu dessen Anwendung man sich leichter verpflichten kann als zu einer Vorgabe, an der man nicht selbst mitgearbeitet hat. Auch die Gefahr der ständigen Kritik aus den Bereichen Entwicklung, Konstruktion, Produktmanagement etc. am Terminologiebestand wird reduziert, wenn Beteiligte aus diesen Abteilungen von Anfang an an der Terminologie mitarbeiten.

Grundsätzlich sind Anzahl und Differenzierung der Rollen nahezu beliebig erweiterbar. So gibt es Unternehmen, die nach der Erfassung eines neuen Eintrags zunächst eine linguistisch-terminologische Validierung durchführen (Rolle „sprachlicher Freigeber"), bevor der Eintrag inhaltlich geprüft wird (Rolle „inhaltlicher Freigeber").

---

[6] Weitere Hinweise zur Einbindung verschiedener Personengruppen mit unterschiedlich großem terminologischen Wissen finden sich in Drewer (2009b, 2013b, 2014) sowie in Drewer und Schmitz (2014).

Um die Validierungs- und Freigabephase möglichst schlank zu halten, sollten bei der Recherche und Erfassung der Definitionen nur Personen eingesetzt werden, die terminologisch ausgebildet sind und die ein ausreichend breites Fachwissen im bearbeiteten Gebiet aufweisen.[7] Wenn sie nämlich zu oft fehlerhafte Ergebnisse zur Diskussion und Überprüfung stellen, sinkt schnell die Bereitschaft der anderen, sich zu beteiligen. Wenn hingegen die ersten Definitionsentwürfe solide und fundiert sind, schließen sich andere schneller an und geben die Ergebnisse bereitwilliger frei.

3.3.4   Zentrale Prozessschritte

3.3.4.1   Überblick

Die Definition eines adäquaten Terminologiemanagementprozesses ist stark unternehmensabhängig. Jedes Unternehmen und jedes Projekt weist Besonderheiten auf, die es zu berücksichtigen gilt. Ein pauschaler „Super-Prozess" existiert also nicht. Dennoch gibt es bestimmte Arbeitsschritte, die in jedem Prozess eine Rolle spielen. Um diese zentralen Arbeitsschritte zu beschreiben, hat sich eine Aufgliederung in 9 Abschnitte bewährt.[8]

Die Reihenfolge dieser Abschnitte ist nicht streng chronologisch, sondern die Schritte überlappen sich sowohl inhaltlich als auch zeitlich.

1. Zielsetzung und Planung
2. Gewinnung der Terminologie
3. Begriffliche Systematisierung
4. Sprachliche Bewertung und Bereinigung
5. Generierung/Schaffung neuer Benennungen
6. Verwaltung der Terminologie
7. Darstellung und Verbreitung der Terminologie
8. Pflege der Terminologie
9. Kontrolle der Terminologieverwendung

Wir gehen in verschiedenen Kapiteln dieses Buches detaillierter auf die einzelnen Abschnitte ein, sodass an dieser Stelle v. a. ein Überblick und eine Darstellung der groben Abläufe der 9 Arbeitspakete erfolgen sollen. Zudem weisen wir darauf hin, in welchen Kapiteln die einzelnen Aspekte vertieft werden.

---

[7] Auch der RaDT nennt im Berufsprofil von Terminologen als zentrale Anforderung die „Sachkompetenz in den abgedeckten Fachgebieten" und die Aufgaben „Erarbeitung von Definitionen" und „begriffliches Ordnen und Aufbau von Begriffssystemen" (RaDT 2004, S. 2, 3).

[8] Zur Grundlegung und weiteren Details dieses 9-Phasen-Modells siehe z. B. Drewer (2006a, 2006b, 2008a, 2008b, 2012a), Drewer und Schmitz (2014), Drewer und Ziegler (2014, S. 164-190). Ähnliche Arbeitsschritte und Prozessphasen werden z. B. auch im DTT-Best-Practices-Ordner dargestellt (vgl. DTT 2014, Modul 5, S. 12ff.) oder in RaDT (2013, S. 7f.).

3.3.4.2 Zielsetzung und Planung

Die Phase der Zielsetzung und Planung stellt den Beginn des Terminologieprojekts dar und stellt die Weichen dafür, ob das Projekt in dauerhaft tragfähige Prozesse überführt werden kann. Wie bereits in Abschn. 3.3 erläutert, sind die wichtigsten Entscheidungen in dieser Phase:

- Überzeugen von Entscheidungsträgern und beteiligten Mitarbeitern
- Formulieren einer klaren Zielsetzung durch Analyse des IST-Zustands und Konkretisierung des SOLL-Zustands
- Erstellen von Budget- und Zeitplänen
- Definieren von Teilzielen – sowohl technologisch als auch inhaltlich
- Abgrenzung des terminologisch zu bearbeitenden Themengebiets
- Auswahl (ggf. Fortbildung) geeigneter Terminologen

In diesem Zusammenhang sollte auch die strategische Positionierung des Terminologiemanagements innerhalb des Unternehmens erfolgen (vgl. Schmitz und Weilandt 2014).

3.3.4.3 Gewinnung und Sammlung vorhandener Terminologie

Nachdem alle Basisentscheidungen getroffen wurden, beginnt die terminologische Bestandsaufnahme. Es wird also ermittelt, welche Terminologie bereits vorliegt bzw. in Texten verwendet wird.

Die verschiedenen Verfahren der menschlichen und maschinellen Terminologieextraktion werden in Abschn. 4.2 ausführlicher vorgestellt. Der Abschnitt widmet sich ebenfalls der Frage, welche Quellen und Textsorten für die Terminologierecherche sinnvoll sind und was speziell bei der Nutzung des Internets als Wissensquelle zu beachten ist.

Am Ende der Gewinnungsphase liegen Benennungslisten vor, die idealerweise bereits mit Metadaten angereichert sind, z. B. Häufigkeit des Vorkommens einer Benennung oder sprachliche Besonderheiten bei der Verwendung der Benennung.

3.3.4.4 Begriffliche Systematisierung

Im Rahmen der begrifflichen Systematisierung werden die Benennungslisten aus dem vorangegangenen Arbeitsschritt mit begrifflichen Informationen angereichert. In erster Linie geht es darum, die Begriffe hinter den Benennungen zu definieren und Beziehungen zwischen den Begriffen zu erkennen.

Welche Beziehungsarten es gibt und wie diese dargestellt werden können, wird in Abschn. 2.4.2 behandelt. Abschnitt 4.3 befasst sich ausführlich mit dem Thema der Begriffsdefinition (insbes. Definitionsarten und Anforderungen an terminologisch sinnvolle Definitionen).

3.3.4.5 Sprachliche Bewertung und Bereinigung der Terminologie

Nach dem Sammeln und Systematisieren erfolgt in diesem 4. Arbeitsschritt die Bereinigung der Terminologie; nach der deskriptiven Vorarbeit wird also präskriptiv gearbeitet.

Pro Begriff wird eine Vorzugsbenennung festgelegt. Falls Synonyme vorhanden sind, werden sie ebenfalls in der begriffsorientierten Verwaltung erfasst und ihr Gebrauch entweder verboten oder auf bestimmte Textsorten oder Einsatzgebiete beschränkt.

Um festzulegen, welche Benennung für einen Begriff die „beste" ist, sollten objektive Qualitätskriterien festgelegt und angewendet werden. Die wichtigsten Anforderungen an Benennungen werden in Abschn. 4.5.1 dargestellt und erläutert. Darüber hinaus sollten auch Benennungsaufbau und -schreibweisen innerhalb der Corporate Language konsistent gehalten werden. Die Abschn. 4.4 und 4.5.2 liefern einen Überblick über die wichtigsten Benennungsbildungsmuster sowie über erforderliche Festlegungen bei Schreibweisen.

3.3.4.6   Schaffung neuer Benennungen

Neue Benennungen müssen immer dann geschaffen werden, wenn neue Begriffe entstehen (z. B. ein neues Produkt oder ein neues Verfahren). Es kann aber auch geschehen, dass die bereits vorhandenen Benennungen für einen Begriff zu so vielen Missverständnissen führen, dass es einer neuen Benennung bedarf.

Beim Schaffen neuer Benennungen sollten die typischen Wortbildungsmuster einer Sprache zum Einsatz kommen (siehe Abschn. 4.4). Gleichzeitig sollte überprüft werden, ob die für das eigene Terminologieprojekt festgelegten Kriterien zur Bewertung von Benennungen (Kürze, Motiviertheit etc.) eingehalten werden (siehe dazu Abschn. 4.5).

3.3.4.7   Verwaltung von Terminologie

Terminologische Datenbestände werden in speziellen Terminologieverwaltungssystemen verwaltet. Alle relevanten Überlegungen zur Einrichtung eines solchen Systems werden ausführlich in Kap. 5 dargelegt. Es ist nicht nur wichtig, geeignete Datenkategorien auszuwählen (siehe Abschn. 5.3.2), sondern diese Datenkategorien auch in einer angemessenen Eintragsstruktur zu modellieren (siehe Abschn. 5.3.3). Gerade bei der Konzeption der Eintragsstruktur, also der Auswahl und dem Einrichten von Datenkategorien, werden häufig Fehler begangen, die zeit- und kostenaufwendige Nachbesserungen erfordern. Ein sinnvolles, effizientes Arbeiten setzt u. a. die Einhaltung der Prinzipien Begriffsorientierung und Benennungsautonomie voraus. Ebenso spielen die Granularität der Datenkategorien sowie die Elementarität ihrer Befüllung eine wichtige Rolle.

Für die professionelle Einrichtung eines Terminologieverwaltungssystems ist es unerlässlich, die verschiedenen Arten von Systemen sowie Kriterien für ihre Auswahl zu kennen (siehe Abschn. 5.5).

3.3.4.8   Darstellung und Verbreitung der Terminologie

Terminologie kann in unterschiedlichen Medien und unterschiedlichem Umfang bereitgestellt werden, z. B. elektronisch im Intra- oder Internet oder gedruckt in Form eines Glossars; als vollständige Datensätze oder als reine Wortlisten etc. Je nach Zielsetzung und Nutzerkreis werden eine oder mehrere dieser Varianten im Unternehmen realisiert. Wichtig in diesem Zusammenhang sind eine zentrale Datenhaltung und klare Verantwortlichkeiten, um Redundanzen und das Auseinanderdriften von Datenbeständen zu verhindern. Weitere Besonderheiten bei Bereitstellung, Ausgabe und Export von terminologischen Daten aus Verwaltungssystemen werden in Abschn. 6.8 thematisiert.

3.3.4.9 Pflege der Terminologie

Die erarbeiteten terminologischen Einträge müssen kontinuierlich gepflegt, aktualisiert und erweitert werden. Auch hier ist eine klare Verteilung der Aufgaben und Verantwortlichkeiten von Bedeutung. Die Validierung bezieht sich sowohl auf inhaltliche als auch auf sprachliche und formale Aspekte (siehe Abschn. 6.7). Prozesstechnisch muss festgelegt werden, in welchen zeitlichen Abständen und von welchen Prozessbeteiligten die Validierungen vorzunehmen sind. Auch muss eingeplant werden, wie mit Rückmeldungen von Nutzern umgegangen wird. In größeren Projekten mit sehr aktiven Nutzern kann es erforderlich sein, ein umfassendes Rückmeldeverfahren (ggf. mit Ticketsystem) einzuführen, um alle Kommentare und Korrekturvorschläge auszuwerten und einzuarbeiten.

3.3.4.10 Kontrolle der Terminologieverwendung

Ist die Terminologie eines Unternehmens erfasst und bereinigt, so muss ihre Verwendung überwacht werden. Die Überprüfung der Terminologieverwendung kann durch menschliche Lektoren oder maschinell durch ein Prüfprogramm erfolgen.

Abschnitt 7.2 stellt die grundsätzlichen Vorgehensweisen und Besonderheiten bei der kontrollierten Verwendung von Terminologie in Texten vor, bevor in den Abschn. 7.3 und 7.4 näher auf die spezifischen Anforderungen eingegangen wird, die sich einerseits bei der Ausgangstexterstellung und andererseits bei der Übersetzung, also der Erstellung von Zieltexten, ergeben. Bei der Ausgangstexterstellung werden insbes. die Möglichkeiten der Terminologiekontrolle durch Authoring-Memory-Systeme und Controlled-Language-Checker betrachtet, während bei der Zieltexterstellung Translation-Memory-Systeme im Vordergrund stehen.

Praktische Terminologiearbeit

4

4.1 Einleitung

Die Begriffe und Grundlagen der Terminologiewissenschaft (siehe Kap. 2) und der Terminologiearbeit (siehe Kap. 3) bilden die Basis für die praktische Terminologiearbeit. Zunächst werden unterschiedliche Formen der Terminologiegewinnung erläutert, wobei vor allem auf die Extraktion von Termini aus Texten und die Nutzung des Internets als Wissensquelle für die Terminologierecherche eingegangen wird. Das Internet ist auch eine gute Quelle für das Auffinden von Definitionen, deren Formen und Gestaltung ebenfalls in diesem Kapitel beschrieben werden. Eine wichtige Aufgabe im Rahmen der praktischen Terminologiearbeit ist die Bildung neuer Benennungen und Auswahl von Vorzugsbenennungen mit dem Ziel der Terminologiebereinigung. Die Festlegung von einheitlichen Schreibweisen der Termini wird in einem eigenen Abschnitt thematisiert.

4.2 Terminologiegewinnung

4.2.1 Überblick

Einer der wichtigsten Schritte bei der Terminologiearbeit ist die Recherche von terminologischen Informationen. So versucht man bei der punktuellen Terminologiearbeit (auch: Ad-hoc-Terminologiearbeit, vgl. Abschn. 3.2.3), ein gerade auftretendes terminologisches Problem zu lösen, indem man Äquivalente in anderen Sprachen sucht, Synonyme abklärt, den Gebrauch von Benennungen verifiziert oder Definitionen recherchiert, um Begriffe zu klären. Bei der systematischen Terminologiearbeit kommt dazu, dass man im Prinzip das gesamte Wissen eines Fachgebiets erschließen möchte, indem man Beziehungen zwischen

© Springer-Verlag GmbH Deutschland 2017
P. Drewer, K.-D. Schmitz, *Terminologiemanagement*,
Kommunikation und Medienmanagement,
https://doi.org/10.1007/978-3-662-53315-4_4

Begriffen ermittelt oder bereits aufbereitete Terminologiesammlungen des betreffenden Fachgebiets nutzt.

Bei der Erfassung und Bearbeitung von ein- oder mehrsprachigen terminologischen Einträgen recherchiert man vor allem terminologische Informationen, um die entsprechenden Datenkategorien mit adäquaten Inhalten zu füllen; hier sucht man also vor allem nach Benennungen, Definitionen und Kontexten in allen betroffenen Sprachen sowie nach Abbildungen oder anderem multimedialen Material, um Begriffe zu klären und zu veranschaulichen.

Am Anfang steht im Regelfall die Aufgabe, sich einen Überblick über die bisher im Fachgebiet verwendeten Benennungen zu verschaffen, denn die Terminologie wird im Normalfall nicht neu erfunden, sondern ist bereits in unterschiedlichen Formen und Medien vorhanden.

Bei dieser vorhandenen Terminologie können grundsätzlich zwei Formen von Daten unterschieden werden, die auch unterschiedliche Vorgehensweisen bei der Aufbereitung und anschließenden Übernahme erfordern: explizit und implizit vorliegende Terminologie.

Bei den **explizit** im Unternehmen vorhandenen terminologischen Daten kann es sich um Wortlisten, Glossare, Vokabellisten, Abkürzungsverzeichnisse o. Ä. handeln. Aber auch Terminologie, die in verschiedenen IT-Systemen des Unternehmens vorhanden ist und die oftmals gar nicht als Terminologie erkannt wird, kann zur Befüllung eines Terminologieverwaltungssystems genutzt werden. Eine derart versteckte Terminologie findet sich oft in elektronischen Teile- oder Produkt-Katalogen, ERP-Systemen (Enterprise-Resource-Planning), PLM-Systemen (Product-Lifecycle-Management) oder CAD-Systemen (Computer-Aided Design).

Diese Daten haben unterschiedliche Formen und Umfänge und enthalten unterschiedliche Arten terminologisch relevanter Informationen. Sie müssen zunächst aus den Sammlungen und Softwaresystemen exportiert, analysiert, qualitativ bewertet und aufbereitet werden, um sie dann in das eigentliche Terminologieverwaltungssystem importieren zu können. Wie dieser Import von explizit vorliegenden Daten erfolgt, wird in Abschn. 6.3.2 beschrieben.

Neben dieser explizit vorliegenden Terminologie gibt es im Unternehmen aber auch Terminologie, die **implizit** in Textdokumenten „versteckt" ist und die erst aus diesen Texten extrahiert werden muss, bevor sie in das Terminologieverwaltungssystem aufgenommen werden kann. Hierzu bieten sich nahezu alle Texte an, die zur technischen Dokumentation des Unternehmens gehören, da sie fachliche Inhalte vermitteln und somit fachgebiets- und unternehmensspezifische Terminologie enthalten, wie bspw. Produktspezifikationen, Bedienhandbücher, Wartungsanleitungen oder Schulungsunterlagen. Oftmals liegen diese Dokumente in mehreren Sprachen vor, sodass eine Auswertung auch Daten für eine multilinguale Terminologieerarbeitung bereitstellen kann.

Ein Sonderfall und somit eine Art Mischform aus explizit und implizit vorliegender Terminologie sind Content-Management-Systeme oder Übersetzungsspeicher (Translation-Memory-Systeme). In solchen Systemen finden sich neben kleineren Einheiten, die

Benennungen entsprechen und somit direkt als Terminologiekandidaten genutzt werden können, auch längere Textbausteine, die Sätze oder Phrasen umfassen und aus denen die Terminologie extrahiert werden kann bzw. muss. Die implizit in Texten vorliegende Terminologie ist am Ende des Extraktionsprozesses explizit verfügbar und wird dann ähnlich behandelt wie explizit vorliegende Terminologie.

Die Extraktion der Terminologie aus Texten kann maschinell/maschinengestützt oder durch menschliche Recherchen erfolgen. Bei der maschinellen Sammlung spricht man i. d. R. von Terminologieextraktion (oft auch kurz Termextraktion), bei der menschlichen Sammlung eher von Terminologierecherche.

In den folgenden Abschnitten werden zunächst verschiedene Verfahren der Termextraktion (menschlich und maschinell) vorgestellt. Im Anschluss wird erläutert, welche Anforderungen Quellen erfüllen müssen, damit sie für die Terminologiearbeit brauchbar sind und welche Quellentypen in Frage kommen. Besondere Beachtung findet dabei das Internet als mögliche Quelle für Benennungen, Definitionen und Abbildungen.

4.2.2 Extraktion von Daten aus Dokumenten

4.2.2.1 Grundsätzliches

Technische Dokumentation enthält unterschiedliche Daten, die für den Aufbau von Terminologiebeständen genutzt werden können. Hierbei handelt es sich in erster Linie um Benennungen, die in den Texten identifiziert werden müssen, aber auch Kontextbeispiele und Definitionen können gefunden und verwendet werden. Ebenso bietet es sich an, das textliche Material für die Beantwortung von terminologischen Fragestellungen zu nutzen, z. B. um grammatische oder stilistische Eigenschaften von Termini zu überprüfen, typische Kollokationen zu identifizieren oder Fragen zur Gebräuchlichkeit bestimmter Benennungen zu klären. Im Folgenden wollen wir uns auf die Termextraktion, d. h. die Extraktion von Benennungen, konzentrieren.

Die Termextraktion kann rein menschlich, menschlich mit einfacher technischer Unterstützung oder (halb-)automatisch maschinell mittels spezieller Termextraktionsprogramme durchgeführt werden. Zur Vorgehensweise sowie zu Vor- und Nachteilen der verschiedenen Verfahren siehe auch DTT (2014, Modul 4), Drewer (2012a, S. 28ff.), Drewer und Siegel (2012), Drewer und Ziegler (2014, S. 167ff.), Eckstein (2009), Janke (2013), Zerfaß (2006), Lieske (2002), Witschel (2004).

4.2.2.2 Menschliche Termextraktion

Bei der menschlichen Termextraktion (auch: manuelle Termextraktion oder Terminologierecherche) werden geeignete Textquellen von einem Terminologen mit fachlichem und terminologischem Wissen systematisch nach fachsprachlichen Benennungen durchsucht; diese werden markiert und anschließend in eine Liste übertragen oder direkt in ein Terminologieverwaltungssystem eingegeben. Gleichzeitig kann der Terminologe relevante Zusatzinformationen wie Kontexte, Definitionen oder Definitionsteile identifizieren und

für die Weiterverarbeitung nutzen.[1] Ein wichtiges Nebenergebnis dieser menschlichen
Termextraktion ist, dass der Terminologe sich durch die intensive Lektüre der Dokumente
tief gehende Kenntnisse im Fachgebiet erarbeitet. Dadurch ist er in der Lage, Begriffsbeziehungen zu erkennen oder herzustellen und Begriffe sinnvoll einzuordnen und zu definieren. Dies ist eine Leistung, die er mit Hilfe einer reinen Benennungsliste mit wenigen
Zusatzinformationen kaum erbringen könnte, die er aber spätestens für die begriffliche
Systematisierung der Terminologie benötigt.

Menschliche Termextraktion ist bei umfangreicherem Textmaterial (scheinbar) sehr
zeitaufwendig und damit teurer als der Einsatz maschineller Verfahren. Allerdings sind
die Ergebnisse deutlich zuverlässiger, vollständiger und hochwertiger, sodass Korrekturen
und Nacharbeiten entfallen, die bei maschineller Termextraktion grundsätzlich nötig sind.
Mittel- bis langfristig betrachtet, ist also die menschliche Terminologierecherche – v. a.
durch das aufgebaute Fachwissen, das für alle Anschlussschritte erforderlich ist – nicht
kostenintensiver als die maschinelle Extraktion.

Auf ein weiteres Phänomen bei der menschlichen Termextraktion soll ebenfalls hingewiesen werden: Versuche mit Terminologen, Technischen Redakteuren und Fachübersetz-
zern haben gezeigt, dass diese unterschiedlichen Personengruppen, aber auch verschiedene
Individuen innerhalb einer Gruppe, zu recht unterschiedlichen Listen von Benennungs-
bzw. Termkandidaten kommen (siehe Janke 2013, Zander 2014). Die Einschätzung, was
fachsprachliche Benennungen sind und welche davon in ein Terminologieverwaltungssystem aufzunehmen sind, hängt sehr stark von individuellen Fach- und Sprachkenntnissen
und von nutzergruppenspezifischen Erwartungen an das Nachschlagen in Terminologiebeständen ab. Dies macht es besonders schwer, sog. Gold Standards (Ideal- oder Muster-
lösungen) für die Termextraktion zu definieren, bei denen die Qualität von automatischen
Verfahren an einer solchen Ideallösung gemessen wird.

Es kann auch geschehen, dass Terminologen beim Auswerten der Texte durch Unaufmerksamkeit und Ermüdung Termkandidaten übersehen oder falsch identifizieren. Allerdings können auch bei maschineller Termextraktion Termkandidaten „übersehen" werden.

4.2.2.3 Einfache Unterstützungsverfahren bei der menschlichen Termextraktion

Sind eine menschliche Termextraktion zu zeitaufwendig und ein maschinelles Termextrak-
tionsprogramm nicht verfügbar, so können einfache Mittel genutzt werden, um Benennungen in Textdokumenten zu identifizieren. So kann man z. B. in einem einfachen Texteditor

---

[1] Auch bei der maschinellen Termextraktion werden oft Kontexte mit erfasst, die den Termkandidaten in seinem sprachlichen Umfeld zeigen. Allerdings sind diese Kontexte oft wenig hilfreich, da
sie willkürlich ausgewählt werden und nicht – wie bei der menschlichen Termrecherche – bewertet werden. Ein menschlicher Terminologieerfasser erkennt, welche Kontexte sprachlich relevant
sind, weil sie z. B. Kollokationen enthalten, oder welche Kontexte definitorische Elemente enthalten, und erfasst daher nur diese Beispielsätze (zu Anforderungen an gute Kontexte siehe auch
Abschn. 5.3.2.2.12 und vgl. Drewer 2012a, S. 28ff.).

oder Textverarbeitungsprogramm zunächst alle Satzzeichen wie Punkt, Komma, Semikolon, Anführungszeichen, Gedankenstrich oder Klammer entfernen und dann alle Leerzeichen zwischen Wörtern durch Absatzmarken ersetzen. Dadurch entsteht eine Liste aller Einzelwörter des Textes, die dann alphabetisch sortiert und von Doppeleinträgen bereinigt wird. Wird dann noch ein Abgleich mit einer sprachspezifischen Stoppwortliste durchgeführt, in der Funktionswörter wie Artikel, Konjunktionen, Präpositionen etc. enthalten sind, so bleibt eine Reihe von Wörtern übrig, die einer Liste von Termkandidaten schon sehr ähnlich ist. Problematisch ist an diesem Verfahren, dass in der Ergebnisliste auch unterschiedlich flektierte Wortformen der gleichen Grundform als eigenständige Elemente erscheinen, dass allgemeinsprachliche Wörter enthalten sind und dass Mehrwortbenennungen auseinandergerissen und nicht als Termini erkannt werden.

Bei den allgemeinsprachlichen Wörtern ergibt sich eine grundsätzliche Problemstellung der Terminologiearbeit – unabhängig davon, ob die Termextraktion menschlich oder maschinell durchgeführt wird: Was ist allgemeinsprachlich und sollte nicht in den Terminologiebestand aufgenommen werden und was ist fachsprachlich und gehört in das Terminologieverwaltungssystem?

Etwas professioneller, für den Nutzer einfacher und mit besseren Ergebnissen kann man auch sprachanalytische Software einsetzen, die in der Korpus- oder Computerlinguistik Verwendung findet, sog. Konkordanzprogramme (Concordancer). Diese analysieren Texte, identifizieren Wortstellen, ermitteln statistische Werte über Häufigkeiten (Type-Token-Relationen), reduzieren – sofern implementiert – mit linguistischen Verfahren flektierte Wortformen auf die Grundform (Lemmatisierung) und zeigen Kollokationen oder Kontexte in sog. KWIC-Indizes (keyword in context) an. Ein Beispiel für solche Konkordanz-Programme sind die WordSmith-Tools (www.lexically.net/wordsmith).

Manche der Konkordanzprogramme erkennen auch Wortarten oder vergleichen die Häufigkeit des Auftretens von Wörtern im untersuchten Text mit der „normalen" Häufigkeit des Auftretens in allen Texten, was ein Indiz dafür sein kann, dass ein allgemeinsprachliches Wort in einem Fachtext zu einer fachsprachlichen Benennung geworden ist (Terminologisierung, siehe dazu auch Abschn. 4.4.5). Sehr leistungsfähige Konkordanzprogramme wie etwa SketchEngine (www.sketchengine.co.uk) können Gruppen von Wörtern (N-Gramme) analysieren, sodass auch Mehrwortbenennungen erkannt werden.

4.2.2.4 Maschinelle Termextraktion

4.2.2.4.1 Einleitung
Von maschineller oder maschinengestützter Termextraktion spricht man, wenn (halb-) automatische Verfahren einsetzt werden, die speziell für die Erkennung von Termkandidaten in Fachtexten entwickelt wurden. Gleich zu Beginn muss festgehalten werden, dass die maschinelle Termextraktion bezüglich der Qualität und Brauchbarkeit der Ergebnisse (derzeit) deutlich hinter der menschlichen Termextraktion zurückbleibt; ihre Vorteile liegen eher in der Schnelligkeit und den zeitlichen Aufwänden für die Termextraktion.

Deshalb ist es eigentlich angemessener, von maschinengestützter oder halbautomatischer Termextraktion zu sprechen, da in fast allen Fällen eine menschliche Überprüfung und Überarbeitung der Ergebnisse notwendig ist.

Bei der maschinengestützten Termextraktion lassen sich zum einen die einsprachige und die mehrsprachige Termextraktion unterscheiden, zum anderen statistische, linguistische und hybride Termextraktionsverfahren. Darüber hinaus werden in den folgenden Abschnitten auch unerwünschte Nebeneffekte der maschinellen Termextraktion behandelt, die unter den Bezeichnungen „Silence" und „Noise" bekannt sind.

4.2.2.4.2 Ein- und mehrsprachige Termextraktion

Die **einsprachige Termextraktion** nutzt als Ausgangsmaterial einen Text oder mehrere Texte, die elektronisch in einer Sprache vorliegen. Das Ergebnis der einsprachigen Termextraktion ist i. d. R. eine Liste mit Termkandidaten, die im Idealfall bereits auf die Grundform zurückgeführt worden sind, also Verben auf den Infinitiv und Substantive auf den Nominativ Singular. Die Liste muss dann vom Terminologen überprüft werden, der falsche Ergebnisse löscht und korrekte Benennungen bestätigt. Je nach eingesetztem Programm werden auch die Häufigkeit des Auftretens einer Benennung, Kontexte oder grammatische Angaben automatisch mit ermittelt.

Abbildung 4.1 zeigt das Ergebnis einer einsprachigen Termextraktion mit SDL MultiTerm Extract. Das linke Fenster zeigt die extrahierten Termkandidaten, die nun von einem menschlichen Prüfer validiert werden müssen. Durch Anhaken wird festgelegt, bei

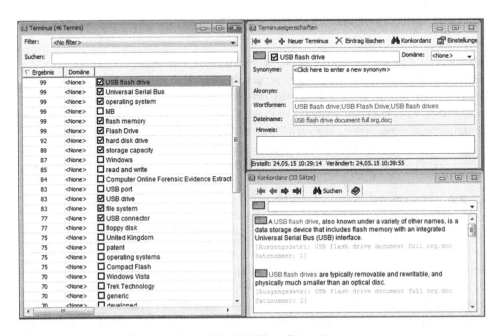

Abb. 4.1 Einsprachige Termextraktion (SDL MultiTerm Extract)

welchen Benennungen es sich um relevante Termini handelt, die in die Datenbank aufgenommen werden sollen. Die sog. Konkordanzsuche im Fenster rechts unten zeigt die gefundenen Termini im Kontext.

Im Fenster rechts oben können weitere Informationen hinterlegt werden. Bei den hier unter *Wortformen* angezeigten Benennungen ist die Frage, ob sie tatsächlich nur als Wortformen verwaltet werden sollten oder als synonyme Benennungen. Bei „USB flash drive" und „USB flash drives" handelt es sich tatsächlich nur um flektierte Formen (Singular vs. Plural), doch bei der alternativen Schreibweise mit Großbuchstaben „USB Flash Drive" liegt der Fall etwas anders, da es sich hier um eine Schreibvariante handelt.

Eine **mehrsprachige** maschinengestützte Termextraktion ist genau genommen (derzeit) immer eine **zweisprachige Termextraktion**. Eine Extraktion von Terminologie in mehreren Sprachen kann meist nur dadurch realisiert werden, dass mehrfach eine zweisprachige Extraktion mit immer derselben Ausgangssprache erfolgt und die Ergebnisse zusammengeführt werden. Ausgangspunkt für die Extraktion sind parallele zweisprachige Texte, die i. d. R. bereits segmentiert und deren Segmente einander zugeordnet sind. Dies trifft vor allem auf Inhalte von Translation-Memorys zu.

Verfügt man nicht über ein Translation-Memory, sondern nur über die Ausgangs- und Zieldokumente eines Übersetzungsvorgangs, muss eine automatische Alignierung vorgeschaltet werden. Allerdings müssen die Dokumente sehr ähnliche Textstrukturen aufweisen, um zu einem brauchbaren Ergebnis zu führen (vgl. Drewer und Siegel 2012).

Die zweisprachige Termextraktion liefert ebenfalls Listen von Termkandidaten in einer Sprache, ergänzt um die Termkandidaten in einer jeweils anderen Sprache. Mit den Ergebnissen können nicht nur mehrsprachige Terminologieeinträge aufgebaut werden, sondern es können auch – quasi als Nebeneffekt – interessante kontrastive Vergleiche durchgeführt werden. So kann z. B. überprüft werden, ob Übersetzer konsistent dieselbe zielsprachliche Benennung verwendet haben oder ob sie inkonsistent gearbeitet und verschiedene Benennungen verwendet haben (vgl. Drewer 2012a). Im Beispiel in Abb. 4.2 sieht man, dass die Übersetzer beim Transfer vom Englischen ins Deutsche nicht immer dieselbe Benennung verwendet haben, sondern Synonyme zum Einsatz kommen, z. B. „Anwendung" und „app" (erstaunlicherweise nicht in der deutschen Großschreibung „App") als Äquivalente zum englischen „app".

Dieser Vergleich lässt sich auch umkehren, um die Konsistenz in der Terminologieverwendung des Ausgangstexterstellers zu bewerten. In diesem Fall würde man die Sprachrichtung ändern und überprüfen, welche englischen Termini in den Ausgangstexten als Äquivalente für bestimmte deutsche Termini vorkommen.

Bei der zweisprachigen Termextraktion mit SDL MultiTerm Extract in Abb. 4.2 werden die gefundenen Äquivalente in der Zielsprache nicht auf ihre Grundformen zurückgeführt, sondern sie werden so angezeigt, wie sie im Text vorkommen, also z. B. Infinitiv und Partizip („herunterladen" und „heruntergeladen") oder verschiedene Flexionsformen („synchronisierten" und „synchronisierte"). Ein menschlicher Bearbeiter muss also auswählen, welches die korrekte Form ist, die in die Terminologiedatenbank übernommen werden soll.

Die dargestellte Termextraktion stammt aus dem Themenbereich der Softwarelokalisierung. Deshalb werden auch Phrasen wie „please wait" oder „try again later" aufgeführt,

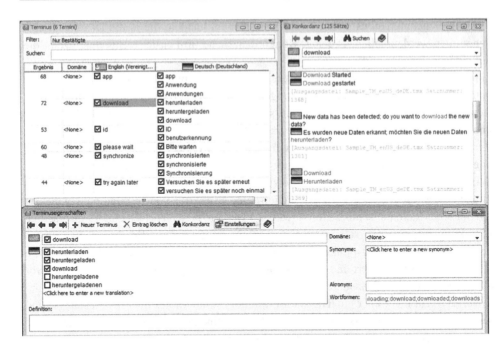

Abb. 4.2 Zweisprachige Termextraktion (SDL MultiTerm Extract)

die zu Bezeichnungen auf Schaltflächen gehören und damit auch zu den terminologisch relevanten Benennungen gezählt werden können.

Bei Texten, die nicht aus dem Bereich der Softwarelokalisierung stammen, würde der Terminologe diese Phrasen bei seiner Validierung vermutlich entfernen. Zwar ist auch bei Phrasen im Sinne einer standardisierten Texterstellung eine Vereinheitlichung wünschenswert, doch gehört die Formulierung von Phrasen oder Segmenten nicht zur Terminologiearbeit, sondern zu einem größeren redaktionellen Gebiet, in dem auch die Formulierung von Satzfragmenten oder ganzen Sätzen standardisiert wird.

4.2.2.4.3 Silence und Noise

Durch sog. Stoppwortlisten, die z. B. Artikel, Konjunktionen, Präpositionen oder auch allgemeinsprachliche Wörter ausschließen, kann das Extraktionsergebnis verfeinert und präzisiert werden. Manche Extraktionsprogramme vergleichen durch einen Zugriff auf das Terminologieverwaltungssystem, ob die gefundenen Termkandidaten schon als terminologische Einträge im Datenbestand vorhanden sind. Diese werden dann aus der Ergebnisliste ausgeschlossen und nicht mehr als Termkandidaten angezeigt. Diese Reduktion des Ergebnisumfangs ist durchaus erwünscht und sehr sinnvoll.

Bei der Termextraktion kommt es allerdings auch zu unerwünschten Reduzierungen oder Erweiterungen, also sowohl zu Silence- als auch zu Noise-Effekten. Silence bedeutet, dass relevante Termini nicht oder nur teilweise erkannt werden – das Tool bleibt also

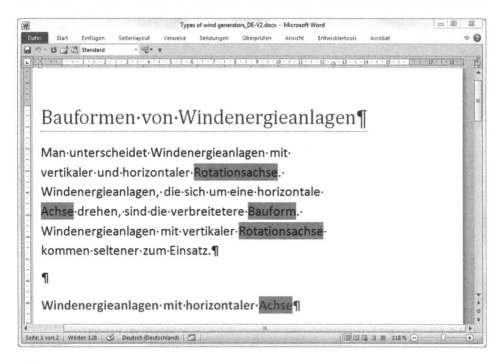

Abb. 4.3 Silence in der maschinellen Termextraktion

„still", obwohl es Termkandidaten melden müsste. Noise (Rauschen) hingegen bedeutet, dass das Programm Termkandidaten vorschlägt, die keine sind – es macht also unnötigen „Lärm".

Abbildung 4.3 zeigt eine maschinelle Termextraktion, bei der in einem Word-Dokument mögliche Termkandidaten farblich hervorgehoben werden. In einem nächsten Schritt lässt sich aus dieser Textanalyse eine alphabetisch sortierte Termkandidatentabelle mit Kontextsätzen erzeugen, die für die Validierung und den anschließenden Import in die Terminologiedatenbank genutzt werden kann.

Alle im Text markierten Termkandidaten würden vermutlich auch bei einer menschlichen Terminologierecherche als Termkandidaten identifiziert: „Rotationsachse", „Achse" und „Bauform". Dass „Windenergieanlage" nicht markiert wird, liegt daran, dass dieser Terminus bereits in der zur Überprüfung angeschlossenen Datenbank enthalten ist. Parallel zur Termextraktion findet also ein Abgleich mit den schon vorhandenen Einträgen der Datenbank sowie ggf. mit weiteren Stoppwortlisten statt, um unnötige Überprüfungsarbeit zu sparen.

Allerdings zeigen sich an zwei Stellen Silence-Effekte:

- Die Mehrwortbenennungen „Windenergieanlage mit vertikaler Rotationsachse" (Zeile 5 des Textes in der Abbildung) und „Windenergieanlage mit horizontaler Achse"

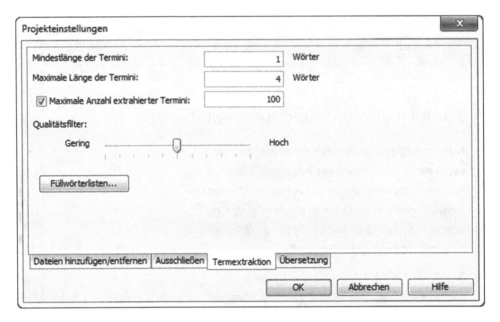

Abb. 4.4 Einstellungen in der maschinellen Termextraktion (SDL MultiTerm Extract)

(Überschrift in der Abbildung) werden nicht als Termkandidaten erkannt.[2] Dieser
Effekt ist nachvollziehbar, da es für Maschinen (ebenso wie für Menschen) schwierig
ist, die Zusammengehörigkeit der Benennungsbestandteile zu erkennen – erst recht,
wenn es um Mehrwortbenennungen mit präpositionalen Anschlüssen geht. Das Kompositum „Horizontalachsanlage" dagegen wäre deutlich einfacher zu erkennen.

- Erstaunlich ist die Tatsache, dass der Terminus „Bauform" im Text zwar markiert wird,
  die Pluralform „Bauformen" in der Überschrift hingegen nicht. Da andere Pluralformen (z. B. beim bereits vorhandenen Terminus „Windenergieanlage") sauber erkannt
  werden, ist nicht klar, warum die Termextraktion an dieser Stelle eine Silence-Schwä-
  che aufweist.

Bei einigen Termextraktionsprogrammen kann man den Noise- und Silence-Effekt und
damit die Quantität und Qualität der Ergebnisse durch Einstellungen beeinflussen. Abbildung 4.4 zeigt die Projekteinstellungen von SDL MultiTerm Extract. Einerseits wird über die
Wortanzahl festgelegt, ob nur Einwort- oder auch Mehrwortbenennungen extrahiert werden
sollen und wie lang ein potentieller Terminus sein kann/soll. Der sog. Qualitätsfilter steuert

---

[2] Es geht hier ausdrücklich um diejenigen Mehrwortbenennungen, die in ihrer natürlichen Wort-
reihenfolge und Zusammensetzung im Text auftreten. Dass diskontinuierliche Elemente („Wind-
energieanlagen mit vertikaler und horizontaler Rotationsachse") maschinell kaum zu erkennen und
aufzulösen sind, soll hier nicht thematisiert werden.

den Anteil von Silence und Noise. Will man möglichst viele Termkandidaten extrahieren (auch auf die Gefahr hin, dass gemeinsprachliche oder andere nicht gewünschte Benennungen in die Liste geraten), so stellt man den Qualitätsfilter auf „Gering". Es wird also eher auf Quantität als auf Qualität geachtet. Will man hingegen nur möglichst sichere Vorschläge erhalten, so stellt man den Qualitätsfilter auf „Hoch". In diesem Fall werden weniger Termkandidaten vorgeschlagen, das Werkzeug ist sich „sicherer", dass es sich tatsächlich um relevante Benennungen handelt, es können aber auch potentielle Termini „vergessen" werden.

4.2.2.4.4 Verfahren der maschinellen Extraktion

Sowohl bei der einsprachigen als auch bei der mehrsprachigen Termextraktion können statistische oder linguistische oder in einem hybriden Ansatz beide Verfahren eingesetzt werden.

Bei einem rein **statistischen Verfahren** wird ein probabilistisches Modell der Verwendung von (Fach-)Wörtern in Texten zugrunde gelegt, und zwar unabhängig von den morphologischen und syntaktischen Eigenschaften bestimmter Einzelsprachen. Oft werden diejenigen Wörter als Termkandidaten identifiziert, die besonders häufig im Text vorkommen oder die sich zwischen Stoppwörtern befinden. Statistische Verfahren sind relativ fehleranfällig, da oft Mehrwortbenennungen, die aus Adjektiv und Substantiv bestehen (z. B. „parallele Schnittstelle") oder die Funktionswörter enthalten (z. B. „Schnittstelle mit asynchroner Datenübertragung"), nicht erkannt werden. Andererseits haben sie den großen Vorteil, dass sie sprachunabhängig einsetzbar sind. Das ist vor allem für seltenere Sprachen, in denen keine linguistischen Verfahren zur Verfügung stehen, vorteilhaft. Die Ergebnisqualität statistischer Verfahren ist oft auch abhängig von der Größe der Datenmenge, die für die Extraktion genutzt wird: Je größer die Textmenge, desto besser das Ergebnis.

Linguistische Verfahren analysieren Morphologie und Syntax der jeweiligen Sprache, in der das Textmaterial vorliegt, und liefern damit sehr zuverlässige Ergebnisse, auch bei Mehrwortbenennungen. Oft können die Ergebnisse dadurch optimiert werden, dass allgemeinsprachliche Wörterbücher angebunden werden, in denen gängige Wörter der Extraktionssprache hinterlegt sind, die dann aus der Ergebnisliste der potentiellen Termkandidaten ausgeschlossen werden können.

Durch ein umfassendes sprachspezifisches morphologisches Regelwerk sind die linguistischen Termextraktionsverfahren zudem in der Lage, die gefundenen Termkandidaten auf ihre Grundformen zurückzuführen. Allerdings haben sie den großen Nachteil, dass sie per definitionem sprachabhängig und damit nicht für alle Sprachen einsetzbar sind.

Von **hybrider Termextraktion** spricht man, wenn den statistischen Verfahren eine sprachliche Analyse hinzugefügt wird. Hybride Verfahren kombinieren die Vorteile der statistischen und linguistischen Termextraktion, nehmen aber auch den Nachteil der Sprachabhängigkeit der linguistischen Termextraktion in Kauf.

Eine maschinengestützte Termextraktionssoftware wird im Regelfall nicht dauernd benötigt und leistungsfähige Programme sind oft nicht gerade preiswert. Deshalb wurde im Kontext der Idee, Software als Service (SaaS) nur dann zu nutzen, wenn sie tatsächlich benötigt wird, in einem von der EU kofinanzierten Projekt die cloudbasierte TaaS-Plattform (Terminology as a Service, www.taas-project.eu oder https://

term.tilde.com) für die Extraktion, Verwaltung, Pflege und den Austausch von Terminologie entwickelt (vgl. Schmitz et al. 2011, Schmitz und Gornostay 2013, Schmitz und
Zander 2014).

Für die Erkennung von Fachwörtern wird in TaaS eine hybride Variante der maschinellen Termextraktion eingesetzt. Der Nutzer legt zunächst ein Projekt mit Angabe der
Ausgangssprache, der Zielsprache und des Fachgebiets an und lädt den zu analysieren-
den Text hoch, der in unterschiedlichen Formaten vorliegen kann. Danach hat er die
Wahl zwischen verschiedenen Extraktionstools: Das *Tilde wrapper system for CollTerm*
(TWSC) führt eine linguistische Analyse durch, der *Kilgray Terminology Extractor*
eine statistische. Diese können einzeln oder in Kombination verwendet werden. Zum
TWSC kann zusätzlich der *Term normalizer* ausgewählt werden, der eine Grundformen-
reduktion bei den gefundenen Termkandidaten durchführt. Grundsätzlich unterstützt das
TaaS-System alle offiziellen EU-Sprachen sowie Russisch. Die linguistischen Verfahren
(TWSC und *Term normalizer*) stehen derzeit jedoch noch nicht für alle Sprachen zur
Verfügung.

Die aus einsprachigen Dokumenten extrahierten Termkandidaten werden dem Nutzer
in der TaaS-Plattform in einer listenartigen Darstellung zur Überprüfung und weiterer
Bearbeitung angeboten. Des Weiteren werden Äquivalente vorgeschlagen, die aus im
Internet verfügbaren Terminologiedatenbanken oder aus statistisch aus vergleichbaren
Texten ermittelten Textfragmenten stammen. Darüber hinaus können Detailinformatio-
nen zu den Textumgebungen der Termkandidaten und zu den Einträgen in den Terminologiedatenbanken, in denen die potentiellen Äquivalente gefunden wurden, angezeigt
werden. Der Nutzer kann den verifizierten Termkandidaten terminologische Metadaten
(z. B. grammatische Angaben oder Angaben zur Stilebene) hinzufügen. Eine Visualisie-
rungskomponente zeigt den Text mit den hervorgehobenen Termkandidaten. Für die Wei-
ternutzung der gefundenen, verifizierten und ggf. ergänzten Ergebnisse können die Daten
in verschiedenen Formaten (u. a. CSV und TBX,[3] siehe Abschn. 6.3 und 6.8.3) exportiert
und in das eigene Terminologieverwaltungssystem importiert oder mit anderen Nutzern
innerhalb der TaaS-Plattform geteilt werden.

Zusammenfassend lässt sich feststellen, dass der Hauptvorteil der maschinengestützten
Termextraktion in der Zeit- und damit Kostenersparnis liegt, auch wenn nur in den wenigs-
ten Anwendungsfällen eine direkte Weiterverwertung der Ergebnisse ohne menschliche
Validierung möglich ist. Die Liste der Termkandidaten muss von Terminologen überprüft
und bearbeitet werden. Insbesondere die Bewertung der extrahierten Termkandidaten
sowie ihre Bereinigung und Zusammenführung auf Begriffsebene bleibt eine Aufgabe,
für die menschliches Sprach- und Sachwissen erforderlich ist. Denn wie soll ein rechner-
gestütztes Verfahren erkennen, dass bspw. die Benennungen *Enter-Taste* und *Return-Taste*

---

[3] CSV (Comma-Separated Values) ist ein Format, das Daten mit einfachen Strukturen speichern und
austauschen kann; TBX (TermBase eXchange) ist ein XML-basiertes Format speziell für den Austausch terminologischer Daten.

denselben Begriff bezeichnen, also Synonyme sind? Im Terminologiebestand müssen diese Benennungen nach dem Prinzip der Begriffsorientierung im selben terminologischen Eintrag verwaltet werden. Auch müssen unerlaubte Synonyme und veraltete Benennungen, die in den Ausgangstexten auftreten, besonders gekennzeichnet werden. Diese Schritte der begriffsorientierten Zusammenführung und Bereinigung kann eine automatische Termextraktion nicht leisten.

In vielen Fällen ist der Bearbeitungs- und Verwertungsaufwand für maschinell generierte Benennungslisten also so aufwendig, dass eine rein menschliche Extraktion sinnvoller wäre. Dennoch bedeutet die maschinengestützte Termextraktion eine Erleichterung beim reinen Erfassen der Terminologie (vgl. DOG 2005) sowie eine schnelle Möglichkeit, um die unternehmens- oder fachgebietsspezifische Terminologie zum initialen Befüllen eines Terminologieverwaltungssystems zu ermitteln oder um die (noch nicht im Terminologiebestand enthaltenen) terminologischen Problemfälle vor dem Beginn eines (größeren) Übersetzungsprojekts zu lösen.

4.2.3 Quellen für die Terminologiegewinnung

4.2.3.1 Qualitätsmerkmale von Quellen

Für die Terminologiegewinnung steht traditionell eine große Bandbreite unterschiedlicher Informationsquellen zur Verfügung. Der Fachliteratur in Form von Fach- und Lehrbüchern, wissenschaftlichen Artikeln, Tagungsbänden und akademischen Abschlussarbeiten kommt hier eine besondere Bedeutung zu. Offizielle und quasi-autoritative Dokumente wie Gesetze, Normen, Verordnungen, Vorschriften, Richtlinien und technische Spezifikationen sind für bestimmte Fachgebiete eine sehr gute und manchmal unerlässliche Informationsquelle. Oft lassen sich auch durch direkten Kontakt zu Informations- und Dokumentationsstellen, Verbänden, Hochschulen, Unternehmen oder Einzelexperten des jeweiligen Fachgebiets wichtige terminologische Fragen klären.

Die spezifische Auswahl der genutzten Quellen hängt vom Ziel und Inhalt des Terminologieprojekts ab. Von besonderer Bedeutung sind hier die Anforderungen Zuverlässigkeit und Aktualität.

Der **Zuverlässigkeitsgrad** gibt an, ob eine Quelle allgemein bekannt und anerkannt ist. Speziell Normen und Richtlinien spielen hier eine große Rolle.

Die **Aktualität** lässt sich leicht am Erscheinungsdatum einer Quelle ablesen. Falls eine große Zahl an Quellen zur Verfügung steht, kann das Erscheinungsdatum auch ein sinnvolles Filterkriterium sein, um die Informationsflut zu bewältigen.

Das **Muttersprachenprinzip** als weitere Anforderung an Quellen ist erfüllt, wenn der Verfasser eines Textes in seiner Muttersprache schreibt.[4] Ist dies nicht gegeben, so könnte es

---

[4] Zu den grundsätzlichen Problemen nicht-muttersprachlicher Textproduktion, v. a. im Bereich der Technischen Dokumentation, siehe z. B. Drewer (2013a, S. 54ff.).

passieren, dass Begrifflichkeiten und Benennungen aus anderen Sprachräumen in die Sprache des Textes „importiert" werden. Die tatsächlich vorhandene Begriffs- und Benennungswelt würde also verfälscht. Dasselbe geschieht, wenn für die Terminologiearbeit Übersetzungen als Quellmaterial herangezogen werden. Auch hier ist nicht sichergestellt, dass gängige Benennungen und etablierte Begrifflichkeiten des jeweiligen Zielsprachraums berücksichtigt werden.

Die **Fachkompetenz des Verfassers** gewährleistet die fachliche Richtigkeit, jedoch in einigen Fällen zu Lasten der terminologischen Korrektheit. Nicht jeder Fachmann legt Wert auf terminologische Präzision, sondern verwendet Benennungen aus seinem persönlichen Umfeld (Forschergruppe, Unternehmen) und vermischt diese mit genormten und fachlich verbreiteten Benennungen.

Insbesondere Lehr- und Fachbücher werden oft von Autoren mit großem **Terminologiebewusstsein** geschrieben. Sie machen ihre Leser bspw. darauf aufmerksam, dass es für eine bestimmte Benennung Synonyme gibt, woher diese stammen, ob sie sachlich angemessen sind etc. Diese Quellen sind für die Terminologiearbeit besonders ergiebig. Aus Terminologensicht ideal, aber leider sehr selten sind Fachbücher von Experten des jeweiligen Fachs, die das Ziel verfolgen, sowohl die technischen Inhalte als auch die entsprechende Fachsprache zu vermitteln. Als Beispiel sei hier die Reihe „Die Technik und ihre sprachliche Darstellung" genannt. Im Vorwort der „Grundlagen der Elektrotechnik" schreibt Eydam (1992, S. 7):

> Zum Thema „Die Technik und ihre sprachliche Darstellung" erscheinen mehrere Bände zu technischen Grundlagen und den Anwendungsfächern Maschinenbau, Elektrotechnik und Elektronische Datenverarbeitung. Diese Bände sollen eine systematische Einführung in die Zusammenhänge und begriffliche Welt der Technik geben und zugleich ein übersichtliches Nachschlagewerk darstellen. Sie wenden sich außer an interessierte Nicht-Techniker vornehmlich an Leser, die sich mit der sprachlichen Beschreibung technischer Inhalte beschäftigen, wie z. B. technische Redakteure oder technische Übersetzer. [...] Im Vordergrund stehen die begrifflichen Zusammenhänge und die fachsprachlich exakte Ausdrucksweise. Gibt es mehrere Benennungen für einen Begriff (Synonymie), so werden alle gebräuchlichen Benennungen an der Stelle aufgeführt, an der der Begriff eingeführt und erläutert wird. [...] Lassen sich mehrere Begriffe einer Benennung zuordnen (Polysemie), so werden die unterschiedlichen Begriffe dargelegt, soweit sie im Fachgebiet Elektrotechnik angesiedelt sind.

Mehr Terminologiebewusstsein kann man sich von einem Ingenieur, der ein Fachbuch verfasst, kaum wünschen! Schon die Tatsache, dass er sich bewusst für die Vermittlung fachlicher und fachsprachlicher Zusammenhänge entscheidet, ist erwähnenswert.[5] Bei der

---

[5] Hintergrund dieser außergewöhnlichen Vorgehensweise ist die Tatsache, dass die Reihe „Die Technik und ihre sprachliche Darstellung" im Umfeld der Studiengänge *Technisches Fachübersetzen, Internationale Fachkommunikation* sowie *Sprachen und Technik* der Universität Hildesheim entstanden ist. Die Autoren sind fast durchgängig Ingenieure, die sich der Schnittstelle „Experte-Laie" sowie der Verbindung „Fach-Fachsprache" verpflichtet haben.

Darstellung der fachlichen Zusammenhänge kommt dieses Terminologiebewusstsein dann folgendermaßen zum Ausdruck:

> Ladungen üben Kräfte aufeinander aus; **gleichartige** oder **gleichnamige Ladungen** stoßen sich gegenseitig ab, **entgegengesetzte, ungleichnamige** oder **ungleichartige Ladungen** ziehen sich an. (Eydam 1992, S. 18, Hervorhebungen im Original)

Alle relevanten Benennungen werden bei der Einführung eines neuen Begriffs durch Fettdruck hervorgehoben, synonyme Benennungen werden deutlich gemacht und sind darüber hinaus auch alle im Anhang alphabetisch aufgeführt, sodass der Zugriff über jede beliebige Benennung erfolgen kann.

4.2.3.2 Quellentypen

Für ein Terminologieprojekt (im Unternehmen) kommen insbes. folgende Quellentypen in Frage:

Interne Quellen
- firmeneigene Dokumentation
- mündliche Aussagen von Fachleuten

Externe Quellen
- Normen und Richtlinien
- Lehr- und Fachbücher
- Fachlexika und Enzyklopädien
- Fachzeitschriften
- Hochschulschriften
- Dokumentation von Mitbewerbern
- mündliche Aussagen von Fachleuten

Firmeneigene Dokumentation: Die firmeneigene Dokumentation ist natürlich der wichtigste Informationslieferant, wenn es darum geht, Produktbezeichnungen und firmenspezifische Termini zu erfassen und zu vereinheitlichen. Hier sind im Regelfall die meisten unerwünschten Synonyme zu finden, die vielfach der Auslöser für die Terminologiearbeit im Unternehmen sind. Bei der eigenen Dokumentation ist ebenso wie bei den externen Quellen auf Aktualität bzw. auf das Veröffentlichungsdatum zu achten. Unter Umständen ist in der Dokumentation zu einer alten Produktversion oder -variante eine andere Terminologie verwendet worden als bei einer neueren. Auch muss geprüft werden, aus welcher Abteilung ein Dokument stammt (Marketing, Entwicklung, Technische Dokumentation etc.), da hier ebenfalls Unterschiede möglich sind.

Mündliche Aussagen von Fachleuten: Als mündliche Quellen kommen sowohl firmeninterne als auch firmenexterne Fachleute des bearbeiteten Fachgebiets in Betracht. Sie können meist hilfreiche Angaben zum Sprachgebrauch machen. Jedoch ist zu beachten, dass sich in der gesprochenen Sprache oft Benennungen einbürgern, die nicht denen schriftlicher Quellen entsprechen. Fachleute sind aber immer eine gute Quelle, um Probleme bei Begriffsabgrenzungen oder -definitionen zu lösen.

Normen und Richtlinien: Dieser Quellentyp liefert, besonders wenn es sich um Begriffsnormen handelt, Benennungen mit zugehörigen Synonymen und Definitionen, die sehr zuverlässig sind, jedoch auch auf ihre Gebräuchlichkeit hin überprüft werden müssen.[6]

Im Normalfall ist es so, dass ein Terminus, der in einer einschlägigen Norm festgelegt oder von einem relevanten Fachverband empfohlen wird, vom Unternehmen als Vorzugsbenennung ausgewählt und verwendet wird (selbst wenn er sprachlich-terminologischen Anforderungen wie etwa der Motiviertheit nicht gerecht wird).

Lehr- und Fachbücher: Lehr- und Fachbücher werden i. d. R. von Fachleuten des jeweiligen Fachgebiets geschrieben. Sie geben oft gute Definitionen und nennen viele Synonyme. Wichtig bei diesem Quellentyp sind die Darstellung der Zusammenhänge und die Einbettung der Begriffe in Kontexte, denn sie ermöglichen es dem Terminologen, umfangreiches Wissen aufzubauen.[7]

Fachlexika und Enzyklopädien: Für bestimmte Fachgebiete (und weit verbreitete Sprachen) sind spezifische Fachlexika als Quelle für die terminologische Recherche verfügbar, aber auch umfangreiche Nachschlagewerke mit allgemeinem Inhalt wie Lexika und Enzyklopädien sind oft hilfreich. Ein Vorteil dieses Quellentyps ist, dass durch seine alphabetische Ordnung Benennungen schnell aufzufinden sind, oft Synonyme angegeben werden und die Definitionen klarer formuliert sind als in Fachbüchern. Zusammenhänge zwischen verschiedenen Begriffen werden jedoch meist nicht so deutlich wie in (didaktisch aufgebauten) Fach- und Lehrbüchern.

Fachzeitschriften: Artikel in Fachzeitschriften handeln oft von sehr speziellen und aktuellen Themen, und es werden seltener als in anderen Quellen Definitionen zu grundlegenden Begriffen geliefert. Zur Klärung technischer Zusammenhänge sind sie jedoch hilfreich. Gehört der Autor einem Unternehmen an und/oder schreibt er aus Werbegründen, kann es sich allerdings bei der verwendeten Terminologie um firmeninterne terminologische Festlegungen handeln, die nicht dem allgemeinen Fachsprachengebrauch entsprechen.

Hochschulschriften: Vor allem Vorlesungsskripte und akademische Abschlussarbeiten geben oft einen guten umfassenden Überblick über ein Gebiet und seine Terminologie.

Dokumentation von Mitbewerbern: Diese Quelle ist für unternehmensspezifische Terminologiearbeit ebenfalls sehr wichtig und ergiebig. Je nach Branche und Marktposition eines Unternehmens wird die Terminologie der Mitbewerber entweder ermittelt, um

---

[6] Die schon vor längerer Zeit normativ „verbotene" Benennung „Schraubenzieher" ist und bleibt bspw. für viele Adressaten der einzig angemessene Ausdruck. Die genormte Benennung „Schraubendreher" hat sich noch lange nicht als Vorzugsbenennung durchgesetzt, sondern ruft oft Erstaunen oder Lächeln hervor.

[7] Auch Doktorarbeiten gehören bei dieser Einteilung zu den Fachbüchern und nicht zu den eher intern eingesetzten und veröffentlichten Hochschulschriften, die unten noch erwähnt werden.

sich anzupassen und eine gemeinsame Basis zu schaffen, oder aber, um anschließend bewusst andere Termini zu verwenden, sodass eine Abgrenzung und das Signalisieren von Andersartigkeit möglich sind. Die Terminologie der Mitbewerber kann aber auch insofern ein wichtiger Datenbestand sein, als man Kunden besser versteht, die u. U. in der Sprache des Konkurrenten sprechen.

Während das für die Terminologierecherche genutzte Quellenmaterial bis vor wenigen Jahrzehnten hauptsächlich über Buchhandlungen und offizielle Stellen erworben, in (Fach-)Bibliotheken und Informationszentren konsultiert oder über den direkten Kontakt zu Organisationen, Unternehmen und Experten beschafft werden musste, erleichtert heute das Internet die Terminologierecherche. Wie bei den traditionellen Quellen gilt aber auch für das Internet, dass der Erfolg und die Effizienz der Suche im Wesentlichen von der Quantität und Qualität der verfügbaren Quellen sowie von der Zeit abhängen, die man aufbringen kann, um die relevanten Informationen zu finden und ihre Korrektheit und Brauchbarkeit zu bewerten.

4.2.4 Das Internet als Wissensquelle

4.2.4.1 Grundlagen

Das Internet ist ein weltweites Netzwerk aus vielen einzelnen Rechnernetzwerken und Rechnern, durch das weltweit Daten über definierte Protokolle ausgetauscht werden können. Von den vielen Internetdiensten sind vor allem das World Wide Web (WWW), aber auch E-Mail oder Telefonie für die Recherche von terminologischen Informationen wichtig.

Über die Größe und Nutzung des Internets gibt es keine exakten Zahlen.[8] Schätzungen besagen, dass 2015/2016 etwa 900 Millionen Webseiten existierten. Die Anzahl der täglich versendeten E-Mails betrug 2016 knapp 200 Milliarden mit einer Spam-Rate von 50 %. Die fast 3 Milliarden Internetnutzer finden sich vorwiegend in Asien (mit der größten Zuwachsrate), gefolgt von Europa, Nordamerika und Südamerika.

Bei der gezielten Suche nach Informationen im Internet werden vorwiegend Suchmaschinen genutzt, falls nicht die URL (Webadresse) der gesuchten Seite bekannt ist. Bei Suchmaschinen ist Google in Deutschland mit knapp 90 % der klare Marktführer (vgl. WebHits 2015).

4.2.4.2 Nutzung von Suchmaschinen

Man könnte meinen, Suchmaschinen wie Google seien speziell für die Recherche nach terminologischen Informationen im Web entwickelt worden, denn schon ohne spezielle Kenntnisse über Suchmechanismen oder -methoden erhält man äußerst viele und äußerst hilfreiche Daten. Die „normale" Suche mit Stichwörtern zeigt eine Trefferliste von

---

[8] Die folgenden Angaben sind aus unterschiedlichen Webseiten und Fachmagazinen zusammengetragen und gemittelt.

Webseiten, die dieses Stichwort enthalten. Aus dieser Liste wird ersichtlich, dass und wie häufig eine Benennung benutzt wird. Die URLs geben Auskunft darüber, ob Benennungen in bestimmten Regionen der Welt verwendet werden, von bestimmten Unternehmen bevorzugt werden oder in speziellen Umgebungen (Normung, Hochschulen, Regierungsorganisationen) üblich sind. Der Link von der Trefferliste führt auf die entsprechende Seite, auf der dann das gesuchte Stichwort in textlicher Umgebung gezeigt wird; diese Textstelle kann – sofern sie terminologisch relevant ist – als sprachlicher Kontext in die entsprechende Datenkategorie des terminologischen Eintrags übernommen werden.

Mehrwortbenennungen lassen sich mittels Suchmaschinen besonders effizient durch das Einschließen in Anführungszeichen finden. Ebenso lässt sich die Suche optimieren, indem Suchwörter durch das Minuszeichen ausgeschlossen werden oder indem die Recherche auf bestimmte Dateitypen, Webseiten, Länder oder Sprachen beschränkt wird. Gerade die Konzentration auf Webseiten in einer bestimmten Sprache kann für die terminologische Recherche nach Äquivalenten sinnvoll sein. Man sucht dann eine ausgangssprachliche Benennung nur auf Webseiten in der Zielsprache und findet sehr oft die zielsprachliche Benennung in der direkten Nähe des Suchworts.

Eine andere Möglichkeit, die Suche auf bestimmte Sprachräume oder sogar Länder einzuschränken, ist es, die jeweilige Ländervariante von Google zu benutzen, also z. B. nicht www.google.de, sondern www.google.es, um speziell spanische Treffer zu erhalten.

Normalerweise bestimmt Google beim Eingeben der URL die Herkunft der IP-Adresse des Nutzers und leitet ihn auf seine entsprechende länderspezifische Google-Seite weiter. Deutsche Nutzer landen also wieder auf der deutschen Google-Seite. Um diese Weiterleitung zu umgehen, muss hinter der Adresse das Kürzel NCR (No Country Redirect) eingetragen werden (z. B. www.google.com/ncr) und im Browser müssen Cookies aktiviert bzw. zugelassen sein. Beim nächsten Aufrufen der Google-Seite im selben Webbrowser erscheint dann automatisch wieder die länderspezifische Variante.

Neben der normalen Suche nach Stichwörtern auf Webseiten bietet Google einige weitere Möglichkeiten der Recherche nach terminologischen Informationen. So finden sich unter den Google-Apps die Unterpunkte *Books, Blogger* und *Übersetzer* (siehe Abb. 4.5).

Die Suche in von Google elektronisch zugänglich gemachten Büchern führt sehr häufig zu aussagekräftigen Kontextbeispielen und Definitionen; dabei ist es i. d. R. nicht nachteilig, dass aus Urheberschutzgründen nicht das ganze Buch vollständig für die Recherche nutzbar ist. Die Suche im Unterpunkt *Blogger* bringt ebenso interessante Fundstellen; hierbei sollte jedoch verstärkt auf die Qualität der Daten geachtet werden, da in Blogs z. B. oft sehr umgangssprachlich kommuniziert wird. Der Unterpunkt *Übersetzer* öffnet ein Dialogfeld zum automatischen Übersetzungssystem von Google; hier können auch einzelne Benennungen eingegeben werden, die dann in die Zielsprache übersetzt werden. Diese automatische Übersetzung von Termini ist jedoch keinesfalls geeignet, um fremdsprachige Äquivalente zu finden.

Abb. 4.5 Google-Apps

Als letzte für die Terminologierecherche wichtige Funktionalität von Suchmaschinen soll die Bildersuche (und evtl. die Videosuche) erwähnt werden. Sie erlaubt es nicht nur, Abbildungen für die Dokumentation des terminologischen Eintrags zu finden, sie kann ebenso genutzt werden, um Begrifflichkeiten zu klären. Auch für die Überprüfung von Äquivalenten ist die Bildersuche hilfreich. So kann man bei Begriffen, die konkrete Gegenstände repräsentieren, meist anhand der Bilder verifizieren, ob hinter einer Benennung in der einen Sprache derselbe Begriff steht wie hinter einer Benennung in einer anderen Sprache.

Zum Abschluss muss erwähnt werden, dass Suchmaschinen wie Google sehr oft ihre Funktionalitäten und Einstellmöglichkeiten erweitern und anpassen, um z. B. dem „normalen" Nutzer bessere Suchergebnisse anzubieten oder Werbung gezielter einzusetzen. Deshalb können die oben beschriebenen Nutzungsmöglichkeiten von Google nach wenigen Monaten schon nicht mehr oder anders funktionieren. Dies bedeutet für die Terminologierecherche, dass man seine Suchmethoden immer wieder auf die aktuell angebotenen Funktionalitäten anpassen muss.

4.2.4.3   Enzyklopädien, Wörterbücher und Terminologiedatenbanken

Neben der expliziten Suche nach terminologischen Informationen mittels Suchmaschinen können natürlich auch Enzyklopädien, Wörterbücher oder Terminologiedatenbanken im Netz befragt werden (vgl. Schmitz 2010b).

Die wohl bekannteste Enzyklopädie im Internet ist Wikipedia (http://de.wikipedia.org). Wikipedia ist ein Projekt zum Aufbau einer Enzyklopädie aus freien Inhalten in allen Sprachen der Welt. Seit Mai 2001 sind fast 2 Millionen Artikel in deutscher Sprache und knapp 5 Millionen Artikel in Englisch entstanden (vgl. Wikipedia 2016). Viele andere Sprachen sind vertreten, auch recht seltene, aber nicht immer gibt es Entsprechungen zu einem Artikel in anderen Sprachen. Aus terminologischer Sicht ist Wikipedia eine wichtige Informationsquelle, da das Wissen begriffsorientiert aufgebaut ist (siehe Abb. 4.6). Dies bedeutet, dass man einerseits gut Definitionen und andere Informationen zum gesuchten Begriff finden kann, andererseits aber auch, dass die Verlinkung zu einer anderen Sprache zu einem gleichen oder sehr ähnlichen Begriff führt und dass die dort angegebene Benennung mit großer Wahrscheinlichkeit das

Abb. 4.6 Begriffsorientierter Eintrag in Wikipedia

Äquivalent in dieser Sprache ist. Problematisch sind jedoch die unzureichende Überprüfbarkeit und Qualitätssicherung der Einträge.

Ähnlich wie Wikipedia kann auch Wiktionary (http://de.wiktionary.org), ein zur Wiki-Gruppe gehörendes freies Wörterbuch im Web, bei der Terminologierecherche helfen. Auch wenn Wiktionary weniger umfangreich (ca. 550.000 Einträge im Deutschen, vgl. Wiktionary 2016) und eher lexikografisch orientiert ist, findet man dort Informationen zu Benennungen und deren grammatischen Eigenschaften, zu Äquivalenten in anderen Sprachen, eine systematisch aufgebaute Liste von Fachwörtern sowie Links zu anderen Wörterbüchern im Internet, wie etwa dem Digitalen Wörterbuch der Deutschen Sprache oder dem Wortschatz-Portal der Universität Leipzig.

Es existiert natürlich noch eine ganze Reihe von anderen im Netz verfügbaren ein-, zwei- oder mehrsprachigen Wörterbüchern, von denen hier nur kurz Leo (www.leo.org) und Onelook (www.onelook.com) erwähnt werden sollen. Leo bietet meist eine große Anzahl an Treffern, die aber in den angeschlossenen einsprachigen Wörterbüchern oder in anderen Quellen verifiziert werden müssen. Onelook konsultiert mehrere Wörterbuchbestände und kann auch Äquivalente und Definitionen finden.

Neben Enzyklopädien und Wörterbüchern finden sich im Internet auch spezielle Terminologiedatenbanken wie IATE oder EuroTermBank. IATE (http://iate.europa.eu, Abb. 4.7) ist die gemeinsame Terminologiedatenbank der EU-Institutionen, die Benennungen und sehr oft auch Definitionen in allen offiziellen EU-Sprachen enthält. Natürlich sind hier die

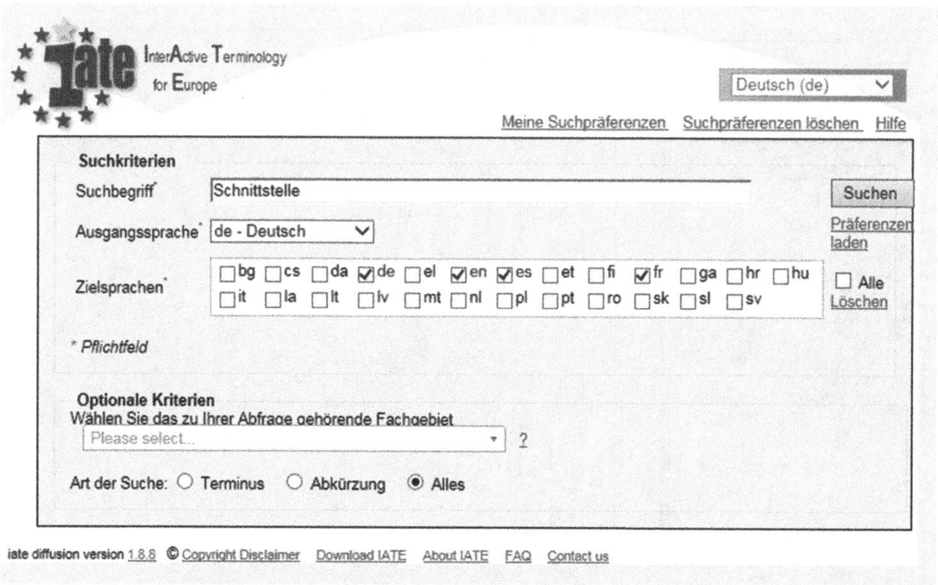

Abb. 4.7 Suchmaske bei IATE

„großen", „alten" EU-Sprachen viel stärker vertreten als die „neuen" und „kleinen" Sprachen. EuroTermBank (www.eurotermbank.com) ist aus einem EU-geförderten Projekt
entstanden und enthält mehrsprachige Terminologie in vielen Fachgebieten und Sprachen;
interessant bei EuroTermBank ist die Tatsache, dass mehrere verteilte Terminologiebestände in Echtzeit über nur eine Oberfläche konsultiert und Einträge aus unterschiedlichen
Sammlungen zu einem Eintrag kombiniert werden können.

Auch Hochschulen bieten Terminologiedatenbanken mit Inhalten aus terminologischen
Abschlussarbeiten im Internet kostenfrei an. Als Beispiele können die Terminologiedatenbank der Universität Innsbruck (http://webapp.uibk.ac.at/terminologie) und die Terminologiebestände der Technischen Hochschule Köln (http://webterm.term-portal.de) genannt
werden. Das Besondere bei den Beständen der TH Köln ist, dass mehr als 200 nach Fachgebieten geordnete Einzeldatenbanken nicht nur alphabetisch nach Benennungen, sondern
auch über Begriffssysteme konsultiert werden können (siehe Abb. 4.8).

Eine besondere Art von „Terminologiedatenbank" stellt die Webseite von Linguee
(www.linguee.de) dar, die das Web wie ein Translation-Memory nutzt. Hier werden mehrsprachige, parallele Webseiten konsultiert und dann gewichtete und bewertete Übersetzungen mit den entsprechenden Kontextbeispielen angezeigt. Zusätzlich werden Treffer aus
einem redaktionell betreuten Wörterbuch angeboten.

> Unsere Server haben bisher über 10 Billion [sic] Sätze miteinander verglichen und bewertet,
> am Ende wurden jedoch nur etwa 0,01 %, also etwa eine Milliarde übersetzte Satzbeispiele in
> Linguee übernommen. (Linguee 2015)

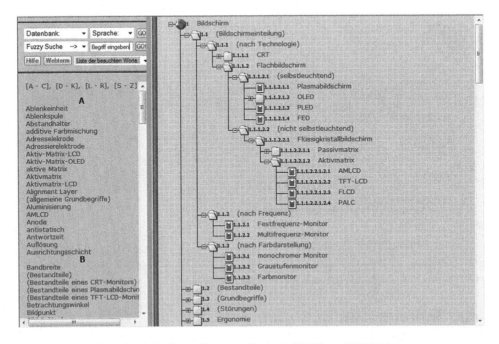

Abb. 4.8 Begriffssystematische Darstellung und Suche in WebTerm (TH Köln)

Insbesondere die Anzeige des Kontexts ist sehr hilfreich bei der Bewertung und Verwendung der angezeigten Treffer. Einziges Manko ist die Tatsache, dass es sich bei den angezeigten Texten um Übersetzungen und nicht um Originaltexte von Muttersprachlern handelt. Im Screenshot in Abb. 4.9 wird dies indirekt daran deutlich, dass auch die englischen Treffer teilweise von Seiten mit der Länderkennung „.de" stammen. Es handelt sich also offenbar um deutsche Ausgangstexte, die ins Englische übersetzt wurden. Dadurch kann es zu Begriffsverschiebungen, zu nicht ganz idiomatischen Ausdrücken oder zu stark ausgangssprachlich orientierten Formulierungen kommen. Bei professionellen Übersetzern, die in ihre Muttersprache übersetzen, ist diese Gefahr überschaubar – anders als bei Übersetzern, die keine adäquate Ausbildung haben oder in eine Fremdsprache übersetzen.

Abb. 4.9 Suchergebnisse in Linguee

4.2.4.4 Terminologieportale

Sucht man nach fachgebietsspezifischen terminologischen Informationen und helfen die zuvor beschriebenen Lexika und Terminologiebestände nicht weiter, so bleiben zwei weitere Möglichkeiten. Zum einen kann man mit einer universellen Suchmaschine wie Google nach dem Fachgebiet und dem Stichwort „Terminologie" oder „Glossar" suchen und findet evtl. einen spezifischen Terminologiebestand im Netz. Zum anderen kann man die Terminologiebestände aus Terminologieportalen nutzen. Terminologieportale verweisen auf vielfältige Informationen, die für die Terminologiearbeit und -recherche wichtig sein können, und damit auch auf andere fachgebietsspezifische Terminologiesammlungen.

Ein Beispiel für ein solches Portal ist etwa das Terminology Forum der Universität Vaasa (www.uwasa.fi/viestintatieteet/terminology); hier finden sich neben anderen terminologierelevanten Informationen Verweise auf allgemeinsprachliche Wörterbücher (General Language Dictionaries) und auf spezielle Terminologiesammlungen (Special Language Glossaries), wobei die ersten nach Sprachen und die zweiten nach Fachgebieten sortiert sind.

Ähnliche Informationen, auch zu weiteren Themen im Bereich Terminologie, finden sich auf dem Deutschen Terminologie-Portal, das von der Technischen Hochschule Köln in Zusammenarbeit mit dem Deutschen Terminologie-Tag e.V. (DTT) betrieben wird (www.term-portal.de) (siehe Abb. 4.10). Hier sind Verweise sowohl auf einsprachige als auch auf mehrsprachige Terminologiesammlungen nach Fachgebieten geordnet zu finden, allerdings immer mit Deutsch als eine der Sprachen.

Weitere Nachweise und Linksammlungen zu Terminologiebeständen finden sich auch bei Berufsverbänden oder auf Übersetzerplattformen (z. B. www.proz.com und dort *Terminology*).

4.2.4.5 Übernahme und Nutzung der gefundenen Informationen

Hat man nach Nutzung der unterschiedlichen Recherchemöglichkeiten die terminologische Information gefunden, die man gesucht hat, so sollte diese möglichst direkt in der eigenen Terminologiedatenbank gespeichert werden. Kleinere Informationseinheiten wie grammatische Informationen oder Daten über den Gebrauch und die Verwendung von Benennungen gibt man meist direkt in den terminologischen Eintrag ein; mittelgroße Informationsblöcke wie Kontexte, Definitionen oder zitierte Anmerkungen werden i. d. R. durch Kopieren und Einfügen von der Webseite übernommen. Bilder können als Dateien auf dem eigenen Rechner gespeichert und in den terminologischen Eintrag eingebunden werden. Bei allen übernommenen Informationen sollte auf jeden Fall die URL der Webseite, ergänzt um das Datum des Zugriffs, in einer eigenen Datenkategorie *Quelle* des terminologischen Eintrags abgelegt werden.

Wenn bei der Recherche die terminologischen Informationen direkt von der Ergebnisseite einer Suchmaschine übernommen werden (z. B. Definitionen, Kontexte oder Abbildungen, die mit der Suchmaschine gefunden wurden), sollte nicht einfach die Internetquelle aus der Adresszeile des Browsers in die Datenkategorie *Quelle* übernommen werden. Die URL enthält nämlich nur den Such-String der Suchmaschine und nicht die

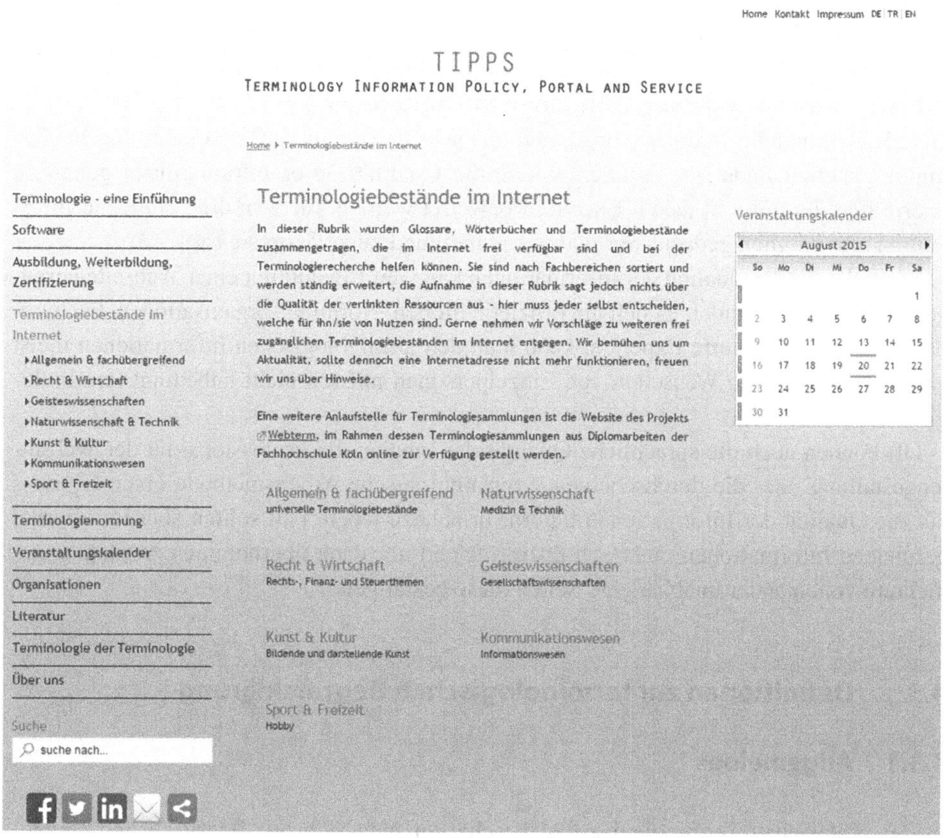

Abb. 4.10 Verweis auf Terminologiebestände im Deutschen Terminologie-Portal (TIPPS)

korrekte URL der Information. Von der Trefferseite aus sollte man immer dem Link zur eigentlichen Webseite mit den Informationen folgen und dann deren URL übernehmen. Traditionelle Literatur, die über das Internet gefunden wird (z. B. als PDF-Dokument oder über Google Books), sollte als traditionelle Quelle verwaltet werden, wobei in einer Anmerkung auf die URL (mit Zugriffsdatum) hingewiesen wird.

Werden größere Informationseinheiten aus dem Internet übernommen, etwa ganze Glossare oder Terminologiesammlungen, so müssen die Daten meist auf dem eigenen Rechner abgelegt, umgewandelt, aufbereitet und dann über die Importfunktion des eigenen Terminologieverwaltungssystems in den eigenen Bestand übernommen werden. Gerade hier, aber auch schon bei einzelnen Definitionen und Abbildungen, wird man mit der Problematik des Urheber- und Nutzungsrechts konfrontiert. Auch wenn es viele Diskussionen über dieses Thema gibt, so kann man vereinfacht festhalten, dass das Thema umso relevanter und kritischer wird, je mehr Informationen man übernimmt und je größer die weitere (kommerzielle) Nutzung dieser Daten ist. Zu dieser Problematik sei auf Abschn. 6.2.4

sowie auf die entsprechenden rechtlichen Veröffentlichungen hingewiesen (v. a. Urheberrechtsgesetz sowie Kommentare zu diesem Gesetz, z. B. Loewenheim 2010).

4.2.4.6 Bewertung der gefundenen Informationen

Gerade weil man im Internet sehr schnell und sehr leicht viele Informationen für die Terminologiearbeit findet, ist es unerlässlich, die Qualität dieser Informationen genau zu überprüfen. Es muss in jedem Einzelfall bewertet werden, für wen die gefundene Information ursprünglich gedacht war und wie aktuell und zuverlässig sie ist.

Als Indiz für die Qualität der Informationen kann der Eigentümer einer Webseite herangezogen werden. Handelt es sich um offizielle Stellen, Normungsorganisationen, Fachverbände oder renommierte Experten, kann man den terminologischen Informationen meist vertrauen. Aber auch Webseiten von Einzelpersonen müssen nicht unbedingt terminologisch „schlecht" sein.

Oft können auch die sprachliche Qualität der Inhalte, die Professionalität der Webseitengestaltung oder die durchscheinende terminologische Arbeitsmethode einen Hinweis auf die Qualität der Informationen liefern. In nahezu jedem Fall sollten aber im Internet gefundene Informationen mehrfach überprüft und nur dann übernommen werden, wenn mehrere voneinander unabhängige Seiten diese bestätigen.

4.3   Definitionen zur terminologischen Begriffsklärung

4.3.1   Allgemeines

In der praktischen Terminologiearbeit beschäftigt man sich mit Begriffen und Benennungen. Benennungen sind relativ leicht zu fassen: Sie werden in der schriftlichen und mündlichen Kommunikation benutzt, man kann sie in Fachtexten identifizieren, in Terminologiedatenbanken eintragen und nachschlagen. Der Begriff als abstrakte Denk- und Wissenseinheit hingegen existiert nur als mentales Objekt; er kann zwar als Ordnungskriterium für die Terminologiearbeit und -verwaltung dienen, ist aber als solches nur schwer zu fassen oder zu vermitteln. Man muss Begriffe daher sprachlich beschreiben und so anderen Personen erklären. Dies geschieht in der Regel durch Definitionen.[9]

Die Definition ist also eine „Begriffsbestimmung mit sprachlichen Mitteln" (DIN 2342 2011, S. 10). Sie dient dazu, das Wesentliche eines Begriffs zu beschreiben, meist dadurch, dass er in Beziehung zu anderen (bekannten) Begriffen gesetzt wird und gleichzeitig von anderen (bekannten) Begriffen abgegrenzt wird.

Eine frühere Ausgabe von DIN 2330 aus dem Jahr 1993 enthält eine Art „erweitertes" semiotisches Dreieck, das die Definition als vierten zentralen Pol aufnimmt (vgl. Abb. 4.11). Der Begriff als unzugängliche Denkeinheit wird auf der sprachlichen Ebene – der

---

[9] Zur Rolle der Definition in der Terminologiearbeit siehe auch Schmitz (2010c, 2015b).

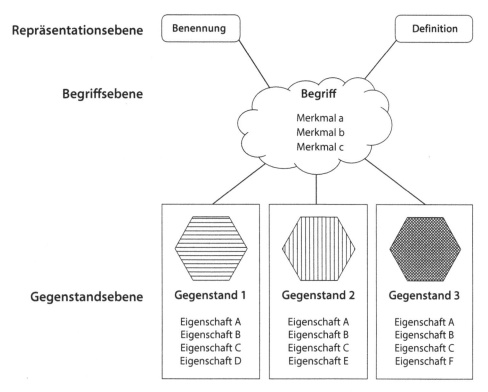

Abb. 4.11 Zusammenhänge zwischen Begriff, Definition, Benennung und Gegenstand (Darstellung nach DIN 2330 1993, S. 3)

Repräsentationsebene – durch die Benennung oder die Definition repräsentiert. Sie geben dem Begriff also eine sprachliche Form. Darüber hinaus illustriert die Abbildung, dass im Sinne der Merkmalsemantik verschiedene Gegenstände zum selben Begriff gehören, sofern eine bestimmte Anzahl von relevanten Eigenschaften übereinstimmt, die zu Begriffsmerkmalen werden.

Während bei semantischen oder lexikografischen Definitionen die Bedeutungen von Wörtern beschrieben werden, hat die Definition in der Terminologiearbeit die Funktion, den Begriff als nicht-sprachliche Einheit zu beschreiben oder zu fixieren.

Auch wenn die Definition diese Aufgabe scheinbar ohne Kontext erfüllen können müsste – denn der Begriff existiert ja außerhalb der Sprache – zeigt sich in der Realität, dass das Fachgebiet, die Zielgruppe und der Zweck einer Definition einen großen Einfluss auf ihre Gestaltung haben. Für Laien und Lernende wird ein Begriff anders definiert als für Experten, in der Theorie sind andere Merkmale wichtig als in der Praxis etc. Es gibt also pro Begriff nicht nur eine einzige, perfekte Definition, sondern verschiedene Möglichkeiten, den Begriff in einer bestimmten Systematik zu verorten und zu beschreiben.

In der Fachliteratur wird die Definition häufig als eine Gleichung zwischen dem Definiendum und dem Definiens beschrieben. Das Definiendum entspricht dem Begriff, der definiert werden soll, und wird meist durch eine den Begriff repräsentierende Benennung ausgedrückt. Das Definiens stellt die sprachliche Beschreibung des Begriffs dar und erläutert das Wesentliche des Begriffs.

Beispiele

Definiendum	=	Definiens
Leder	=	*tierische Haut, die durch Gerben haltbar gemacht wird*
Gleis	=	*in einer Bettung verlegte Fahrbahn spurgebundener Fahrzeuge*

4.3.2   Definitionsarten

Die für die Terminologiearbeit wichtigste Definitionsart ist die **Inhaltsdefinition**, bei der die Merkmale des Begriffs eine wesentliche Rolle spielen. Ausgehend von einem bekannten oder bereits definierten Oberbegriff werden genau die Merkmale angegeben, die den Begriff ausmachen und ihn von anderen Begriffen derselben Abstraktionsstufe abgrenzen.[10]

Beispiel

Kraftfahrzeug   =   *schienenungebundenes Landfahrzeug* (Oberbegriff)*, das sich durch einen Motor aus eigener Kraft fortbewegt* (einschränkende Merkmale)

Bei einer **Umfangsdefinition** werden alle Unterbegriffe des zu definierenden Begriffs aufgezählt, die sich auf derselben Abstraktionsstufe befinden.

Beispiel

Kraftfahrzeug   =   *Kraftrad, Kraftwagen*

Eine **Bestandsdefinition** ist dadurch charakterisiert, dass alle Teilbegriffe genannt werden, die die wesentlichen Teile eines Gegenstands ausmachen, der durch den Begriff repräsentiert wird.

Beispiel

Kraftfahrzeug   =   *besteht aus Motor, Kraftübertragung, Fahrwerk, Karosserie und Fahrzeugelektrik/-elektronik*

---

[10] Ihren Ursprung hat diese Definitionsart schon bei Aristoteles. Der übergeordnete Gattungsbegriff (**genus proximum**) wird spezifiziert durch die artbildenden Merkmale (**differentia specifica**).

Man kann noch weitere Definitionsarten identifizieren, die aber in der terminologischen Praxis seltener auftreten und daher hier nicht behandelt werden sollen. Erwähnt werden müssen aber zwei oft genannte „Definitionsarten", die unserer Meinung nach nicht zu den Definitionen zählen: Kontextdefinition und Nominal- bzw. Synonymdefinition.

Als Kontextdefinition wird oft ein Satz bezeichnet, der die Benennung des zu definierenden Begriffs enthält, auch etwas über den Begriff aussagt, aber zur Begriffsklärung und -abgrenzung vollkommen unzureichend ist.

Beispiel

Kraftfahrzeug   =   Die Nutzung eines Kraftfahrzeugs auf öffentlichem
Grund setzt in fast allen Ländern der Welt den
Besitz einer Fahrerlaubnis voraus

Nominaldefinitionen nennen lediglich ein Synonym (oder sogar nur ein Teilsynonym), das als bekannt vorausgesetzt wird oder leichter verständlich ist.

Beispiel

Kraftfahrzeug   =   Automobil

Kontext- und Nominaldefinitionen sind keine Definitionen im eigentlichen Sinn und sollten bei der praktischen Terminologiearbeit vermieden bzw. durch andere Definitionsarten ersetzt werden.

4.3.3   Anforderungen an Definitionen

Werden Definitionen erstellt und/oder übernommen, so ist darauf zu achten, dass sie bestimmte Anforderungen erfüllen:[11]

• Definitionen sollten im Idealfall aus qualitativ hochwertigen Quellen (z. B. Normen) übernommen werden. Die Quelle der Definition ist anzugeben; dadurch erhält der Leser der Definition einen Hinweis auf Qualität und Aktualität der Information und kann ggf. weiter recherchieren. Oft können oder müssen übernommene Definitionen gekürzt oder ergänzt oder auch aus mehreren Quellen „zusammengebaut" werden. In diesem Fall ist ebenso wie beim Formulieren eigener Definitionen eine Überprüfung durch einen Experten des jeweiligen Fachgebiets sinnvoll.

---

[11] Dass in der terminologischen Praxis nicht immer auf die Einhaltung dieser Anforderungen geachtet wird, zeigen bspw. Drewer und Horend (2007).

- Definitionen müssen sich am Fachgebiet, am Zweck, an der Zielgruppe und am Geltungsbereich orientieren. Beispielsweise kann der Begriff Wasser für die Fachgebiete Chemie und Physik unterschiedliche Definitionen erfordern. Ebenso kann die Definition eines medizinischen Fachbegriffs unterschiedlich ausfallen, je nachdem, ob Ärzte, Krankenhauspersonal oder Patienten angesprochen werden.
- Definitionen sollten so kurz wie möglich und so lang wie nötig sein. Lange Definitionen erschweren das Erfassen und Verstehen des Begriffs. Beim eventuellen Kürzen ist darauf zu achten, dass keine wichtigen Merkmale verloren gehen.
- Definitionen sollten nicht zu eng und nicht zu weit sein. Zu enge Definitionen enthalten zu viele Merkmale, Teilbegriffe oder Unterbegriffe, die nicht für alle unter diesen Begriff fallenden Gegenstände gelten. Bei zu weiten Definitionen fehlen wesentliche Merkmale des Begriffs.[12]
- Da sich Begriffe im Laufe der Zeit verändern können, müssen Definitionen regelmäßig überprüft und ggf. aktualisiert werden. So würde etwa eine frühe Definition von Maus als Zeigeinstrument bei Computern das Merkmal Rollkugel enthalten, das heute kein inhärentes Merkmal des Begriffs mehr ist.
- Definitionen sollten nicht tautologisch sein und keine Zirkelschlüsse enthalten. Der Eindruck der Tautologie ist manchmal bei Definitionen von Begriffen mit sehr transparenten und motivierten Benennungen nicht zu vermeiden (Beispiel: „Transport- und Lagerbehälter = Behältnis, das zum Transport und zur Lagerung von Gütern verwendet wird"). Zirkelschlüsse sind erst bei mehreren Definitionen erkennbar, wenn der eine Begriff durch einen anderen erklärt wird und umgekehrt.
- Definitionen sollten nicht das Fehlen von Merkmalen beschreiben oder festlegen, was der Begriff nicht ist, es sei denn, das Fehlen bestimmter Merkmale ist wesentlich für den Begriff. Beispiel für eine zulässige Negativdefinition: „unbelüfteter Abwasserteich = Abwasserteich ohne künstliche Belüftung, in dem ein aerober Abbau erfolgt"

Darüber hinaus ist es für die professionelle Terminologiearbeit von Bedeutung, dass die Definitionen der Begriffe sowohl sprachintern als auch sprachübergreifend inhaltlich vergleichbar sind: Sie sollten also demselben Definitionstyp angehören und dieselben Begriffsmerkmale, Teilbegriffe oder Unterbegriffe nennen. Nur so ist gewährleistet, dass begriffliche Abweichungen und Übereinstimmungen erkannt werden. Beschreibt bspw. eine Definition alle Merkmale eines Begriffs (Inhaltsdefinition), während eine zweite Definition alle Unterbegriffe auflistet (Umfangsdefinition), kann der Nutzer nicht erkennen, ob es sich tatsächlich in beiden Fällen um denselben Begriff handelt, obwohl beide Definitionen für sich genommen vollständig und korrekt sind. Auch wenn in einer Definition nicht alle oder andere Merkmale

---

[12] Die Umkehrung der Definition ist eine gute Überprüfung, ob die Definition zu eng oder zu weit ist. Geht man z. B. von der Definition „Eisen ist ein chemisches Element aus der Gruppe der Metalle" aus, führt die Überprüfung durch Umkehrung zu der Frage: „Wie heißt das chemische Element aus der Gruppe der Metalle?" Es wird schnell deutlich, dass es mehrere Antworten auf diese Frage gibt, was ein Indiz dafür ist, dass die Definition zu weit ist.

genannt werden, ist ein Vergleich schwierig. Beispiele zu diesen Ungleichgewichten bzw. der fehlenden Vergleichbarkeit von Definitionen sind in Tab. 4.1 dargestellt.

Für das Formulieren von Definitionen gibt es unterschiedliche Traditionen. So besteht im deutschsprachigen Raum die Definition oft aus einem Satz, in dem die Benennung explizit genannt wird (Beispiel: „Eine Maus ist ein Zeigeinstrument …"). Im englischsprachigen und im französischsprachigen Raum hingegen erscheint die Benennung nicht in der Definition (Beispiele: „mouse: pointing device …" bzw. „souris: dispositif de pointage …") und es werden folglich auch keine vollständigen Sätze formuliert.

In der Normung gibt es weitergehende Konventionen. So beginnt bspw. bei DIN die Definition nicht mit einem Großbuchstaben (außer bei Substantiven) oder einem Artikel, sie endet nicht mit einem Satzzeichen, und der Begriff wird i. d. R. im Singular definiert. Der Grund dafür ist, dass die Definition auch für alle Synonyme gilt und dass sie eine Benennung im Text direkt ersetzen kann.

Um den Sprachgebrauch konsistent zu halten und gar nicht erst auf verbotene Synonyme aufmerksam zu machen, sollten innerhalb von Definitionen Benennungen (für Bezüge auf andere Begriffe) einheitlich verwendet werden; es sollten dabei genau diejenigen (Vorzugs-)Benennungen verwendet werden, die in anderen Definitionen als Definiendum benutzt werden und nicht deren Synonyme.

Tab. 4.1 Fehlende Vergleichbarkeit von Definitionen

Definition 1	Definition 2	Begründung für fehlende Vergleichbarkeit
Wasser ist eine geruchlose, geschmacklose, durchsichtige (in dicken Schichten schwach blaue) Flüssigkeit mit einem Gefrierpunkt bei 0 °C. (DIN 2330 2013, S. 14)	Wasser ist die Verbindung von zwei Wasserstoffatomen und einem Sauerstoffatom. (DIN 2330 2013, S. 14)	Verschiedene Perspektiven der fachbezogenen Definitionen: Physik vs. Chemie
Der bipolare Transistor ist ein Halbleiter-Bauelement, bei dem mit einem kleinen Steuerstrom ein großer Hauptstrom gesteuert wird. (Goßner 2008, S. 105)	Ein Bipolar-Transistor besteht aus einer dünnen Basisschicht, die zwischen zwei anders dotierten Schichten, dem Kollektor und dem Emitter, liegt. (Albers 2007, S. 46)	Verschiedene Definitionstypen: Inhaltsdefinition vs. Bestandsdefinition
Feldeffekttransistoren (FETs) sind aktive Bauelemente, bei denen der Stromfluss durch einen leitenden Kanal mit Hilfe einer Steuerelektrode moduliert werden kann. (Reisch 2007, S. 217)	Feldeffekttransistoren sind planare Halbleiterwiderstände, deren Querschnitt oder Trägerdichte abhängig von einem quer zur Bewegungsrichtung der Träger anliegenden Steuerfeld veränderbar ist. (Beneking 1973, S. 13)	Formal vergleichbare Inhaltsdefinitionen, die aber unterschiedliche Obergriffe und Merkmale nennen

Sollen die Definitionen von den Terminologen nicht selbst formuliert oder angepasst werden, sondern als Originalzitate aus zuverlässigen Quellen übernommen werden, ist festzulegen, nach welchen Regeln zitiert wird, ob Anführungszeichen verwendet werden sollen etc.

Für das jeweilige organisatorische Umfeld des Terminologiemanagements sollte eine einheitliche Konvention für das Schreiben bzw. das Zitieren von Definitionen festgelegt und in einem Leitfaden beschrieben werden.

4.4   Bildung neuer Benennungen

4.4.1   Einleitung

Entstehen neue Begriffe und möchte man innerhalb einer Sprachgemeinschaft über diese neuen Begriffe sprechen und schreiben, so müssen neue Benennungen dafür gebildet werden. Dabei spielt es zunächst keine Rolle, ob die neuen Begriffe innerhalb der eigenen oder innerhalb einer anderen Sprach- und Kulturgemeinschaft entstehen. Beispielsweise wurde für die Benutzeroberfläche von Microsoft Office 2007 ein neues grafisches Bedienkonzept entwickelt, das in der amerikanischen Version als „ribbon" bezeichnet wurde. Für die Lokalisierung ins Deutsche musste eine neue deutsche Benennung gefunden werden, da dieses Bedienkonzept bisher noch nicht existierte und deswegen nicht mit einer etablierten Benennung belegt war. Microsoft entschied sich bei Office 2007 letzten Endes für die Benennung „Multifunktionsleiste", aber auch andere Benennungen wie „Band" oder der Anglizismus „Ribbon" wurden diskutiert und wären möglich gewesen. In späteren Versionen hat sich „Menüband" etabliert.

Terminologie für neue Begriffe muss also erst einmal geprägt werden, bevor mit dem Texterstellungs- und Übersetzungsprozess begonnen werden kann. Dieses Schaffen neuer Benennungen und auch die Auswahl derjenigen Benennung, die von mehreren Synonymen am besten geeignet ist, um einen (neuen) Begriff zu bezeichnen, erfordern Kenntnisse darüber, wie neue Benennungen überhaupt gebildet werden und woran man eine „gute" Benennung erkennt.

Im Folgenden werden die lexikalisch-morphologischen Möglichkeiten der Benennungsbildung im Deutschen beschrieben; in vielen anderen Sprachen stehen ähnliche Benennungsbildungsmechanismen zur Verfügung. Sehr häufig werden die dargestellten Verfahren bei der Bildung neuer Benennungen miteinander kombiniert (vgl. auch Drewer 2011a, 2011d, 2015a, 2015b).

4.4.2   Zusammensetzung

Bei der Zusammensetzung werden zwei oder mehr selbstständige Wörter zu einer neuen Benennung zusammengeführt.[13] So entstehen einerseits **Komposita (zusammengesetzte**

---

[13] Morphologisch korrekt müsste man hier davon sprechen, dass „zwei oder mehr lexikalische Morpheme" zusammengeführt werden. Für unsere Zwecke soll allerdings der alltägliche Wortbegriff ausreichen, um die Bildung von Zusammensetzungen zu beschreiben.

Einwortbenennungen), die durch die Verwendung von Bindestrichen übersichtlicher und verständlicher gestaltet oder durch die Verwendung von Fugenelementen leichter sprechbar gemacht werden können.

Beispiele

Menüleiste, PowerPoint-Version, Übergangsgeschwindigkeit

Andererseits führt die Zusammensetzung zu sog. **Mehrwortbenennungen**, also Benennungen, die aus mehr als einem (zusammengesetzten) Wort bestehen. Mehrwortbenennungen bestehen aus mindestens zwei Wörtern, die durch Leerstellen getrennt sind (vgl. DIN 2342 2011, S. 11). Mehrwortbenennungen, die z. B. im Englischen und in den romanischen Sprachen sehr viel häufiger auftreten als im Deutschen, sind für den Menschen oft besser erkennbar und leichter verständlich als die kompakten Komposita, bereiten aber automatischen Verfahren zur Extraktion von Terminologie aus Texten besondere Schwierigkeiten und werden oft nicht als zusammengehörige Einheiten erkannt.

Beispiele

benutzerdefinierte Bildschirmpräsentation, getestete Einblendzeit

Die Bildung von Komposita ist besonders im Deutschen ein sehr häufig angewandtes Verfahren, das allerdings beim Transfer in andere Sprachen, die diesen Bildungsmechanismus nicht kennen oder nicht so häufig anwenden, zu Schwierigkeiten führen kann, da die Beziehungen zwischen den Kompositumsteilen explizit gemacht werden müssen. Diese sind jedoch häufig nicht eindeutig ablesbar, was die Transparenz von Komposita einschränkt. Bekannte Beispiele hierfür sind die Benennungen „Schweineschnitzel", „Jägerschnitzel" und „Kinderschnitzel", die formal nach demselben Prinzip gebildet sind, denen inhaltlich jedoch verschiedene Verbindungsmechanismen zugrunde liegen. Auch können durch unterschiedliche Interpretationen Mehrdeutigkeiten bei Komposita entstehen; so bezeichnet die Benennung „Schrankwand" sowohl die Rückwand eines Schranks als auch einen wandbreiten Schrank. In einigen Fällen kann die Setzung eines Bindestrichs zur Verdeutlichung beitragen, wie etwa bei „Gummi-Schuhsohle" vs. „Gummischuh-Sohle" (zur morphologischen Analyse von Komposita mit Hilfe von Strukturdiagrammen, die diese Bezüge verdeutlichen, siehe Drewer 2011d).

In den romanischen Sprachen spielen insbes. die Kombinationen Substantiv+Präposition+Substantiv (fr – „ressort de traction" [„Zugfeder"], es – „grasa de soldar" [„Lötfett"]) sowie Adjektiv+Substantiv (fr – „poids moléculaire" [„Molekulargewicht"]) eine wichtige Rolle. Im Englischen finden sich oft Aneinanderreihungen von Adjektiven und oftmals diversen Substantiven: „optical waveguide" [„Lichtwellenleiter"], „high tension line" [„Hochspannungsleitung"], „oil storage and pipeline transportation system"

Tab. 4.2 Reihenfolge der bestimmenden und bestimmten Elemente bei Komposita

Deutsch	Englisch	Französisch
Molekulargewicht	molecular weight	poids moléculaire
Elektrolytkondensator	electrolytic capacitor	condensateur électrolytique
Wetterbericht	weather report	bulletin météorologique
Baumstamm	tree trunk	tronc d'arbre
Autounfall	car accident	accident de voiture

[„Öllagerungs- und -transportsystem"] (vgl. Arntz et al. 2014, S. 120). Wie an den genannten Beispielen erkennbar ist, dominiert im Deutschen klar das Wortbildungsmuster des
Kompositums. Ein weiterer wichtiger Unterschied zwischen den Sprachen ist die Reihenfolge der verbundenen Elemente. Während im Deutschen und im Englischen zuerst das
bestimmende Element und dann das bestimmte Element auftreten, ist die Reihenfolge in
den romanischen Sprachen genau umgekehrt. So findet man im Deutschen Komposita
wie „Übersetzungssystem" oder „Wechselstrom", deren Äquivalente im Englischen dieselbe Reihenfolge aufweisen: „translation system" und „alternating current", während die
Bestandteile im Französischen in anderer Reihenfolge auftreten: „système de traduction"
und „courant alternatif". In vielen Fällen erfolgt der Anschluss des Bestimmungsworts per
Präposition, aber auch Substantiv-Adjektiv-Kombinationen treten häufig auf. Tabelle 4.2
zeigt weitere Beispiele.

Zusammengesetzte Wörter sind in der Lage, Begriffsinhalte und -verknüpfungen schon
an der Wortoberfläche deutlich zu machen.[14] Dies gilt insbes. für **Determinativkomposita**, bei denen das Grundwort durch ein Bestimmungswort „determiniert" wird. Im
Gegensatz dazu findet bei den deutlich seltener auftretenden **Kopulativkomposita** wie
„schwarz-weiß" oder „trennschleifen" eine Addition der Bedeutungen und keine nähere
Bestimmung statt. Beim Trennschleifen wird sowohl getrennt als auch geschliffen und
etwas, das schwarz-weiß ist, weist beide Farben gleichzeitig auf.

Das Determinativkompositum „Gleichstrom" hingegen repräsentiert einen Unterbegriff
zu „Strom", „Stahlträger" einen Unterbegriff zu „Träger". Die Grundwörter („Strom"
bzw. „Träger") und damit die Benennungen der Oberbegriffe werden durch das voran-
gestellte Bestimmungswort näher spezifiziert, sodass das Kompositum den Unterbegriff
repräsentiert (vgl. Abb. 4.12). In der Regel weist das Bestimmungswort auf Merkmale
wie Material, Form, Funktion, Herkunft o. Ä. hin und ermöglicht so ein spontanes Verstehen, auch wenn die Benennung vorher völlig unbekannt war. Man spricht hier von
motivierten oder transparenten Benennungen (siehe Abschn. 4.5.1.3). Allerdings ergibt
sich ein Konflikt zwischen der Motiviertheit und der Forderung nach Kürze und sprachlicher Ökonomie (siehe Abschn. 4.5.1.8) – je motivierter eine Benennung ist, also je mehr
Begriffsmerkmale in der Benennung zum Ausdruck kommen, desto länger wird sie (vgl.

---

[14] Eine vertiefte Darstellung dieser Besonderheit findet sich z. B. in Drewer (2015a, 2015b).

Abb. 4.12
Determinativkomposita

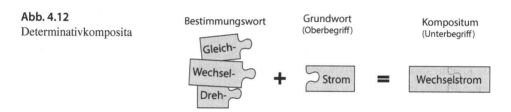

z. B. „direktgesteuertes Druckbegrenzungsventil"). Die Gefahr der Kürzung ist bei diesen Benennungen also besonders groß.

Im Prinzip sind alle Wortarten dazu geeignet, Komposita zu bilden. Am wichtigsten für die Terminologiearbeit sind jedoch Nominal-, Adjektiv- und Verbkomposita. Die Bezeichnung bezieht sich jeweils auf das Grundwort, also die letzte Konstituente des Kompositums. Die drei genannten Wortarten werden jedoch ebenfalls als vordere Komponenten verwendet. Beispiele zu den verschiedenen Kombinationsmöglichkeiten zeigt Tab. 4.3. Neben diesen Wortarten finden bei der Bildung von Komposita jedoch auch Präpositionen („Vorarbeiter", „Zwischenprodukt", „Unterdruck"), Adverbien („Mehrarbeit", „Jetztzeit") oder Numeralia („Zweitschrift", „vierkantig") Verwendung (vgl. DIN 2330 2013, S. 22).

Einen Sonderfall unter den determinativen Substantiven stellen Eigennamen dar. Auch sie sind zur Wortzusammensetzung geeignet, haben aber den Nachteil, dass die so entstehenden Benennungen weniger motiviert sind. Beispiele: „Röntgenstrahlen", „Dieselmotor", „Blaugas".

Bei der Wortzusammensetzung sollte darauf geachtet werden, dass keine „Wortmonstren" entstehen. Mehr als 4 Lexeme in Folge sind schwer verständlich, zumal die Bezüge zwischen ihnen nicht immer klar sind. Darüber hinaus ist zu überprüfen, ob alle Leerzeichen und Bindestriche grammatisch korrekt sind. Häufig fehlt die Durchkopplung, d. h. die Verbindung aller Bestandteile einer Zusammensetzung mit Bindestrich oder durch Zusammenschreibung (z. B. falsch: „Innensechskant Schraube", „PowerPoint Version").[15]

Tab. 4.3 Substantiv-, Verb-, Adjektivkomposita

	Substantiv	Verb	Adjektiv
Substantiv	Holztisch Büromöbel	brustschwimmen kopfrechnen	kinderlieb zollfrei
Verb	Studierzimmer Fräsmaschine	schlafwandeln schlagbohren	triefnass stinkreich
Adjektiv	Blausäure Schönschrift	trockenreinigen hartlöten	altrosa dunkelblau

---

[15] Zur Vereinheitlichung von Schreibweisen (z. B. durch Regeln zur Bindestrichsetzung) siehe Abschn. 4.5.2.

4.4.3 Derivation

Die Derivation (auch: Ableitung) ist ein Verfahren, bei dem eine neue Benennung durch die Kombination eines Stammworts mit einem oder mehreren nicht freien Affixen (Präfixen, Suffixen) entsteht.[16]

Beispiele

Ein-füg-en, Sortier-ung, Auf-lös-ung, Bohr-er, Neu-heit

Die Wortbildungsmorpheme können angehängt (-er, -en, -heit, -ung) oder vorangestellt (ein-, auf-) werden. Im ersten Fall handelt es sich um Suffixe, die die Wortart verändern können, im zweiten um Präfixe, bei denen die Wortart des folgenden Stammworts erhalten bleibt.

Die Derivation ist neben der Komposition ein im Deutschen sehr häufig verwendetes Verfahren zur Bildung neuer Benennungen. Oft werden auch beide Verfahren kombiniert, z. B. „Textrichtung", „Foliensortierung", „Bildschirmauflösung", „Bohrerkopf".

Durch die Derivation kommt es zu einem systematischen Ausbau vorhandener Wortfamilien, der in vielen Sprachen (auch im Deutschen) äußerst produktiv ist. Da insbes. griechisch-lateinische Morpheme weit verbreitet sind, empfiehlt DIN 2332 die Verwendung dieser internationalen Wortbildungselemente, um eine Übernahme neuer Benennungen in andere Sprachen zu erleichtern. Es ist demnach also günstiger „inter-" statt „zwischen-" oder „hyper-" statt „über-" zu verwenden (vgl. DIN 2332 1988, S. 5). Zu den Vor- und Nachteilen der Internationalisierungsbemühungen siehe auch die Abschn. 4.5.1.10 und 4.5.1.11.

Wenn von einem Wort Ableitungen gebildet werden, dann entstehen oft Synonymvarianten, die sich lediglich durch morphologische Unterschiede auszeichnen.

Beispiele

• *Rückführventil* vs. *Rückführungsventil*
• *Registriernummer* vs. *Registrierungsnummer*

Während der jeweils erste Terminus nur den Verbstamm als Spezifizierung im Kompositum nutzt („rückführ", „registrier"), wird beim jeweils zweiten Terminus das abgeleitete Substantiv verwendet („Rückführung", „Registrierung").

Gerade Substantive mit der Endung „-ung" können für das Verständnis und die Übersetzung problematisch sein, da sie sowohl etwas Dynamisches (Vorgang/Handlung) als auch etwas Statisches (Gegenstand/Ergebnis) bezeichnen können. So ist z. B. beim Wort „Übersetzung" unklar, ob hiermit der übersetzte Text oder der Vorgang des Übersetzens gemeint ist.

---

[16] Linguistisch (und terminologisch) korrekt müsste man hier von Basismorphemen sprechen, die mit Wortbildungsmorphemen kombiniert werden. Um jedoch die Allgemeinverständlichkeit der Darstellung zu gewährleisten, greifen wir auf die gemeinsprachlichen Benennungen „Wortstamm", „Stammwort", „Präfix" und „Suffix" zurück.

4.4.4 Konversion

Bei der Konversion (auch: Nullderivation) findet ein Übergang von einer Wortart in eine andere statt, ohne dass Suffixe oder Präfixe hinzukommen, wie es bei der Derivation der Fall ist.

Beispiele

- das *Löschen*, das *Löten* (Umwandlung vom Verb zum Substantiv)
- das *Hoch* (Umwandlung vom Adjektiv zum Substantiv)

Die Konversion vom Verb zum Substantiv und umgekehrt ist gerade im Englischen und Deutschen ein oft verwendetes Mittel der Benennungsbildung, funktioniert aber auch bspw. in den romanischen Sprachen.

4.4.5 Terminologisierung

Terminologisierung bezeichnet ein Benennungsbildungsverfahren, bei dem ein Wort aus der Gemeinsprache als Benennung für einen Begriff in einem Fachgebiet verwendet wird. Das ursprüngliche Wort erfährt also einen Bedeutungszuwachs. Vereinfacht kann man die Terminologisierung auch als den Übergang eines (undefinierten) Wortes zu einer (terminologisch exakten, definierten) Benennung beschreiben. Das Verfahren der Terminologisierung wird häufig mit Verfahren der Komposition und Derivation kombiniert.

Beispiele aus dem Bereich Textverarbeitung und Softwareoberflächen:

Lineal, Fenster, Textfeld, Kopf- und Fußzeile, Papierkorb

Von Umterminologisierung spricht man, wenn die Benennung nicht aus der Gemeinsprache, sondern aus einer anderen Fachsprache (eines anderen Fachgebiets) übernommen wird. Manchmal wird aber auch dieser Übergang zur „normalen" Terminologisierung gezählt und nicht ausdrücklich als **Um**terminologisierung bezeichnet.

Beispiele

- *Virus* (Medizin) <> *Virus* (Informatik)
- *Anker* (Marine) <> *Anker* (Elektrotechnik)

Die Folge dieser Art von Benennungsbildung ist Ambiguität, genauer gesagt Polysemie, da der Terminologisierung im Regelfall eine metaphorische oder metonymische Übertragung zugrunde liegt. Trotz des unerwünschten Effekts der Mehrdeutigkeit kommt es aufgrund der menschlichen Neigung zur Metaphernbildung sehr häufig zu Terminologisierungen

(vgl. Drewer 2003, 2005, 2007). Warum die Terminologisierung sehr wohl eine emp-
fehlenswerte Strategie der Wortbildung ist, wird unten noch erläutert, siehe dazu auch
Abschn. 4.5.1.3.

Auch Halskov (2004, S. 1f.) erkennt:

> Although terminologization is not a recommended term formation strategy, due to the poly-
> semy it generates, it is found in virtually all domains.

Bei einem fachgebietsüberschreitenden Benennungstransfer ist die Gefahr von Missverständnissen durch die Disambiguierung bzw. Monosemierung im Kontext relativ begrenzt,
innerhalb eines Fachgebiets sollte Polysemie jedoch unbedingt vermieden werden.

Auch wenn die Polysemie, die durch die Terminologisierung entsteht, die Eineindeutigkeit
zwischen Begriff und Benennung gefährdet, hat das metaphorische Benennen einige kaum
zu ersetzende Stärken: Die metaphorischen Benennungen sind motiviert und damit sehr verständlich, sie spiegeln menschliche Vorstellungen und Denkweisen wider und sie sind leichter
merkbar als unmetaphorische Benennungen. Auch bei geringem physikalischen Vorwissen ist
an einem metaphorischen Terminus wie „Lichtwellenleiter" ablesbar, dass Licht sich offenbar
in Wellenform bewegt und es ein Instrument gibt, das diese Bewegung fördert oder ermöglicht.

Die metaphorische Übernahme von Benennungen beruht entweder auf oberflächlichen
Ähnlichkeiten, die zwischen dem ursprünglichen und dem neu zu benennenden Begriff
erkannt werden (z. B. „Rohr**knie**" = Ähnlichkeit mit dem menschlichen Knie in Bezug auf
die Form), oder aber auf metaphorischen Denkweisen, die eine ganze Terminologiematrix
generieren (z. B. „elektrischer **Strom**", „Strom**fluss**", „Spannungs**quelle**", die alle auf der
Vorstellung beruhen, dass Elektrizität ähnliche Merkmale wie eine Flüssigkeit hat) (vgl.
Drewer 2003, S. 78ff.).

Wie insbes. am zweiten Beispiel zu erkennen ist, ist das alte Vorurteil, Metaphern seien
unfachlich und unpräzise, unzutreffend. Metaphern und damit Terminologisierungen
gehören zum Grundbestand vieler Fachsprachen und fördern Verständnis, Motivation und
Behaltensleistung ihrer Anwender.

4.4.6   Übernahme aus einer Fremdsprache

4.4.6.1   Überblick

Ein weiteres Verfahren zur Bildung neuer Termini ist die Übernahme aus anderen Sprachen, und zwar a) unverändert, b) in Lautung, Schreibweise und Flexion angepasst oder c)
lehnübersetzt (vgl. DIN 2332 1988, S. 4). Die Varianten a) und b) werden im Folgenden
unter „Entlehnung" zusammengefasst und von der „Lehnübersetzung" abgegrenzt.

Es sind durchaus auch differenziertere Einteilungen denkbar. Eine sinnvolle Unterteilung findet sich z. B. bei Lenk (2003), der zunächst zwischen Lexementlehnungen, Morphementlehnungen, Lehnbildungen und Lehnbedeutungen unterscheidet. Die **Lexementlehnungen** umfassen Fremd- und Lehnwörter, also Übernahmen aus anderen Sprachen,

die mehr oder weniger stark assimiliert sind. Unter den **Morphementlehnungen** finden sich einerseits die Internationalismen, also Termini mit meist griechisch-lateinischen Morphemen, und andererseits die Scheinentlehnungen, also Termini, die in der scheinbaren Gebersprache gar nicht oder mit einer anderen Bedeutung verwendet werden. Bei den **Lehnbildungen** ist zu unterscheiden zwischen den Lehnübersetzungen, d. h. direkten Wort-für-Wort-Übersetzungen, und den Lehnübertragungen, d. h. formal ähnlichen, aber nicht identischen Äquivalenten. Die **Lehnbedeutung** letztlich wird nicht weiter unterteilt; sie bezeichnet Fälle, in denen eine ursprüngliche Bedeutung durch den fremdsprachigen Einfluss erweitert oder verengt wird. An dieser Stelle soll jedoch die gröbere Unterteilung in Entlehnungen und Lehnübersetzungen ausreichen.

Die Gründe für Übernahmen aus Fremdsprachen sind vielfältig: Oft werden kulturspezifische Gegenstände in eine andere Kultur importiert, sodass zeitgleich zum neuen Begriff auch die importierte Benennung bekannt wird. In anderen Fällen wird der kulturspezifische Gegenstand zwar nicht in eine andere Kultur importiert, der Begriff soll aber aus dieser heraus benannt werden (z. B. „Geisha" als Entlehnung aus dem Japanischen). Entlehnungen treten auch auf, wenn sich ein bestimmtes Fachgebiet besonders rasant entwickelt und die einzelnen Sprachen kaum Zeit haben, sich den neuen Begrifflichkeiten anzupassen. Zudem werden fremdsprachige Termini (in jüngster Zeit v. a. englische Termini) oft als Zeichen von Modernität und Prestige empfunden. So ist bspw. ein Großteil der englischen Terminologie aus der Computertechnik und Programmierung unverändert ins Deutsche übernommen worden: „Zoom", „Frame", „ClipArt", „Add-in" etc.

4.4.6.2 Entlehnung

Benennungen können wie bereits erwähnt unverändert oder leicht angepasst aus der Fremdsprache übernommen, d. h. „entlehnt" werden.

> Die unveränderte Übernahme ist zu empfehlen, wenn die fremdsprachige Benennung zumindest graphisch und lautlich leicht ins Deutsche integrierbar ist. Nach Möglichkeit sollten außerdem auch ihre Ableitungen unverändert oder angepaßt übernehmbar sein oder sie sollte deutsche Ableitungen ohne Schwierigkeiten zulassen. (DIN 2332 1988, S. 4)

So ermöglicht bspw. das englische Wort „design" in seiner Übernahme auch Ableitungen mit deutschen Wortbildungs- und Flexionsmorphemen wie „designen", „Designer" etc. Bei einer strengen Definition gilt bereits die Großschreibung der Benennung „Design" im Deutschen als angepasste Übernahme. Im Allgemeinen versteht man darunter jedoch eine Veränderung auf Morphemebene.

Die angepasste Übernahme bietet sich insbes. bei griechisch-lateinischen Wortbildungsmustern an, da diese seit langem für viele Sprachen ein gemeinsames Reservoir darstellen.

Beispiele (vgl. DIN 2332 1988, S. 4):

- *Thermometer* (de) – *thermometer* (en) – *thermomètre* (fr)
- *Radiografie* (de) – *radiography* (en) – *radiographie* (fr)

Wählt man gezielt die Entlehnung als Wortbildungsverfahren (z. B. um neue Produkte zu benennen), so sollte man sich bewusst machen, dass nicht alle zukünftigen Verwender des Terminus die entsprechende Fremdsprache in ausreichendem Maße beherrschen. Missverständnisse sind also wahrscheinlich; auch bei Nutzern, die Schulkenntnisse in der Fremdsprache mitbringen, ist nicht gewährleistet, dass sie den neuen Terminus in seiner vollen begrifflichen Breite verstehen und in allen Kontexten korrekt verwenden. Die Berücksichtigung der Zielgruppe spielt hier also eine zentrale Rolle.

Benennungen in der Muttersprache sind auf jeden Fall leichter verständlich und besser zu behalten. So könnte man ohne Informationsverlust „aktualisieren" statt „updaten" verwenden oder „Startseite" statt „Homepage".

Besonders kritisch sind sog. Scheinentlehnungen, bei denen es so aussieht, als wäre eine Benennung aus einer anderen Sprache übernommen worden, wobei aber die Benennung in der Ausgangssprache nicht oder nur in einer anderen Bedeutung existiert (z. B. „Public Viewing" oder „Handy").

4.4.6.3 Lehnübersetzung

Die Lehnübersetzung empfiehlt sich bei Mehrwortbenennungen oder bei Komposita, die sich nicht problemlos entlehnen lassen. In diesem Fall werden alle bedeutungtragenden Elemente der ausgangssprachlichen Benennung Wort für Wort in die Zielsprache übersetzt.

Beispiele

- *machine-aided translation* (en) – *maschinengestützte Übersetzung* (de)
- *flood-light* (en) – *Flutlicht* (de)
- *Eisenbahn* (de) – *chemin de fer* (fr)

Manchmal ist es schwer zu beurteilen, ob tatsächlich eine Lehnübersetzung vorliegt oder ob einfach zufällig in zwei Sprachgemeinschaften gleichzeitig dasselbe Motivationsprinzip genutzt wurde. So ist es z. B. sehr wahrscheinlich, dass „wood-screw" (en) und „Holzschraube" (de) nicht durch Lehnübersetzung, sondern schlicht parallel entstanden sind.

Eine Lehnübersetzung darf nicht vorgenommen werden, wenn auf diese Weise Benennungen entstehen, die in der Zielsprache bereits einen anderen Begriff repräsentieren.

Beispiel

- *aérotrain* (fr) ≠ *Luftzug* (de) = *Schwebebahn* (de) (vgl. DIN 2332 1988, S. 4)

4.4.7 Kürzung

Die Kürzung von Benennungen ist in den Fachsprachen sehr üblich, da diese nach Effizienz und Informationsverdichtung streben. Die entstehenden Kürzungen sind normalerweise in der Lage, produktiv Komposita und andere Benennungen zu bilden.

EDV, Info, Tabstopp, AutoText, USB-Schnittstelle

Über die unterschiedlichen Arten der Kürzung von Benennungen informiert ausführlich DIN 2340 (2009). Einige der wichtigsten Kürzungsverfahren aus dieser Norm zeigt Tab. 4.4.

Für die fachsprachliche Benennungsbildung und damit die Terminologiearbeit sind insbes. die Kurzworte und die Akronyme von Bedeutung. Beide haben zunächst einmal den großen Vorteil der sprachlichen Ökonomie, bringen aber gleichzeitig Verständnisprobleme mit sich. Sie sind nicht jedem gleichermaßen bekannt, auch sind sie unter Umständen doppelt belegt. Zudem verlieren einige der Kürzungen im Laufe der Zeit ihre ursprüngliche Langform, d. h., sie sind nur noch als Kurzformen bekannt und die Nutzer wissen nicht (mehr), auf welche Langform sie zurückgehen.

Kurzworte entstehen, indem man einen Teil einer Langform auslässt. Dies kann am Wortanfang, in der Wortmitte oder am Wortende geschehen, z. B. „Bus" statt „Omnibus", „E-Werk" statt „Elektrizitätswerk" oder „Demo" statt „Demonstration". Man spricht hier auch von Kopfwörtern (nur der Wortanfang bleibt erhalten), von End- oder Schwanzwörtern (nur das Wortende bleibt erhalten) oder von Klammerwörtern (Wortanfang und Wortende bleiben erhalten). Die sog. Rumpfwörter, bei denen nur der Mittelteil erhalten bleibt, sind in den Fachsprachen so gut wie nie anzutreffen, sondern treten v. a. bei Eigennamen auf, z. B. „Lisa" statt „Elisabeth". Silbenkurzwörter hingegen kommen häufiger vor; Beispiele wären „Elko" statt „Elektrolytkondensator" oder „Modem" statt „Modulator-Demodulator".

Akronyme (auch: Initialwörter oder Buchstabenwörter) entstehen, indem eine vorhandene Ein- oder Mehrwortbenennung auf ihre Anfangsbuchstaben reduziert wird. Dabei entstehen entweder sprechbare Akronyme wie „NATO" oder Buchstabierakronyme wie „EDV".

Kürzungen sollten – egal, nach welchem Prinzip sie erfolgen – nur dann verwendet werden, wenn dies notwendig ist, bspw. aufgrund von Zeichenbegrenzungen in Softwareoberflächen. Darüber hinaus sollten die Langformen in der Terminologiedatenbank festgehalten werden und die Freigabe der Kurzformen in den Terminologiemanagementprozess eingebunden sein, sodass keine spontanen und keine doppelten Kurzformen entstehen.

Tab. 4.4 Kürzungsverfahren

Abkürzung	Kurzwort	Akronym
Abbrechkürzung	Kopfform	sprechbares Akronym
Initialkürzung	Endform	Buchstabierakronym
Klammerkürzung	Klammerform	
	Rumpfform	
	Silbenkurzwort	

Schon im Rahmen dieses Buchs wurde schnell klar, dass z. B. das Akronym „TMS"
mehrdeutig ist und mindestens drei verschiedene Langformen repräsentiert, und zwar
„Translation-Memory-System", „Translation-Management-System" und „Terminologiemanagementsystem". Zudem könnte das S im Akronym sowohl für „System" als auch für
„Software" o. Ä. stehen, was die Zahl der möglichen Auflösungen weiter erhöht.

Um ein einheitliches und eindeutiges Kurzformensystem im Unternehmen zu gewährleisten, braucht man klare Regeln zu ihrer Bildung und zu ihrer Verwendung. Bei der
Bildung ist bspw. zu beachten, wann und wie man ein Akronym bildet (Welche Wortbestandteile werden zu Buchstabenlieferanten des Akronyms?), wann man einen Punkt
hinter eine abgekürzte Benennung setzt, ob man Groß- oder Kleinbuchstaben verwendet,
ob und wie die verkürzte Form flektiert werden darf etc. Bezüglich der Verwendung muss
klar definiert sein, an welchen Stellen die Kurzformen zulässig sind und ob die Kurzform
für einen Begriff die einzig zulässige Benennung ist oder ob es parallel Langformen gibt.

Ein inhaltliches Problem bei der Wortkürzung ist die Tatsache, dass neben der morphologischen (und damit rein formalen) auch eine semantische Kürzung stattfindet. Es
werden also nicht nur Wortbestandteile ausgelassen, sondern die Benennung verliert an
Aussagekraft und Bedeutung, sodass speziell bei Nicht-Fachleuten Verständnisprobleme
entstehen können. Auf der anderen Seite sind Wortkürzungen für die Fachsprachen völlig
selbstverständlich. Da für Fachleute der volle Begriffsinhalt auch bei verkürzten Benennungen präsent ist, haben sie keine Verständnisprobleme, sondern nutzen nur die Vorteile
der Kürzungen.

4.4.8   Urschöpfung

Die vollständige Neubildung von Benennungen ohne Nutzung der oben beschriebenen
Benennungsbildungsverfahren (siehe Abschn. 4.4.2 bis 4.4.7) ist – außer bei Produkt- und
Unternehmensnamen – sehr selten, auch weil bei völlig neuen Benennungen die begriff-
liche Transparenz kaum zu gewährleisten ist (siehe Abschn. 4.5.1.3).

Man könnte die Benennung „simsen" für das Senden von Kurznachrichten mittels
Mobiltelefonen als Urschöpfung bezeichnen, aber auch als eine Kombination von Entlehnung („short message service"), Kürzung („SMS"), Derivation („smsen") und Anpassung
an die Sprechbarkeit („simsen").

4.5   Terminologiebereinigung

4.5.1   Anforderungen an Benennungen

4.5.1.1   Einführung

Die Auswahl und Festlegung sowie die konsistente und korrekte Verwendung von Fachwörtern sind Grundvoraussetzungen für verständliche und hochwertige Texte in der

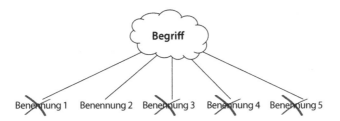

Abb. 4.13 Terminologiebewertung und -auswahl in der präskriptiven Terminologiearbeit

Ausgangssprache sowie für eine erfolgreiche (Fach-)Übersetzung. Ein entscheidender Schritt in der präskriptiven Terminologiearbeit ist daher die Terminologiebereinigung, also der Arbeitsschritt, bei dem pro Begriff eine Vorzugsbenennung festgelegt und die Verwendung vorhandener Synonyme nicht empfohlen bzw. verboten wird (vgl. Drewer 2010a, 2011a, Drewer und Hernandez 2009, Drewer und Schmitz 2010, Drewer und Ziegler 2014, S. 172ff., Schmitz 2009).

Sowohl bei der Schöpfung neuer Benennungen nach den oben aufgeführten Mechanismen als auch bei der Auswahl von vorhandenen Benennungen sind unterschiedliche Anforderungen zu berücksichtigen. Die Bewertung und Auswahl von Benennungen sind typische Arbeitsschritte in der präskriptiven Terminologiearbeit, bei der bspw. innerhalb eines Normungsgremiums, eines Unternehmens oder für einen bestimmten Text eine von mehreren möglichen Benennungen für denselben Begriff als bevorzugte Benennung ausgewählt werden muss.

Bei einem deskriptiven (auch: beschreibenden) Projekt würde man sich damit begnügen, den momentanen Zustand der Fach- und Firmensprache zu inventarisieren und zu dokumentieren. Ein präskriptives (auch: vorschreibendes) Projekt geht jedoch einen Schritt weiter, indem es nach der deskriptiven Bestandsaufnahme die Verwendung bestimmter Termini vorschreibt und über Begriffsdefinitionen dokumentiert, was diese Termini bedeuten (zum Unterschied zwischen deskriptiver und präskriptiver Terminologiearbeit siehe Abschn. 3.2.2). Insbesondere im Fall von Synonymen werden also eine Benennung zur Vorzugsbenennung gemacht und der Gebrauch konkurrierender synonymer Benennungen verboten (siehe Abb. 4.13, vgl. auch Drewer 2011a, S. 143ff.).

Die im Folgenden dargestellten Anforderungen an Benennungen beschreiben sinnvolle und notwendige Eigenschaften von Benennungen. Oft können aber nicht alle Anforderungen gleichzeitig erfüllt werden, da sie sich gegenseitig ausschließen. So kann etwa eine treffende und transparente Benennung für einen sehr komplexen Begriff sehr lang werden und damit dem Prinzip der sprachlichen Ökonomie widersprechen.

4.5.1.2 Genauigkeit und Eineindeutigkeit

Unter Genauigkeit und Eineindeutigkeit versteht man, dass eine Benennung genau einen Begriff bezeichnet und es für einen Begriff genau eine Benennung gibt. Damit soll vermieden werden, dass es mehrere Benennungen für denselben Begriff gibt (Synonymie) und dass eine Benennung mehrere unterschiedliche Begriffe bezeichnet (Ambiguität).

Dieses Ziel sollte zumindest innerhalb eines Fachgebiets, aber auch innerhalb eines Unternehmens angestrebt werden, um Missverständnisse zu vermeiden und die Effizienz der fachsprachlichen Kommunikation sicherzustellen. Nachfragen des Textrezipienten oder Kommunikationspartners, ob bspw. „Eingabetaste" und „Return-Taste" dieselbe Taste auf der Tastatur bezeichnen und damit denselben Begriff repräsentieren, sollten unbedingt verhindert werden.

Es soll noch darauf hingewiesen werden, dass die in Abschn. 4.4.5 beschriebene Terminologisierung bzw. Umterminologisierung als typisches und oft angewandtes Verfahren der Benennungsbildung prinzipiell dazu führt, dass Mehrdeutigkeiten entstehen und die Genauigkeit einer bestimmten Benennung verringert wird. Allerdings geschieht dies nur gesamtsprachlich betrachtet und die Eineindeutigkeit einer Benennung innerhalb eines Fachgebiets wird dadurch nicht negativ beeinflusst.

Ein weiterer zentraler Aspekt, der im Rahmen einer Genauigkeitsprüfung berücksichtigt werden muss, ist der Grad der Spezifizierung, denn Benennungen, speziell Komposita, weisen hier Unterschiede auf.

Beispiel

- *Tisch – Behandlungstisch – Patientenbehandlungstisch* (Medizintechnik)
- *Druck – Luftdruck/Fülldruck – Reifenluftdruck/Reifenfülldruck* (Kfz-Technik)

Man spricht hier auch von Reduktionsvarianten und versteht darunter das Auslassen eines oder mehrerer Wortbestandteile, genauer gesagt das Verkürzen eines längeren Kompositums oder einer längeren Mehrwortbenennung auf den Grundbestandteil.[17] Je mehr Wortbestandteile man auslässt, desto allgemeiner wird in der Regel der hinter der Benennung stehende Begriff.

Die Auslassung entsteht aus sprachökonomischen Gründen. Im natürlichen Sprachgebrauch neigen Schreiber beim Wiederholen eines Terminus zum Verkürzen, denn es fällt sehr schwer, in einem längeren Text immer wieder eine lange, unhandliche Benennung wie „Patientenbehandlungstisch" zu verwenden, sodass die Verkürzung zu „Behandlungstisch" oder „Tisch" im Text fast zwangsläufig erfolgt. Eine Alternative wäre die Kürzung zu einem Akronym, in diesem Fall z. B. „PBT" (zu den Vor- und Nachteilen von Kürzungen siehe auch Abschn. 4.4.7).

Aus sprachökonomischer Sicht sind Reduktionsvarianten also attraktiv, doch gerade in Übersetzungssituationen reicht der Kontext oft nicht aus, um Eindeutigkeit zu gewährleisten. Wenn ein Unternehmen keinen vollständigen Text, sondern bspw. nur eine Bildunterschrift, eine Liste oder einen kleinen Textauszug zur Übersetzung gibt, kann der Übersetzer die genaue Bedeutung des verkürzten Wortes nicht erkennen. Auch beim

---

[17] Eigentlich handelt es sich hier gar nicht um eine sprachliche Frage, sondern es geht um den Umgang mit Begriffen, speziell mit Oberbegriffen. Da es sich jedoch an der Benennungsoberfläche manifestiert und durch sprachliche Festlegungen geregelt werden kann, wird das Phänomen an dieser Stelle behandelt.

Segmentieren eines Textes im Translation-Memory-System kann der Kontext verloren gehen, sodass es für den Übersetzer nicht mehr nachvollziehbar ist, worum es sich handelt, z. B. um was für eine Art von „Tisch". Zudem könnte die automatische Vorübersetzung bereits im Memory abgespeicherter Sätze fehlerhafte Ergebnisse liefern. In mehrsprachigen Umgebungen sind also die spezifischen Benennungen zu bevorzugen. Auch in einsprachigen Umgebungen sind spezifische Benennungen vorteilhaft, da sie größere juristische Sicherheit bieten.

Die Benennung mit dem höchsten Allgemeinheitsgrad (in den oben genannten Beispielen ganz links) ist im Normalfall zu ungenau und damit ungeeignet. Die Benennung mit der höchsten Spezifizierung (in den Beispielen ganz rechts) ist in vielen Texten jedoch übergenau. Ihre korrekte Einordnung wird über den Kontext gewährleistet. Die Folge: Da die übergenauen Benennungen von den Benutzern ohnehin verkürzt werden, sollten sie von vornherein nicht unbedingt als Vorzugsbenennungen vorgegeben werden – es sei denn, juristische Gründe erfordern die erhöhte Präzision. Die beste Lösung liegt hier i. d. R. in der Mitte, auch wenn so ein Teil der Genauigkeit und Motiviertheit der Benennung verloren geht. Dennoch wird auf diese Weise die höchstmögliche Präzision mit einem natürlichen Sprachgebrauch verbunden.

4.5.1.3 Motiviertheit

4.5.1.3.1 Überblick

Von Motiviertheit (auch: Transparenz) spricht man, wenn die Merkmale eines Begriffs durch seine Benennung „durchscheinen" und man den Begriff hinter der Benennung ohne zusätzliche Definition und Erklärung erfassen kann. Im Gegensatz zu anderen Benennungen (sprachlichen Zeichen) sind motivierte Benennungen damit weniger arbiträr und auch ohne Kontext (besser) verständlich.

Man unterscheidet die morphologische, die semantische und die phonetische Motiviertheit (vgl. Drewer 2015b).[18]

- Bei der **morphologischen** Motiviertheit ergibt sich der Inhalt des repräsentierten Begriffs direkt aus den Bestandteilen der Benennung wie z. B. bei „Bildschirmpräsentation" (eine *Präsentation*, die auf einem *Bildschirm* gezeigt wird). Ebenso morphologisch zerlegbar und damit interpretierbar sind „Zwischenablage", „Fehlermeldung", „serielle Schnittstelle".[19]
- Bei der **semantischen** Motiviertheit werden Benennungen oder Bestandteile von Benennungen im übertragenen (metaphorischen) Sinn verwendet. Insbesondere Benennungsbildungsverfahren wie die Terminologisierung führen zu semantischer Motiviertheit, z. B. „Virus", „Maus" oder „infiziert" in der Fachsprache der Informationstechnologie.

---

[18] Die „etymologische Motiviertheit" findet hier keine weitere Erwähnung, da sie gerade so definiert ist, dass man die Motiviertheit synchron nicht mehr erkennt, sondern nur diachron nachweisen kann.

[19] Zur morphologischen Motiviertheit von Komposita siehe auch Drewer (2011d, 2015a, 2015b).

Die semantische Motiviertheit kann – bei der Bildung von Komposita – mit der morphologischen Motiviertheit kombiniert auftreten, z. B. „Kopfzeile" oder „Computervirus".

- Eine **phonetische** Motiviertheit findet man in den Fachsprachen sehr selten. Eventuell könnte man hier Benennungen wie „Klick" oder „zippen" als lautmalerische Termini nennen, die aber erst nach einer Entlehnung aus dem Englischen entstanden sind.

4.5.1.3.2 Morphologische Motiviertheit

Das Hauptprinzip bei der Bildung morphologisch motivierter Benennungen ist die Bildung von determinativen Mehrwortbenennungen und Determinativkomposita, in denen das Grundwort die Hauptbedeutung (Oberbegriff) enthält und das Bestimmungswort weitere Merkmale hinzufügt. Dieses Prinzip liegt auch allen Abstraktionsbeziehungen zugrunde, bei denen der Unterbegriff folgendermaßen beschrieben werden kann:

Unterbegriff = Oberbegriff + mind. ein einschränkendes Merkmal

Die so entstehenden Komposita sind besonders treffend, da sie die Position ihres Begriffs in einem Begriffssystem wiedergeben, indem nämlich die Benennung eines Unterbegriffs die Benennung des Oberbegriffs plus einschränkendes Merkmal enthält. Beispiel: „Gleichstrom" und „Wechselstrom" als Unterbegriffe zu „Strom". Zum Umgang mit determinierenden Bestandteilen von Komposita siehe auch Abschn. 4.4.2.

Die Forderung, „möglichst viele Merkmale" an der Benennung ablesen zu können, widerspricht schnell der Forderung nach Kürze. Man wird immer eine Auswahl treffen müssen. Die nächste Frage bei morphologisch motivierten Benennungen lautet also: Welche Merkmale könnten zur Benennungsbildung besonders geeignet sein? Dazu können in präskriptiven Terminologieprojekten projekt- oder firmenspezifische Festlegungen getroffen werden. So hängt es u. a. von der Zielgruppe und von der Textsorte ab, welche Merkmale besonders verständnisfördernd sind. Für Laien, die das erste Mal mit einem neuen Gerät umgehen, könnte eine Benennung nach Form oder Ort leichter zu verstehen sein als eine nach der Funktion, z. B. „Kreuzschlitzschraube" (Form) statt „Sicherungsschraube" (Funktion). Die Form einer Schraube ist auch für den Laien sofort erkennbar; er weiß jedoch nicht unbedingt, welche Schraube die Funktion hat, etwas zu sichern. Umgekehrt könnte für Fachleute die Benennung nach der Funktion einleuchtender sein bzw. ein Merkmal benennen, das für sie relevanter ist. Außerdem ist an einem technischen Gerät die Funktion meist beständiger als die Form. Ein Beispiel ist die Benennung „Rollkugeleingabegerät": Die Funktion Eingabe ist geblieben, die Bauform Rollkugel nicht.

Im Sinne einer größtmöglichen Genauigkeit sollten mehrere Bezüge realisiert werden, also z. B. „Befestigungsschraube" (Funktion und Form) statt nur „Schraube" (Form) oder nur „Befestigung" (Funktion).

Auch eine Benennung nach dem Erfinder ist in gewisser Weise motiviert (z. B. „Ottomotor"), sie ist jedoch weniger verständnisfördernd als eine Benennung, die Bezug auf Funktion, Form o. Ä. nimmt (in diesem Fall: „Verbrennungsmotor mit Fremdzündung").

DIN 2330 (2013, S. 7) gibt den Beschaffenheitsmerkmalen den Vorrang gegenüber den Relationsmerkmalen.[20] Der Grund ist einleuchtend: Beschaffenheitsmerkmale geben Eigenschaften der Gegenstände selbst an, Relationsmerkmale nur die (vielleicht subjektive oder nur lockere) Beziehung zu anderen Begriffen.

Kriterien zur Auswahl von bevorzugt zu verwendenden Merkmalen sind also insbes. die Zielgruppengerechtheit und die Beständigkeit. Deshalb sollten Merkmale ausgewählt werden, die für die angestrebte Zielgruppe gut verständlich sind und die voraussichtlich weniger schnell veralten als andere. Neben den schon genannten Merkmalsbereichen Funktion und Form sind u. a. auch folgende „Motivationsgeber" denkbar:

- Ursache/Grund (*Schussverletzung = Verletzung aufgrund eines Schusses*)
- Verwendung (*Stromkabel = Kabel für Strom*)
- Material (*Bleirohr = Rohr aus Blei*)
- Ort (*Feuchtraumverkabelung = Verkabelung in einem Feuchtraum*)

4.5.1.3.3   Semantische Motiviertheit

Wendet man das Verfahren der semantischen Motiviertheit bewusst an, so muss bedacht werden, dass dabei automatisch Ambiguitäten entstehen, die man in der präskriptiven Terminologiearbeit eigentlich vermeiden möchte. Es ist daher nur zwischen entfernten Fachgebieten zu empfehlen, bei denen keine Verwechslungsgefahr besteht.

Bei der Entlehnung von semantisch motivierten Benennungen aus anderen Sprachen (und Kulturen) muss zudem sichergestellt werden, dass der Mechanismus der Bedeutungsübertragung beim Übergang in eine andere Kultur noch transparent bleibt. So wird etwa das Bild hinter der Benennung „Firewall" in vielen Sprachräumen nicht korrekt als „Mauer zum Schutz vor Feuer", sondern als „Mauer aus Feuer" verstanden, da in diesen Kulturen keine Brandschutzmauern verwendet werden (siehe Abb. 4.14).

4.5.1.4   Normenkonformität

Bei der Auswahl von Benennungen muss auch ihre Gesetzes- und Normenkonformität überprüft und bedacht werden. Oftmals sind Benennungen bereits in Normen, Richtlinien oder einschlägigen Publikationen von Branchenverbänden festgelegt, sodass ein Unternehmen, das in diesem Bereich tätig ist, diese Benennungen nahezu automatisch übernehmen wird/muss – selbst wenn nach den weiteren hier genannten Kriterien eine geeignetere Benennung vorhanden wäre. Um rechtliche Konsequenzen auszuschließen und in der Branche nicht ins Abseits zu geraten, muss meist der in Gesetzen, Vorschriften und Normen festgelegten Benennung der Vorzug gegeben werden.

Darüber hinaus erleichtert dieses Bewertungskriterium die Entscheidung sowie die Begründung kritischer Fälle im Terminologiezirkel. Wenn eine Benennung in einer Norm

---

[20] Beispiele für Beschaffenheitsmerkmale sind Form, Abmessung, Werkstoff, Farbe oder Lage; Beispiele für Relationsmerkmale sind Herkunft, Bewertung oder Vergleich.

Firewall 1: „Brandschutzmauer"   Firewall 2: „Flammenwand"

Abb. 4.14 Verschiedene Lesarten von „Firewall": Brandschutzmauer vs. Feuerwand/
Flammenwand

oder in Schriften relevanter Verbände/Vereinigungen verwendet wird, so ist es schwierig,
das Schaffen und Verwenden konkurrierender Benennungen zu rechtfertigen.

4.5.1.5 Gebräuchlichkeit

Eine gebräuchliche Benennung ist etablierter Bestandteil einer gesamten Fachsprache oder
zumindest einer spezifischen Zielgruppen- oder Firmensprache. Die Nutzer der Benennung (Autoren ebenso wie Leser) sind also daran gewöhnt und die Umstellung auf eine
andere Benennung würde voraussichtlich auf große Widerstände treffen. Es handelt sich
bei der Gebräuchlichkeit allerdings nicht um einen absoluten, sondern um einen relativen
Wert (relativ zur Zielgruppe). Während für Terminologen die Benennung „Terminologie"
völlig normal erscheint und sehr gebräuchlich ist, würde man im Alltag vor Nicht-Terminologen evtl. eher von „Fachwortschatz" sprechen.

Bei der Auswahl einer Vorzugsbenennung sollte man die Verbreitung der bereits existierenden Benennungen berücksichtigen. Etablierte und gebräuchliche Benennungen
lassen sich leichter durchsetzen und verwenden als selten benutzte und wenig bekannte
Benennungen.

Insbesondere zwischen dem Kriterium der Gebräuchlichkeit und dem Kriterium der
Normenkonformität kann es allerdings zu Widersprüchen kommen. So ist z. B. die Benennung „Schraubenzieher" gebräuchlicher als „Schraubendreher". Letztere ist jedoch die
von DIN festgelegte Vorzugsbenennung. Ein weiteres Beispiel wäre die semantisch
durch die Form motivierte gebräuchliche Benennung „Glühbirne", die in technischen

Fachtexten jedoch zugunsten der genormten Vorzugsbenennung „Glühlampe" nicht verwendet wird.

4.5.1.6 Angemessenheit

Unter Angemessenheit versteht man die Tatsache, dass Benennungen möglichst keine negativen Konnotationen haben und politisch korrekt sind. Konnotationen (auch: affektive oder assoziative Bedeutungen) sind Nebenbedeutungen, die bei bestimmten Ausdrücken wachgerufen werden. Göpferich (1998, S. 179) nennt als Beispiel die alternativen Benennungen „Kunststofffassung" (wertfrei) und „Plastikgestell" (negative Wertung), um den Rahmen einer Brille zu bezeichnen.

Angemessene Benennungen sind zudem geschlechtsneutral, politisch korrekt und nicht diskriminierend. Aus der Gemeinsprache sind bekannte Beispiele die Ersetzung von „Mohrenkopf" bzw. „Negerkuss" durch „Schokokuss", die Verwendung von „Vertrauensperson" statt „Vertrauensmann" oder der Versuch, „Unkraut" durch „Wildkraut" zu ersetzen.

Weitere Beispiele

- *Fehler im Anwendungsprogramm* (statt *Anwenderfehler*)
- *barrierefreier Zugang* (statt *behindertengerechter Zugang*)
- *Bedienoberfläche* (statt *Bediener- oder Benutzeroberfläche*)
- *Client-Server-Architektur* (statt *Master-Slave-Architektur*)
- *Entwicklerhandbuch* (statt *Programmierbibel*)

4.5.1.7 Ableitbarkeit

Ableitbarkeit ist eine Anforderung an Benennungen, die vor allem der Bildung neuer Benennungen nach dem Prinzip der Derivation oder Konversion (siehe Abschn. 4.4.3 und 4.4.4) dient. Durch grammatische Anpassungen bereits verwendeter, bekannter Fachwörter lässt sich der Fachwortschatz erweitern.

Ableitbarkeit wird vor allem für englische, aber auch für deutsche Benennungen gewünscht, da in diesen Sprachen häufig von diesem Benennungsbildungsmechanismus Gebrauch gemacht wird, um neue Wortarten oder Ableitungen zu bilden. Die Benennung „Semantik" ist bspw. dem Synonym „Bedeutungslehre" unter dem Aspekt der leichteren Ableitbarkeit vorzuziehen („semantisch", „Semantiker" etc.), auch wenn Bedeutungslehre eine höhere Transparenz aufweist.

4.5.1.8 Sprachliche Ökonomie

Versucht man, Benennungen für komplexe Begriffe möglichst transparent und genau zu bilden, wird oft das Prinzip der sprachlichen Ökonomie (auch: Knappheit) verletzt. Die Süddeutsche (2013) nennt als extremes Beispiel die Benennung „Rindfleischetikettierungsüberwachungsaufgabenübertragungsgesetz" (vgl. auch Drewer 2015a), die zwar sehr transparent ist, in der fachsprachlichen Verwendungspraxis aber schnell zu einer Kürzung (siehe Abschn. 4.4.7) führen wird. In diesem Sinne sollte bei einer neuen Benennung immer auch die sprachliche Ökonomie bedacht werden. Mit knappen sprachlichen Ausdrucksmöglichkeiten werden darüber hinaus die Sprechbarkeit, aber auch die Merkbarkeit und die Übersichtlichkeit der Benennungen gewährleistet.

Bei gleicher Genauigkeit sollte demnach die kürzere Benennung den Vorzug erhalten, z. B. „Bohrschrauber" statt „Bohrschraubmaschine". Es sollte jedoch stets darauf geachtet werden, dass durch die Verkürzung keine Benennung entsteht, die eine andere Bedeutung hat oder zu haben scheint.

4.5.1.9 Sprachliche Korrektheit und Sprechbarkeit

Es ist eigentlich selbstverständlich, dass neue Benennungen den grammatischen, besonders den morphologischen und phonetischen Regeln der jeweiligen Sprache folgen müssen. Viele neue Benennungen entsprechen aber bzgl. der Verwendung von Leerzeichen, Apostrophen, Groß-/Kleinschreibung und Bindestrichen nicht immer den gültigen Rechtschreib- und Grammatikregeln. So werden oft falsche Leerzeichen („Dokumenten Verwaltungssystem"), Binnenmajuskeln („TerminologieSystem") und falsche Apostrophe („die LKW's") verwendet oder Fugenelemente mit Bindestrichen kombiniert („Übersetzungs-Dienstleistungen").

Auch bei der Übernahme von Benennungen aus anderen Sprachen (siehe Abschn. 4.4.6), heute vorwiegend aus dem Englischen, ist darauf zu achten, dass die sprachliche Korrektheit nicht negativ beeinflusst wird. So haben viele Entlehnungen schon den Weg in das grammatische System der deutschen Sprache vollzogen und verhalten sich sprachlich korrekt, wie etwa „Keks" (aus dem englischen „cakes"). Bei anderen Benennungen wie etwa „update" oder „input" ist vor allem die Bildung flektierter Formen noch nicht etabliert und erzeugt ein Gefühl der sprachlichen Inkorrektheit (z. B. „upgedatet" oder „upgedated",[21] „inputten").

Bei der Bildung von Mehrwortbenennungen im Deutschen ist besonders darauf zu achten, dass etablierte grammatische Konventionen nicht verletzt werden. So spezifiziert ein vorangestelltes Adjektiv den bedeutungtragenden, d. h. letzten Teil eines Kompositums. Eine Mehrwortbenennung wie „hydraulischer Wagenheberdienst" ist demnach fehlerhaft bzw. sprachlich unlogisch, da sie aussagt, es gebe einen hydraulischen Dienst für Wagenheber, obwohl natürlich der Dienst für hydraulische Wagenheber gemeint ist. Dieselbe Unlogik läge vor, wenn man von einem „fünfköpfigen Familienvater" spräche.

Weitere Beispiele für korrekte vs. fehlerhafte Benennungsschreibweisen:

- *USB-Schnittstelle* (nicht: *USB Schnittstelle*)

---

[21] Neben der Frage nach der korrekten Orthographie (d oder t) wird ebenso häufig diskutiert, an welcher Stelle der deutsche Zirkumfix (ge + t) zur Bildung des Partizips platziert werden soll: „upgedatet" oder „geupdatet".

- *Betriebssystem Microsoft Windows* oder *Microsoft-Windows-Betriebssystem* (nicht: *Microsoft Windows-Betriebssystem*)
- *Translation-Memory-System* (nicht: *Translation Memory System*)

Werden neue Benennungen gebildet, so ist auch auf deren Sprechbarkeit zu achten. Leicht sprechbare Benennungen verbessern die Merkbarkeit und die Akzeptanz. Dies betrifft z. B. die Nutzung von Fugenelementen bei Komposita („Arbeitsbereich" statt „Arbeitbereich"). Bei der Entlehnung aus anderen Sprachen muss bedacht werden, dass nicht alle phonetischen Elemente der Ausgangssprache im Deutschen gebräuchlich sind und von der Mehrzahl der Sprecher richtig ausgesprochen werden können. So nennt bspw. eine irische Brauerei ihr Bier außerhalb des englischen Sprachraums nicht „Smithwick's", sondern „Kilkenny".[22] Es stellt sich die Frage, ob zukünftig auch eine alternative Benennung zu „Smoothie" auftauchen wird, um die Ausspracheprobleme mit dem englischen „th" zu umgehen.

4.5.1.10 Bevorzugung der eigenen Muttersprache

Auch wenn die Entlehnung aus anderen Sprachen (siehe Abschn. 4.4.6) ein sehr häufig verwendetes Verfahren der Benennungsbildung ist, so muss doch berücksichtigt werden, dass Transparenz, sprachliche Korrektheit und Sprechbarkeit – vor allem bei Nutzern, die keinerlei Kenntnisse der Ausgangssprache haben – sehr leiden. Die Forderung nach einer Bevorzugung der eigenen Muttersprache hat nichts mit Sprachpurismus und Nationalismus zu tun; sie ist einfach nur dadurch begründet, dass Benennungen in der Muttersprache leichter verständlich und leichter nutzbar sind.

Beispiele

- *aktualisieren* statt *updaten*
- *Startseite* statt *Homepage*
- *Eingabe* und *eingeben* statt *Input* und *inputten*
- *Zwischenablage* statt *Clipboard*
- *Multifunktionsleiste* statt *Ribbon*

Während einige Unternehmen sich trotz der besseren Verständlichkeit deutschsprachiger Benennungen zur Bevorzugung von Anglizismen bekennen, um Modernität zu signalisieren, versuchen andere, so weit wie möglich auf Anglizismen zu verzichten, um ihrer Kundengruppe gerecht zu werden, die ggf. keine ausreichenden Englischkenntnisse hat. Sie umgehen damit außerdem das Problem, dass sich Anglizismen oft nicht oder nur sehr künstlich ableiten und ins Deutsche eingliedern lassen, z. B.

---

[22] „The ‚Kilkenny' name was originally used during the 1980s and 1990s to market a stronger version of Smithwick's for the European and Canadian market due to difficulty in pronunciation of the word ‚Smithwick's'." (https://en.wikipedia.org/wiki/Kilkenny_(beer), 19.08.2016)

- *upgedatet/geupdatet* (Partizip Perfekt)
- *rebooten* (Infinitiv)
- *downloade* (1. Person Singular Präsens).

4.5.1.11 Internationalität

Die Forderung nach Internationalität bzw. internationaler Verständlichkeit widerspricht der oben dargestellten Bevorzugung der Muttersprache, soll aber dennoch nicht ignoriert werden, da sie zumindest bei einigen Nomenklaturen eine Rolle spielt. Unter Umständen möchte man sicherstellen, dass eine Benennung in möglichst vielen Sprachen ähnlich lautet. Zu diesem Zweck werden bei der Wortbildung griechisch-lateinische Elemente verwendet bzw. Wörter mit diesen Ursprüngen bevorzugt. Insofern könnte eine Vorzugsbenennung danach ausgewählt werden, ob sie internationalisierbare Suffixe oder Präfixe enthält, z. B. „inter-" statt „zwischen-".

Internationalismen ermöglichen eine Vereinheitlichung der Terminologie zwischen verschiedenen Sprachen. Zu beachten sind jedoch Widersprüche zu Kriterien wie Gebräuchlichkeit oder Kürze. Auch darf nicht der Fehler einer Wort-zu-Wort-Übersetzung begangen werden, da Internationalismen nicht in jeder Sprache verwendet werden oder von Sprache zu Sprache andere internationale Silben Verwendung finden.

4.5.1.12 Konsistenz und Einheitlichkeit

Die Konsistenz von Benennungen bezieht sich auf zwei unterschiedliche Aspekte. Zum einen sollen natürlich Benennungen innerhalb eines Dokuments konsistent verwendet werden; auch wenn dies keine Eigenschaft einer einzelnen Benennung ist, so wird doch eine konsistente Verwendung durch die Forderung nach Genauigkeit und Eineindeutigkeit (siehe Abschn. 4.5.1.2) unterstützt. Zum anderen bedeutet die Forderung nach Konsistenz, dass bei der Neubildung von Benennungen die Bildungskriterien verwandter Benennungen berücksichtigt und analog angewandt werden. Wird etwa ein neuer Typ eines Computerbildschirms entwickelt und alle anderen, bereits existierenden Bildschirmtypen sind als Komposita mit dem Bestandteil „Bildschirm" benannt, sollte die Benennung für den neuen Begriff nicht den Bestandteil „Monitor" enthalten.

Die Zugehörigkeit einer Benennung zu einem bestimmten Begriffssystem und die Beziehung zu benachbarten Benennungen sollten also möglichst durch eine analoge Benennungsbildung zum Ausdruck kommen und somit die Verständlichkeit erhöhen. Verwandte Begriffe sollten demselben Benennungsbildungsprinzip folgen und identische Benennungsbestandteile verwenden. Im folgenden Beispiel wird immer „-termin" eingesetzt (und nicht wechselnde Endungen wie „-tag", „-datum" o. Ä.): „Fälligkeitstermin", „Abrechnungstermin", „Mahntermin".

4.5.1.13 Entscheidung für bestimmte Benennungsbildungsverfahren

Um klare Kriterien für die Auswahl einer Vorzugsbenennung zu haben und um Benennungsaufbau und -schreibweise innerhalb der Corporate Language konsistent zu halten, definieren einige Unternehmen in ihren präskriptiven Terminologieprojekten feste

Benennungsmuster und Schreibweisen. Dabei entscheiden sie sich u. a. auch für die Bevorzugung eines Zusammensetzungstyps, also entweder für das einteilige Kompositum oder für die Mehrwortbenennung.

Beispiel

Bei einer Terminologiesammlung im Themenbereich „Windkraftanlagen" treten folgende Benennungen auf:

- *Horizontalachsen-Windkraftanlage*
- *Windenergiekonverter mit vertikaler Drehachse*
- *Windrichtungsnachführungssystem*
- *automatisches Getriebe*
- *Stillstand der Anlage*

Abgesehen von der unerwünschten Synonymie der Benennungen „Windenergiekonverter" und „Windkraftanlage" sowie „Achse" und „Drehachse"[23] fällt v. a. die Mischung aus Ein- und Mehrwortbenennungen auf. Hier ist eine Vereinheitlichung empfehlenswert. Tabelle 4.5 zeigt die Varianten in der Übersicht.

In Präzision und Motiviertheit der Benennungen sind keine Unterschiede zwischen den beiden Varianten feststellbar. Beide nennen dieselben Begriffsmerkmale, die ein sofortiges Verstehen und Einordnen in ein Begriffssystem ermöglichen. Angesichts der hohen Anzahl von Lexemen pro Benennung sind jedoch die Mehrwortbenennungen überschaubarer.

Wichtigster Punkt für die präskriptive Terminologiearbeit im Unternehmen ist eine Festlegung auf eine der beiden Varianten, um die Gesamtterminologie stimmig zu halten

Tab. 4.5 Einwort- vs. Mehrwortbenennung

Einwortbenennung (Kompositum)	Mehrwortbenennung (Komposition)
Horizontalachsen-Windkraftanlage	Windkraftanlage mit horizontaler Achse
Vertikalachsen-Windenergiekonverter	Windenergiekonverter mit vertikaler Drehachse
Windrichtungsnachführungssystem	System zur Windrichtungsnachführung
Anlagenstillstand	Stillstand der Anlage
Automatikgetriebe	automatisches Getriebe

---

[23] Bei den Benennungen „Drehachse" und „Achse" wäre terminologisch „Drehachse" vorzuziehen, da die Präzision höher ist. Bei „Windenergiekonverter" und „Windkraftanlage" besteht kein Präzisions-, sondern v. a. ein Unterschied in der Gebräuchlichkeit. In den folgenden Ausführungen werden diese Synonymiefälle jedoch nicht thematisiert, da die Benennungsmuster im Mittelpunkt der Betrachtung stehen.

und ein einheitliches Muster zu definieren, das auch der Bildung neuer Benennungen zugrunde gelegt werden kann.

Allerdings ist in vielen Fällen eine der beiden Benennungsformen fachsprachlich bereits so etabliert, dass sich die Frage der Auswahl gar nicht stellt. So käme z. B. niemand auf die Idee, das Kompositum „Innensechskantschraube" als Mehrwortbenennung zu formulieren.

Hat man aber die Wahl zwischen zwei noch nicht oder zwei gleichermaßen etablierten Benennungen, sollten die jeweiligen Vor- und Nachteile bei der Entscheidung berücksichtigt werden: Bei den Einwortbenennungen wird der Begriff sofort vom Leser als in sich geschlossene Einheit erkannt. Daher liefert auch eine automatische Termextraktion bessere Ergebnisse. Andererseits muss die Einwortbenennung vom Leser (und vom Übersetzer) zerlegt und die einzelnen Bestandteile aufeinander bezogen werden. Bei der Mehrwortbenennung hingegen werden die Beziehungen zwischen den Wortbestandteilen deutlicher, v. a. beim Gebrauch von Präpositionen. Dies stellt besonders für den Übersetzer eine Vereinfachung dar. Eine Ausnahme bilden hier Genitivanschlüsse, die ebenso mehrdeutig sein können wie Komposita.

Allerdings ist bei den Mehrwortbenennungen (hier z. B. „Abdeckung der Rotorbremse") die Gefahr der Variantenbildung deutlich größer. So werden bei der Textproduktion – erst recht wenn viele verschiedene Autoren die Texte schreiben – sicher einige der folgenden Varianten entstehen:

- *Abdeckung der Rotorbremse*
- *Abdeckung der Rotorbremsen*
- *Abdeckung für die Rotorbremse*
- *Abdeckung für Rotorbremse*
- *Abdeckung für Rotorbremsen*

4.5.2   Festlegung von Schreibweisen

4.5.2.1   Grundlagen

Wenn die präskriptive Terminologiearbeit im Unternehmen eindeutige Festlegungen und einen wirklich konsistenten Gebrauch von Terminologie zur Folge haben soll, müssen nicht nur Vorzugsbenennungen ausgewählt oder neu geschaffen werden, sondern es müssen für diese Benennungen auch Schreibweisen festgelegt werden.

Um verschiedene Schreibweisen zu ermitteln, können u. a. die Ergebnisse aus der deskriptiven Terminologiearbeitsphase zu Rate gezogen werden. Aus dieser Phase liegen tabellarische Benennungslisten vor (sowohl aus der menschlichen Recherche als auch aus der maschinellen Termextraktion), aus denen leicht ersichtlich ist, in welchen Schreibvarianten eine Benennung bisher verwendet wurde, z. B. mit/ohne Bindestrich, mit/ohne Fugenelement. Diese Variantenbildung soll durch eindeutige Regelungen zu Schreibweisen unterbunden werden.

4.5.2.2 Bindestriche

Die Setzung von Bindestrichen ist ein typischer Auslöser von terminologischen Inkonsistenzen. Viele Textverfasser haben ihre persönlichen „Bindestrichphilosophien", sodass es immer wieder zu anderen Schreibweisen kommt. Darüber hinaus führen unklare Regelungen in diesem Bereich oft zu langen Diskussionen und erzeugen (bei falscher oder fehlender Bindestrichsetzung) Verständnisprobleme.

Bindestriche können gesetzt werden, um unübersichtliche Wortzusammensetzungen zu gliedern. Dabei müssen alle Bestandteile eines Kompositums mit Bindestrichen zusammengehalten (durchgekoppelt) werden und dürfen nicht beziehungslos mit Leerzeichen getrennt nebeneinander stehen (falsch: „Content Management Projekt"). Die schlichte Aneinanderreihung von einzelnen Wörtern nach englischem Muster widerspricht der deutschen Wortbildung und deutschen Rechtschreibregeln.

Bindestriche stellen eine Verständnishilfe dar, die jedoch bei übermäßigem Einsatz auch zu einer Verständnishürde werden kann. Viele Leser sind an die Zusammenschreibung auch längerer Komposita gewöhnt, sodass nicht jedes Lexem mit einem Bindestrich abgetrennt werden sollte, z. B. nicht „Tisch-Platte" oder „Kohle-Kraft-Werk". Auch der Bindestrich nach einem Fugenelement ist zu vermeiden (nicht: „Spannungs-Abfall"). Um einen inflationären Gebrauch zu verhindern, empfehlen wir daher, Bindestriche frühestens ab 4 Wortbestandteilen (Basismorphemen) einzusetzen (z. B. „Solarturm-Kraftwerk", „Folientitel-Schriftart").[24] Wichtig dabei ist: Der Bindestrich wird nicht zwangsläufig in der Mitte gesetzt, sondern dient der **logischen** Strukturierung, sodass er unter Umständen nach dem ersten oder dem dritten Wortbestandteil gesetzt werden muss, z. B. „Zielgruppenanalyse-Ergebnis" (und nicht: „Zielgruppen-Analyseergebnis").

Neben den amtlichen Regeln zur Rechtschreibung gelten daher die in Tab. 4.6 dargestellten Empfehlungen zur Bindestrichsetzung:[25]

Besonders umstritten ist die Bindestrichsetzung bei Eigen- und Produktnamen sowie bei mehrteiligen Zusammensetzungen mit fremdsprachigen Anteilen. Wir empfehlen, diese Fälle wie andere Wörter auch zu behandeln und sie in größere Konstrukte als normale Wortbestandteile eingehen zu lassen. Diese Empfehlung gilt auch für mehrteilige Produktnamen, die in Komposita verwendet werden. Das heißt, dass alle Bestandteile mit Bindestrichen verbunden werden.

---

[24] Im Rahmen der Initiativen zur Leichten Sprache sieht die Empfehlung zur Bindestrichsetzung deutlich anders aus. Dort gilt die Grundregel „Trennen Sie lange Wörter mit einem Binde-Strich" (Bundesministerium für Arbeit und Soziales 2014, S. 26). Eine Festlegung, ab wann es sich um ein sog. „langes Wort" handelt, gibt es nicht, doch wie man schon an diesem Zitat erkennen kann, liegt die Grenze für die Empfehlung offenbar bei zwei Basismorphemen/Wortbestandteilen. Weitere Beispiele aus dem Ratgeber, bei denen ebenfalls die Bindestrichschreibweise verwendet wurde: „Fach-Wörter, Fremd-Wörter, Arbeits-Gruppe, Bundes-Gleichstellungs-Gesetz, Wörter-Buch" (Bundesministerium für Arbeit und Soziales 2014, S. 24–26).

[25] Die Darstellung orientiert sich insbes. an den Empfehlungen des Deutschen Terminologie-Tags (vgl. DTT 2014, DTT 2014, Modul 3, S. 25ff.). Im Rahmen eines Best-Practices-Projekts wurden hier Leitlinien für die Praxis erarbeitet, darunter auch Schreibregeln, die sich in der Praxis bewährt haben.

Tab. 4.6 Empfehlungen zur Bindestrichsetzung

Art der Zusammensetzung	Beispiel für korrekte Bindestrichsetzung
Zusammensetzungen mit Eigennamen oder Produktnamen	*Pauli-Prinzip* *Einstein-Bose-Kondensat* *Standard-Office-Programm*
Zusammensetzungen mit Zahlen, Einzelbuchstaben, Sonderzeichen, Formeln und Maßeinheiten	*2-Euro-Gedenkmünze* *Y-Schaltung* *€-Zeichen* *CO_2-Konzentration* *kg-Preis*
Zusammensetzungen mit Abkürzungen, Akronymen oder Silbenkurzworten	*CAD-System* *Trafo-Kern*
zweiteilige Zusammensetzungen mit fremdsprachigen Bestandteilen	*Update-Aufforderung* *Download-Befehl*
mehrteilige Zusammensetzungen mit fremdsprachigen Bestandteilen	*Information-Mapping-Technik* *Network-on-chip-Architektur*
auf mehrere Arten zerlegbares Kompositum	*Pflichtfach-Prüfung* vs. *Pflicht-Fachprüfung* *Layout-Mustervorlage* vs. *Layoutmuster-Vorlage*

Beispiele

- *Excel-Listen*
- *Mozilla-Firefox-Anwender,* auch: *Firefox-47.0-Anwender*
- *Café-au-lait-Trinker*

Würde man die Bindestriche bei mehrteiligen Zusammensetzungen nicht setzen, so handelte es sich bspw. bei der falschen Schreibweise „Café au lait-Trinker", bei der nur am Ende angekoppelt wird, um einen „lait-Trinker". Die Worte „Café" und „au" stehen kontextlos davor. Darüber hinaus ist die fehlende Durchkopplung ein Verstoß gegen die sprachliche Logik.

Grundsätzlich gilt die Empfehlung, eine Sprachgrenze innerhalb eines Kompositums durch einen Bindestrich deutlich zu machen und so die Lesbarkeit zu erhöhen, z. B. die Grenze zwischen englisch- und deutschsprachigem Wortbestandteil bei „Download-Befehl" oder „Update-Aufforderung". Allerdings sind einige Anglizismen im Deutschen bereits so etabliert, dass Nutzer Widerstände verspüren, diese Regel konsequent anzuwenden. Benennungen wie „Babywindel" oder „Serienkiller" sind trotz englischsprachiger Bestandteile völlig klar und auch ohne Bindestrich problemlos lesbar. Um hier eine sinnvolle Ausnahme zu etablieren, könnte man die Regel spezifizieren und festlegen, dass Anglizismen, die bereits in deutschen Wörterbüchern stehen, so behandelt werden wie deutschsprachige Wörter (also Schreibweise ohne Bindestrich). Nur ungewohnte oder noch sehr neue Anglizismen müssten dann abgetrennt werden.

Englischsprachige Komposita werden i. d. R. nicht mit Bindestrichen aneinanderge-
koppelt, doch kann dieses englische Wortbildungsmuster nicht ins Deutsche übertragen
werden. Im Englischen bspw. ist es korrekt „Computer to Plate Processing" (ohne Bindestriche) zu schreiben. Wird diese Benennung jedoch im Deutschen verwendet und zudem
nach deutschen morphologischen Prinzipien flektiert (z. B. durch Anhängen eines Geni-
tiv-S), so muss die deutsche Schreibweise für das komplette Kompositum übernommen
werden: das „Computer-to-Plate-Processing" und „des Computer-to-Plate-Processings"
(mit Bindestrichen, um den Zusammenhalt des Kompositums anzuzeigen).

In einigen Terminologieleitfäden findet man die Regel „Beim Aufeinandertreffen von
3 identischen Buchstaben Bindestrich setzen". Die Anwendung dieser Regel führt jedoch
einerseits zu einer zu hohen Zahl von Bindestrichen und andererseits kann es zur unschö-
nen Trennung von sehr kurzen Wörtern kommen (z. B. „Abfüll-Liste", „Schluss-Strich",
„Schritt-Tempo", „Mess-Skala").

4.5.2.3 Fugenelemente

Fugenelemente (auch: Kompositionsfugen oder Fugenzeichen) sind Verbindungen zwischen den Bestandteilen von Komposita und von Derivationen, die im Normalfall aus
Sprechbarkeitsgründen eingefügt werden und keine eigene Bedeutung haben. Ihr Einsatz
folgt keinen festen Regeln und ist manchmal regional geprägt (z. B. je nach Region in
Deutschland, Österreich und der Schweiz „Schweinsschnitzel" vs. „Schweineschnitzel").

Am bekanntesten ist das Fugen-S, doch es gibt noch einige weitere typische Fugenelemente. In einigen Fällen haben die Fugenelemente dieselbe Form wie Flexionsmorpheme
(z. B. bei „Frauen" in „Frauenrechte"), in anderen Fällen sind die entsprechenden Formen
durch Flexion nicht bildbar (z. B. „Geburts" in „Geburtstag").

In einigen Fällen gibt es „konkurrierende" Varianten, also sowohl die Schreibweise
mit als auch die Schreibweise ohne Fugenelement, z. B. „Münzsammlung" vs. „Mün-
zensammlung", „Eiskälte" vs. „Eiseskälte", „Reibfläche" vs. „Reibefläche", „Aufzug-
schacht" vs. „Aufzugsschacht". Keine der Varianten ist besser als die andere, sodass der
Terminologiezirkel im Rahmen der präskriptiven Terminologiearbeit nach Sprachgefühl
entscheiden muss, welche Variante bevorzugt wird.

Allerdings gibt es auch Fälle, in denen keine Variante denkbar ist, z. B. „Produktions-
straßenverlauf" (keine Variante ohne Fugen-N denkbar), oder in denen es durch das Fugenelement zu einer Bedeutungsänderung kommt, z. B. „Banksystem" vs. „Bankensystem"
oder „Landmann" vs. „Landsmann".

In Bezug auf die Vereinheitlichung von Schreibweisen gibt es also bei den Fugenelementen kein prinzipielles Richtig oder Falsch, sondern die Verwendung des Fugenelements
muss von Fall zu Fall festgelegt werden. Würde man für die Terminologie eine grundsätzliche Schreibregel wie „Niemals Fugenelemente verwenden" aufstellen, so führte dies zu
künstlichen Wortbildungen, die dem natürlichen (und dem lexikalisierten, etablierten!)
Sprachgebrauch widersprächen, z. B. „Schraubedreher", „Auftragbestätigung" etc. Denn:
Fugenelemente sind zwar im Prinzip willkürlich und nicht vorhersagbar, doch hat sich
eine Form erst etabliert, so kann sie nicht einfach durch eine andere ersetzt werden.

4.5.2.4 Ziffer oder Zahlwort

Wörter, die Zahlenwerte enthalten, können auf zwei verschiedene Weisen geschrieben werden:[26]

- mit Ziffer >> *3-Phasen-Wechselspannung*
- mit Zahlwort >> *Drei-Phasen-Wechselspannung*

Die Regel, dass Zahlen bis 12 immer ausgeschrieben werden müssen, ist inzwischen veraltet. Hauptgrund für die immer stärker werdende Verwendung der Ziffern ist die Tatsache, dass die Ziffernschreibweise schneller erkennbar, leichter lesbar und besser verständlich ist, denn Ziffern werden auch beim schnellen Lesen (Querlesen) sofort erkannt und korrekt wahrgenommen. Sie helfen also dem Leser bei der Navigation im Text und beim schnellen Auffinden bestimmter Informationen oder bestimmter Termini. Auch bei der Qualitätssicherung von Texten spielen sie aufgrund ihrer Deutlichkeit und ihrer schnellen Auffindbarkeit eine wichtige Rolle. Darüber hinaus sind Ziffern wichtige Hilfen, wenn bspw. ein Alignment von Altübersetzungen zur Übernahme in ein Translation-Memory-System vorgenommen wird.

4.5.2.5 Sonderzeichen

Sonderzeichen (wie z. B. Schrägstriche, Pluszeichen, kaufmännische Und-Zeichen) in Benennungen können zu Problemen bei der Verarbeitung führen, speziell bei der maschinellen Verarbeitung von Texten. Diese Benennungen werden unter Umständen bei der maschinellen Termextraktion nicht korrekt erkannt oder die Sonderzeichen werden vom Translation-Memory-System als Segmentgrenzen interpretiert. Auch viele maschinelle Übersetzungssysteme „stolpern" über diese Zeichen.

Sofern sich also noch nicht eine bestimmte Schreibweise mit Sonderzeichen etabliert und verbreitet hat, sollten daher Sonderzeichen bei der Benennungsbildung vermieden werden.

4.5.2.6 Großbuchstaben

Großbuchstaben innerhalb einer Benennung (Binnenmajuskel), die meist aus rein optischen Gründen platziert werden, sind gemäß den deutschen Rechtschreibregeln nicht zulässig.

Negativbeispiele:

- *KostenSenkungsMaßnahme*
- *DruckerPatrone*
- *ErbRecht*

---

[26] Die Setzung der Bindestriche ist ebenfalls auf verschiedene Weisen möglich, soll hier aber nicht thematisiert werden, da es nur um die Frage „Ziffer oder Zahlwort?" geht.

Auch Schreibungen von Mehrwortbenennungen wie „Mathematisch-Naturwissenschaft-liches Verständnis" oder „Physikalisch-Technisches Verfahren" sind dementsprechend inkorrekt, da Adjektive im Deutschen nicht bzw. nur bei festen Wendungen groß geschrieben werden.

Ausnahmen bilden Produkt- und Eigennamen, bei denen der Hersteller natürlich die Freiheit hat, besondere Schreibweisen festzulegen und zu verwenden.

4.5.2.7 Buchstabenvarianten

Das Deutsche lässt oft mehrere Schreibweisen zu, bei denen sich eine zumeist am fremd-sprachigen Ursprung des Wortes orientiert, die andere hingegen an der deutschen Laut/Buchstaben-Zuordnung.

Buchstaben, bei denen es typischerweise Varianten gibt, sind bspw. k/c oder f/ph (siehe Tab. 4.7).

Keine der Schreibweisen ist der anderen grundsätzlich vorzuziehen. Wichtig ist hier nur, dass man sich auf eine einheitliche Linie einigt und diese bei allen auftretenden Beispielen anwendet.

Der Fall liegt natürlich völlig anders, wenn die Auswahl des Buchstabens zu einer Bedeutungsveränderung führt, wie z. B. bei „Phase" vs. „Fase".

Tab. 4.7 Buchstabenvarianten

Buchstabenvariante	Beispiele
c und k	*Cadmium/Kadmium* *Silicat/Silikat* *Collagen/Kollagen*
i und j	*Iod/Jod*
i und y	*Trigliceride/Triglyceride*
y und j	*Yacht/Jacht* *Yoga/Joga*
c und z	*Cyan/Zyan* *Ciborium/Ziborium*
ph und f	*Kartographie/Kartografie* *Mikrophon/Mikrofon*

Konzeption und Einrichtung eines Terminologieverwaltungssystems

5.1 Einleitung

Auf Grundlage der Methoden der Terminologiewissenschaft und Terminologiearbeit wird in diesem Kapitel der wichtige Schritt der Konzeption und Einrichtung einer IT-Lösung zur Terminologieverwaltung beschrieben. Nach der detaillierten Darstellung möglicher Datenkategorien werden die wesentlichen Prinzipien für die Modellierung der terminologischen Eintragsstruktur thematisiert, wobei auch die Anordnung der einzelnen Datenkategorien auf den unterschiedlichen Ebenen des Modells betrachtet wird. Es folgen technische Überlegungen zur Einrichtung eines Terminologieverwaltungssystems, wobei auch die organisatorischen und kaufmännischen Aspekte nicht unberücksichtigt bleiben. Der letzte Abschnitt bietet eine Klassifikation der Systeme und nennt Auswahlkriterien, die bei der Einrichtung einer IT-Lösung zur Terminologieverwaltung berücksichtigt werden sollten.

5.2 Planung einer IT-Lösung zur Terminologieverwaltung

Die Einrichtung einer computergestützten Lösung zur Terminologieverwaltung sollte, wie andere IT-Projekte auch, sorgfältig geplant werden. Dabei kann das Gesamtprojekt je nach Ausprägung des organisatorischen Umfelds in folgende Phasen untergliedert werden:

- Erstellung einer Vorstudie
- Erstellung einer Machbarkeitsstudie
- Durchführung einer ersten Kosten-Nutzen-Analyse
- Spezifikation der Anforderungen und Erstellung des Arbeitsplans
- Festlegung der Systemanforderungen (Lastenheft)

© Springer-Verlag GmbH Deutschland 2017
P. Drewer, K.-D. Schmitz, *Terminologiemanagement*,
Kommunikation und Medienmanagement,
https://doi.org/10.1007/978-3-662-53315-4_5

- Marktanalyse, Tests und evtl. Einholung von Angeboten
- Systemauswahl bzw. Spezifikation der Eigenentwicklung
- Pflichtenheft
- Beschaffung, Einrichtung, Anpassung bzw. Implementierung
- Testbetrieb
- Anpassung der Implementierung
- Schulung
- Befüllung, Nutzung und Pflege des Terminologieverwaltungssystems

Für jede dieser Phasen sollte ein exakter Arbeits- und Zeitplan erstellt werden. Die Ergebnisse jeder Phase sollten in Zwischenberichten dokumentiert werden. Die Aufteilung in einzelne Phasen, die Erstellung von Arbeits- und Zeitplänen sowie die Dokumentation sind vor allem in größeren Organisationen und Unternehmen unabdingbar. Für kleinere Unternehmen und Freiberufler können im Einzelfall bestimmte Aspekte wegfallen oder mehrere Phasen zusammengefasst werden.

5.3   Inhaltliche Überlegungen

5.3.1   Einleitung

Will man ein Konzept für die Verwaltung von Terminologie entwickeln, das die Zielsetzung des Terminologiemanagements, die geplanten Nutzergruppen und das organisatorische Umfeld berücksichtigt, so muss man inhaltlich untersuchen, welche Daten man verwalten will (siehe Abschn. 5.3.2) und wie man diese Daten strukturieren kann (siehe Abschn. 5.3.3). Diese Überlegungen sollten zunächst nicht davon abhängen, welche technische Lösung man anstrebt und welche Software eingesetzt wird. Im Laufe der Überlegungen wird man jedoch feststellen, dass vor allem die Wahl des Werkzeugs Auswirkungen auf die inhaltliche Konzeption der Terminologiestruktur, d. h. auf die benutzten Datenkategorien und den Aufbau des terminologischen Eintrags haben kann (vgl. auch Schmitz 2012e, 2016).

Die folgenden Überlegungen zur Auswahl von Datenkategorien und zur Modellierung des terminologischen Eintrags orientieren sich an den Bedürfnissen der Bereiche Technische Redaktion, Übersetzung, Lokalisierung und Unternehmenskommunikation; sie sind deshalb für große Industrieunternehmen, KMUs, Sprach- und Dokumentationsdienstleister, nationale und internationale Organisationen und Behörden sowie für Freiberufler aller Art nutzbar. Spezielle Anforderungen der Sprachplanung oder der Fachwörterbuchproduktion werden nicht berücksichtigt.

Terminologische Anmerkung:
Im Rahmen der Terminologiearbeit kommen verschiedene elektronische Werkzeuge zum Einsatz, z. B. **Terminologieextraktionstools**, die Termini (halb-)automatisch aus Texten

extrahieren, **Terminologiekontrolltools**, die die Verwendung festgelegter Termini überwachen, **Terminologieprozesstools**, die die Abfolge und Einhaltung festgelegter Arbeitsschritte (z. B. Prüfung, Validierung, Freigabe) durch verschiedene festgelegte Rollen überwachen, und natürlich **Terminologieverwaltungssysteme**, von denen in den folgenden
Abschnitten die Rede ist. Sie sind meist als Datenbanken realisiert und haben die Funktion, die erarbeitete Terminologie zu verwalten, bieten also v. a. Systematisierungs-, Spei-
cher- und Suchfunktionalitäten.

Mit dem Terminus „Terminologiemanagement" ist der gesamte Prozess gemeint: Er
beginnt mit der Planung des Terminologieprojekts, anschließend werden Termini gesammelt
und begrifflich systematisiert; im nächsten Schritt werden präskriptiv Vorzugsbenennungen
festgelegt und der Gebrauch von Synonymen untersagt; letztlich werden die validierten terminologischen Daten den Nutzern zur Verfügung gestellt und ihre Verwendung kontrolliert.
Dies alles sind Schritte im Terminologiemanagement. Dennoch findet man in der Praxis
häufig den Terminus „Terminologiemanagementsystem" als Synonym zu „Terminologieverwaltungssystem", obgleich die entsprechenden Systeme nur die Verwaltung übernehmen
können und bspw. nicht das begriffliche Systematisieren oder die Kontrolle der Terminologieverwendung. Um das tatsächliche Einsatzgebiet deutlicher wiederzugeben, sprechen wir
daher in erster Linie von „Terminologieverwaltungssystemen" und verwenden das in der
Praxis vorkommende Synonym „Terminologiemanagementsystem" bewusst nicht.

5.3.2 Terminologische Datenkategorien

5.3.2.1 Definition und Kategorisierung
Bevor wir auf die terminologischen Datenkategorien im Einzelnen eingehen, sollen ein
paar grundsätzliche Überlegungen und Definitionen vorangestellt werden.

Ein **terminologisches Datenelement** ist die kleinste identifizierbare terminologische
Informationseinheit, die eine eigenständige Bedeutung hat.

Beispiele

a) *Tintenstrahldrucker*
b) *sub*
c) *Schmitz 2016*
d) *18.10.2016*

In ISO 12620 (2009, S. 1) wird „data element" definiert als „unit of data that, in a certain
context, is considered indivisible". Wichtig an dieser Definition ist der Zusatz „in a certain
context", denn sonst könnte man natürlich die Angaben unter c) und d) weiter zerlegen (in
Autor und Jahr bzw. in die Einzelbestandteile der Datumsangabe).

Eine **terminologische Datenkategorie** kann als Klasse terminologischer Datenelemente semantisch (und formal) gleichen Typs bezeichnet werden.

Die folgenden Beispiele zeigen, wie die obigen Datenelemente den entsprechenden terminologischen Datenkategorien zugeordnet werden können.

Beispiele

a') *Benennung*
b') *Wortart*
c') *Quelle*
d') *Erstellungsdatum*

Die Datenkategorien entsprechen den Feldern einer Datenbank (z. B. *Nachname* in einer Adressdatenbank) und die Datenelemente den Inhalten dieser Felder (z. B. „Müller"), sodass man synonym zu Datenkategorie und Datenelement auch die Benennungen Datenfeld und Feldinhalt findet.

Datenkategorien lassen sich auf unterschiedliche Weise einteilen. In der Literatur werden häufig inhaltliche Kriterien zur Unterteilung verwendet, d. h. man unterscheidet bspw., ob eine Datenkategorie Datenelemente enthält, die sich auf den Begriff oder auf die Benennung beziehen. Auf diese Unterteilung wird in Abschn. 5.3.3 bei der Modellierung des terminologischen Eintrags eingegangen. An dieser Stelle sollen Datenkategorien aber zunächst nach dem formalen Typ der in ihnen enthaltenen Datenelemente unterschieden werden:

- Komplexe Datenkategorien
  - Offene Datenkategorien
  - Geschlossene Datenkategorien
- Einfache Datenkategorien

In **offenen Datenkategorien** werden relativ frei bildbare Datenelemente verwaltet; man kann weder eine Aussage über die potentiell möglichen Datenelemente noch über ihre maximale Länge machen. Typische Vertreter offener Datenkategorien sind *Benennung, Definition* oder *Kontext*.

Bei **geschlossenen Datenkategorien** hingegen gibt es eine genau festgelegte Menge möglicher Datenelemente. Dies bedeutet, dass bei der Konzeption eines Terminologieverwaltungssystems explizit in einer Liste möglicher Werte festgelegt wird, welche Datenelemente in dieser Kategorie gespeichert werden können. So kann man etwa (für das Deutsche) festlegen, dass in der Datenkategorie *Genus* nur die Datenelemente „m.", „f." und „n." für Maskulinum, Femininum und Neutrum vorkommen dürfen. Ähnliches gilt für viele andere Datenkategorien. Geschlossene Datenkategorien sollten – wenn irgendwie möglich – gegenüber offenen Datenkategorien bevorzugt werden, da sie ein schnelleres Erfassen der Daten ermöglichen sowie die Konsistenz und Fehlerfreiheit der Daten unterstützen.

Einfache Datenkategorien können nur die Werte „JA" und „NEIN" bzw. „WAHR" und „FALSCH" enthalten. So wäre bspw. eine Datenkategorie *veraltet* oder *geprüft* mit den jeweils möglichen Werten „JA" und „NEIN" vorstellbar. In den meisten Fällen werden diese einfachen Datenkategorien allerdings als Wertelisten geschlossener Datenkategorien implementiert.

Zusätzlich zu diesen drei typischen Datenkategorieklassen kann man noch eine Mischform der offenen und der geschlossenen Datenkategorie identifizieren. Einige Datenkategorien haben eine kontrollierbare Form, d. h., man kann zwar keine Aussage über die tatsächlichen Datenelemente machen, aber durchaus eine über ihre Form. Ein typisches Beispiel ist das Datum, bei dem nichts über die tatsächlichen Inhalte gesagt werden kann; es kann aber definiert werden, dass es formal z. B. aus zwei Ziffern für den Tag, einem Punkt, zwei Ziffern für den Monat, einem Punkt und vier Ziffern für das Jahr besteht. Ähnlich könnte es auch Datenkategorien geben, die nur Ziffern oder nur Buchstaben enthalten.

5.3.2.2 Wichtige terminologische Datenkategorien

5.3.2.2.1 Überblick

Für die Auswahl von terminologischen Datenkategorien bei der Implementierung eines Terminologieverwaltungssystems ist entscheidend, welche Zielsetzung das Terminologieprojekt verfolgt, welche Nutzergruppen anvisiert werden und in welchem organisatorischen Umfeld das System eingesetzt werden soll. Davon hängt ab, welche terminologischen und administrativen Informationen in der Datenbank verwaltet werden und welche Datenkategorien man dafür braucht.

Die folgende Darstellung und Beschreibung der wichtigsten Datenkategorien orientiert sich bzgl. der Gruppierung und Reihenfolge im Wesentlichen an der alten Version von ISO 12620 (1999). Diese Fassung der Norm enthält die Spezifikation von mehr als 200 terminologischen Datenkategorien, die in (manchmal sehr exotischen) terminologischen Anwendungen gebraucht werden könnten. In der derzeit gültigen Fassung von ISO 12620 (2009) wird nur noch beschrieben, wie Datenkategorien spezifiziert und genormt werden; die Beschreibungen der terminologischen Datenkategorien selbst sind nicht mehr in der Norm, sondern für alle zugänglich im Internet in einem sog. *Data Category Registry* (www.isocat.org) zu finden. Hilfreich zum Verständnis von einzelnen Datenkategorien ist auch die Lektüre von Arntz et al. (2014), Felber und Budin (1989), GTW (1994), KÜDES (2002) oder Schmitz (2016). Die Geschichte der Entwicklung von terminologischen Datenkategorien wird in Schmitz (2013a) detailliert behandelt.

In den folgenden Abschnitten werden Vorschläge für terminologische Datenkategorien gemacht, die sich in der Praxis vielfach bewährt haben. In einigen Fällen kann durch den Anwendungsbereich des Terminologiemanagements bzw. durch das zur Verwaltung genutzte System ein Verzicht auf bestimmte Kategorien oder Werte bzw. die Ergänzung um weitere Kategorien oder Werte sinnvoll sein. So wurde z. B. im Projekt Dandelion zum

Terminologiemanagement für die Softwarelokalisierung eine spezifische Auswahl und Neu-entwicklung von Datenkategorien vorgenommen (vgl. Russi und Schmitz 2007, 2008, Schmitz 2010d, 2015c). Dort wurde eine neue Datenkategorie *LION-Type* spezifiziert, die angibt, ob eine Benennung in einer Fehlermeldung, einer Dialogbox, einem Menü, einem Tool-Tipp etc. vorkommt. Diese Information ist für eine korrekte Lokalisierung äußerst wichtig.

Man kann bei den Datenkategorien zunächst zwischen **terminologischen** und **verwaltungstechnischen** Datenkategorien unterscheiden. Während die terminologischen Datenkategorien Informationen zur Benennung, zum Begriff, zur Verwendung etc. enthalten, werden in den verwaltungstechnischen Datenkategorien rein administrative, prozessorientierte Informationen verwaltet (z. B. Verantwortlichkeiten, Erstell- und Änderungsdaten).

Die folgende Beschreibung der Datenkategorien beginnt mit den **benennungsbezogenen terminologischen** Datenkategorien (inkl. der Benennung selbst); dann folgen die **sprach-** und die **begriffsbezogenen terminologischen Datenkategorien.**[1] Den Abschluss bilden die **verwaltungstechnischen** Datenkategorien sowie eine Tabelle mit typischen **bibliografischen** Datenkategorien zur Dokumentation der Quellen.

5.3.2.2.2 Benennung

Die Datenkategorie *Benennung* enthält die sprachliche Bezeichnung des Begriffs und kann sowohl Ein- als auch Mehrwortbenennungen enthalten. Die Suche nach terminologischen Informationen erfolgt in den meisten Fällen über diese Datenkategorie, und die Einträge werden nach dieser Kategorie alphabetisch geordnet (sortiert). Deshalb ist sie datenbanktechnisch oft als (Schlüssel-)Feld mit einem eigenen Index für die schnelle Suche implementiert.

Beispiele

- *Tintenstrahldrucker*
- *Mehr-Adress-Befehl*
- *serielle Schnittstelle*
- *binär*
- *opto-magnetisch*
- *nicht ständig im Arbeitsspeicher befindlich*

5.3.2.2.3 Synonym, Variante, Kurzform

Synonyme, orthografische Varianten und Kurzformen jeglicher Art (Abkürzungen, Akronyme etc.) sind Benennungen, die den gleichen Begriff repräsentieren wie die eigentliche Benennung (sog. Vorzugs- oder Hauptbenennung).

Wie in Abschn. 5.3.3.1.2 unter dem Stichwort „Benennungsautonomie" beschrieben, sollte man für sie keine eigene Datenkategorie anlegen, da dies sowohl die Verwaltung

---

[1] Zur Bedeutung sowie zur Unterscheidung von sprach- und begriffsbezogenen Datenkategorien siehe insbes. auch die Abschn. 5.3.3.1.3 und 5.3.3.3.2 zur Sprachebenenexplizierung.

unterschiedlicher Benennungen für einen Begriff als auch die Suche nach Benennungen erschwert. Auch diese Benennungen sollten in der Datenkategorie *Benennung* abgelegt werden, z. B. indem man die Kategorie *Benennung* wiederholbar macht und den Typ durch eine zusätzliche Datenkategorie *Benennungstyp* (siehe Abschn. 5.3.2.2.5) kennzeichnet.

Ebenso kritisch wie die Verwaltung in eigenen Datenkategorien ist die Verwaltung von Synonymen, Varianten und Kurzformen gemeinsam mit der (Haupt-)Benennung in einem einzigen Feld *Benennung*, wobei alle Benennungen durch Komma oder Semikolon getrennt werden. Eine vernünftige Suche, eine gezielte Übernahme in einen Text und ein systematischer Export oder Ausdruck der Daten sind so nicht möglich oder zumindest nicht ohne erheblichen Aufwand.

5.3.2.2.4 Symbol, Formel
Begriffe können nicht nur durch sprachliche Zeichen, sondern auch durch andere Symbole, Formeln, Ziffern, Piktogramme o. Ä. bezeichnet werden.

Beispiele

- *kB*   *Kilobyte*
- *"*   *Zoll*
- *Ø*   *Durchmesser*
- H_2SO_4 *Schwefelsäure*

Da Symbole und Formeln ebenso wie sprachliche Bezeichnungen z. B. geografischen Einschränkungen unterworfen sind bzw. firmenspezifisch verwendet werden, sollten sie – wenn möglich – wie Benennungen behandelt und dokumentiert werden. Allerdings sind die Suche und die alphabetische Einordnung von Symbolen und Formeln, die nicht aus Buchstaben oder Ziffern bestehen, nicht immer möglich; manchmal hilft nur die Verwaltung in Form von Abbildungen (zur Datenkategorie *Abbildung* siehe Abschn. 5.3.2.2.15).

5.3.2.2.5 Benennungstyp
Die Datenkategorie *Benennungstyp* wird benutzt, um die unterschiedlichen Formen einer Benennung zu kennzeichnen, da alle Typen von Benennungen wie Vorzugsbenennung/Hauptbenennung, Synonym, orthografische Variante oder Kurzform gleich behandelt und in der Datenkategorie *Benennung* verwaltet werden. Natürlich sollte diese Datenkategorie in einer konkreten Anwendung jeweils mehrfach auftreten können (siehe dazu auch das Thema Benennungsautonomie in Abschn. 5.3.3). Mögliche Werte für den Benennungstyp können sein:

- *Vollform*
- *Kurzform*
- *Abkürzung*
- *Schreibvariante*

Für die Unterscheidung zwischen Vorzugsbenennung und Synonym sei auf die Datenkategorie *Normativer Status* (siehe Abschn. 5.3.2.2.8) verwiesen.

Aus Effizienzgründen sollte auf die Angabe „Vollform" verzichtet werden, wenn es keine Kurzformen oder Abkürzungen gibt. In einzelnen Anwendungen kann es sinnvoll sein, unterschiedliche Arten von Kurzformen wie Akronym, Silbenkurzwort, Sprechkürzung etc. zu kennzeichnen und hier als Werte aufzunehmen (siehe dazu auch DIN 2340 2009).

5.3.2.2.6 Grammatische Angaben

Grammatische Angaben erläutern insbes. morphologische und syntaktische Eigenschaften von Benennungen. Sie sollten benutzt werden, um alle Arten von Benennungen zu dokumentieren, d. h. auch Synonyme, Varianten und Kurzformen. Je nach Sprache ist es sinnvoll, unterschiedliche Typen von grammatischen Angaben bei der Terminologieverwaltung zu berücksichtigen.

Für die Terminologieverwaltung ist die Angabe der **Wortart/Wortklasse** besonders in denjenigen Sprachen wichtig, in denen man sie nicht ohne Weiteres erkennen kann, wie z. B. im Englischen, das nicht die aus dem Deutschen gewohnte Unterscheidung zwischen Großschreibung von Substantiven und Kleinschreibung von anderen Wortarten macht.

Aufgrund der in Terminologiebeständen auftretenden Fachwörter kann man sich auf wenige Wortarten beschränken. Hierfür eignen sich z. B. folgende Abkürzungen:

- *Substantiv*   *sub*
- *Verb*   *vrb*
- *Adjektiv*   *adj*
- *Adverb*   *adv*

Bei phraseologischen Einheiten, die aus Elementen unterschiedlicher Wortarten bestehen, sollte entweder auf eine Angabe der Wortart verzichtet werden oder als Wortartwert „Phrase" oder spezifischer z. B. „Nominalphrase" und „Verbalphrase" benutzt werden.

Das **Genus** (Geschlecht) ist eine grammatische Kategorie, nach der Substantive eingeteilt werden können und die den Artikelgebrauch, die Pronomenwahl sowie das Verhalten des Nomens und verbundener Adjektive bezüglich der Endungsbildung bestimmt. Für die Terminologieverwaltung ist die Speicherung des Genus z. B. im Deutschen und in den romanischen Sprachen besonders wichtig. Es empfehlen sich folgende, auch aus Wörterbüchern bekannte Abkürzungen:

- *Maskulinum (männlich)*   *m.*
- *Femininum (weiblich)*   *f.*
- *Neutrum (sächlich)*   *n.*

Bei Feldern mit einer begrenzten Menge möglicher Werte empfiehlt sich, wie bereits erwähnt, aus Konsistenzgründen die Verwendung von geschlossenen Datenkategorien mit Wertelisten (sog. Picklisten). Würden die Felder eine Freitexteingabe ermöglichen, entstünde eine Vielzahl von Varianten. Ein Bearbeiter verwendet z. B. bei der Angabe des Genus die Kürzel „m", „f" und „n", der nächste die deutschen Äquivalente „m", „w" und „s", der dritte schreibt die Genusangaben aus, der vierte gibt statt der grammatischen Angabe den entsprechenden Artikel ein. Um dies zu vermeiden, legt man Felder an, bei deren Befüllung sich ein Listenfeld öffnet, das die erlaubten Werte für diese Datenkategorie anzeigt.

Bei Mehrwortbenennungen handelt es sich meist um Nominalphrasen mit einem Substantiv als Kern, das durch Attribute erweitert wird. Hier sollte das Genus des Kerns bzw. des Grundworts gespeichert werden.[2]

Beispiele

- *serielle Schnittstelle (adjektivisches Attribut zu „Schnittstelle", Schnittstelle = Femininum)*
- *Kraftfahrzeug mit Vorderradantrieb (Präpositionalattribut zu „Kraftfahrzeug", Kraftfahrzeug = Neutrum)*
- *Recht des Stärkeren (Genitivattribut zu „Recht", Recht = Neutrum)*

In den Beispielfällen wird also eine Genusangabe für die Benennungskerne „Schnittstelle", „Kraftfahrzeug" und „Recht" hinterlegt; nicht aber für die anderen nominalen Bestandteile „Vorderradantrieb" und „Stärkerer".

Der **Numerus** ist eine grammatische Kategorie, die sich in Terminologieverwaltungssystemen lediglich auf Substantive bezieht. Sie gibt an, ob das mit dem Substantiv Bezeichnete (die Gegenstände) einfach oder mehrfach vorhanden ist. Im Deutschen hat die Kategorie die Werte „Singular" und „Plural".[3] Die Angabe des Numerus kann auf die Fälle beschränkt werden, in denen die Benennung nicht in der Grundform gespeichert wird oder bei denen die Benennung nur im Singular (Singularetantum) oder nur im Plural (Pluraletantum) auftreten kann. Es empfehlen sich folgende Abkürzungen:

- *Singular (Einzahl)*   *sg.*
- *Plural (Mehrzahl)*   *pl.*
- *Singularetantum*   *sgt.*
- *Pluraletantum*   *plt.*

---

[2] Manchmal kann es aber auch notwendig sein, die Genera aller Bestandteile einer Mehrwortbenennung oder Phrase zu erfassen.

[3] Andere Sprachen unterscheiden z. T. weitere Numeri wie z. B. Dual, Trial oder Paukal.

Hat eine Benennung im Singular und im Plural unterschiedliche Bedeutungen, repräsentiert also verschiedene Begriffe, so müssen zwei terminologische Einträge angelegt werden, wobei jeweils die Numerus-Kategorie entsprechend besetzt wird. Unregelmäßige Pluralbildungen sollten nicht in dieser Datenkategorie abgelegt werden, sondern in einer Datenkategorie, die sprachliche Besonderheiten erfasst, z. B. in der Datenkategorie *Kontext* oder *sprachliche Anmerkung*.

Auf die Vermischung unterschiedlicher grammatischer Angaben in einer Datenkategorie *Grammatik* sollte aus arbeitsökonomischen und Konsistenzgründen verzichtet werden (zur Granularität siehe auch Abschn. 5.3.2.3):

Beispiel

FALSCH:

* *Grammatik*   *m.pl.*

RICHTIG:

* *Genus:*   *m.*
* *Numerus:*   *pl.*

Neben den erwähnten grammatischen Datenkategorien lassen sich (vor allem in anderen Sprachen) Kategorien zur Aufnahme anderer grammatischer Informationen finden, z. B. „transitives/intransitives Verb", „Aktiv/Passiv", „belebt/unbelebt" oder auch zusätzliche Werte für die genannten Datenkategorien wie „Utrum" bei *Genus* oder „Dual" bei *Numerus*.

5.3.2.2.7 Geografischer Gebrauch, Regionalsprachcode
Die Datenkategorie *Geografischer Gebrauch* oder *Regionalsprachcode* gibt an, ob die Verwendung einer Benennung auf bestimmte Länder oder Regionen beschränkt ist.[4]

Beispiel 1

* *Benennung:*   windshield
* *Regionalsprachcode:*   US
* *Benennung:*   windscreen
* *Regionalsprachcode:*   UK

---

[4] Für die Angabe, dass eine bestimmte Benennung (nur) in einem gewissen Sprachraum verwendet wird, ist statt der Verwendung der Datenkategorie *Geografischer Gebrauch* noch eine andere Realisierung möglich. Siehe dazu die Abschn. 5.3.3.1.3 und 5.3.3.3.2.

Beispiel 2

- *Benennung:*   *ordenador*
- *Regionalsprachcode:*   *ES*
- *Benennung:*   *computadora*
- *Regionalsprachcode:*   *AR, CO, CL, MX*

Für die Kodierung des geografischen Gebrauchs sollten die in ISO 3166-1 (2013) definierten Kürzel für Ländernamen (2-Zeichen-Code) verwendet werden. Einige wichtige Länderkürzel sind in Tab. 5.1 aufgeführt.[5]

Sind weitere Differenzierungen unterhalb der Länderebene wünschenswert, was in der Fachsprache seltener notwendig ist als in der Gemeinsprache, so kann auf die Kodierungen nach ISO 6133-2 (2013) zurückgegriffen werden, z. B. *DE-NI* für Niedersachsen oder *AT-4* für Oberösterreich. Auch eine individuelle Kodierung (z. B. *SÜ* oder *SÜD* für Süddeutschland) ist möglich.

Tab. 5.1 Einige wichtige Länderkürzel nach ISO 3166-1 (2013)

Sprache	Land	2-Zeichen-Code
Deutsch	Österreich	AT
	Deutschland	DE
	Schweiz	CH
Englisch	Australien	AU
	Kanada	CA
	Großbritannien	GB
	Irland	IE
	Neuseeland	NZ
	USA	US
Französisch	Algerien	DZ
	Belgien	BE
	Kanada	CA
	Frankreich	FR
	Marokko	MA
	Tunesien	TN
Spanisch	Argentinien	AR
	Bolivien	BO
	Chile	CL
	Kolumbien	CO
	Mexiko	MX
	Peru	PE
	Spanien	ES

[5] Neben den Länderkürzeln gibt es auch genormte Kürzel für Sprachbezeichnungen, siehe dazu Abschn. 5.3.2.2.28.

Wenn die Datenkategorie *Geografischer Gebrauch* oder *Regionalsprachcode* nicht vorhanden ist oder die Beschreibung der regionalen Verwendung zu kleinteilig ist, kann die Information auch in einer Anmerkung oder einer ähnlichen Datenkategorie untergebracht werden.

5.3.2.2.8   Normativer Status, Benennungsstatus, Gültigkeit

Die Datenkategorie *Normativer Status* (auch: *Benennungsstatus, Status, Gültigkeit*) kennzeichnet die Zulässigkeit von Benennungen innerhalb der Normungsarbeit, aber auch in Unternehmen, die eine einheitliche Unternehmenssprache und -terminologie anstreben. Mögliche Werte sind:

- *bevorzugt*
- *abgelehnt* oder *verboten*

Mit dem normativen Status lässt sich das ausdrücken, was in manchen Terminologiebeständen mit „Hauptbenennung" und „Synonym" gekennzeichnet wird. Da es aber Situationen geben kann, in denen es mehr als eine Hauptbenennung gibt, z. B. eine bevorzugte Benennung für die Entwicklungsabteilung und eine für das Marketing, ist die Datenkategorie *Normativer Status* in Kombination mit einer Angabe zur *Abteilung* (siehe Abschn. 5.3.2.2.11) sinnvoller.

Im Idealfall sollte es keinen dritten Wert „zulässig" geben, der zwischen „bevorzugt" und „verboten" liegt. Die etwas halbherzige präskriptive Vorgehensweise, die zusätzlich zu den zwei Extremwerten noch Zwischenstufen ermöglicht, erschwert das Vereinheitlichen der terminologischen Bestände. Primäres Ziel im Sinne einer einheitlichen Corporate Language ist also die Etablierung von zwei Werten; einschränkende Zwischenstufen sollten nicht als grundsätzlicher Wert, sondern allenfalls für Ausnahmen vorgesehen werden.

Wichtig ist, dass auch abgelehnte Benennungen in die Terminologiedatenbank aufgenommen und mit dem Status „abgelehnt" versehen werden. Nur so kann sichergestellt werden, dass der Nutzer bei der Suche nach einer Benennung darauf hingewiesen wird, dass diese Benennung abgelehnt ist und dass er die entsprechende bevorzugte Benennung, die im gleichen terminologischen Eintrag gespeichert ist, benutzen soll. Auch für automatische Verfahren zur Terminologiekontrolle ist die Erfassung und Markierung abgelehnter Benennungen (manchmal auch „Unworte" oder „No-Terms" genannt) notwendig (siehe Abschn. 7.3.2).

5.3.2.2.9   Stilebene, Sprachregister

In der Datenkategorie *Stilebene* oder *Sprachregister* wird in allgemeinsprachlichen Wörterbüchern u. Ä. die Zuordnung der Benennung zu einer Sprachebene, die von bestimmten Personengruppen in bestimmten Situationen benutzt wird, angegeben. Auch in der Fachsprache gibt es bestimmte Stilebenen, deren Kennzeichnung bei der Terminologieverwaltung wichtig ist. Mögliche Werte für das Sprachregister sind:

- *neutral/hochsprachlich*   *neutr.*
- *technisch*   *techn.*
- *wissenschaftlich*   *wiss.*
- *umgangssprachlich*   *ugs.*

Firmenspezifische Terminologie (z. B. „für VW", „für BMW", „für Daimler") wird über die Datenkategorie *Firma/Kunde*, die Terminologie bestimmter Abteilungen (z. B. „Entwicklung", „Marketing", „Dokumentation") über die Datenkategorie *Abteilung* gekennzeichnet (siehe Abschn. 5.3.2.2.11).

5.3.2.2.10 Sprachlicher Gebrauch, Gebrauchsstatus

Die Datenkategorie *Sprachlicher Gebrauch* oder *Gebrauchsstatus* enthält Angaben über Häufigkeit und Restriktionen bei der Verwendung einer Benennung. Durch diese Informationen können sprachliche Hintergründe beleuchtet oder aber Entscheidungen für eine bestimmte Vorzugsbenennung begründet werden. So ist es z. B. einerseits logisch, dass eine veraltete oder selten benutzte Benennung nicht als Vorzugsbenennung festgelegt wird. Andererseits kann die Tatsache, dass es sich bei einer Benennung um einen genormten Terminus handelt, als Erklärung/Begründung dafür dienen, dass diese Benennung als Vorzugsbenennung gewählt worden ist.

Mögliche Werte für den Gebrauchsstatus können sein:

- *selten benutzt*
- *veraltet*
- *Neologismus*
- *genormt*
- *offiziell*
- *Warenzeichen*
- *Übersetzungsvorschlag*

Mit „Übersetzungsvorschlag" oder „Äquivalenzvorschlag" werden Benennungen gekennzeichnet, die im Rahmen eines Übersetzungs- oder Lokalisierungsprojekts gefunden werden müssen, weil sie in einer (Ziel-)Sprache (noch) nicht existieren.

Beim sprachlichen Gebrauch (evtl. auch bei der Stilebene, siehe Abschn. 5.3.2.2.9) kann auch angegeben werden, ob eine Benennung lateinischen oder griechischen Ursprungs ist oder ob es sich um einen Anglizismus handelt; dies kann in bestimmten Fachgebieten (z. B. Medizin) sinnvoll sein.

5.3.2.2.11 Projekt, Produkt, Abteilung, Firma/Kunde

Die Datenkategorien *Projekt, Produkt* oder *Abteilung* dienen dazu, die projekt-, produkt- oder abteilungsspezifische Verwendung einer Benennung innerhalb eines Unternehmens zu kennzeichnen. Alternativ oder in Ergänzung dazu sind auch andere Datenkategorien wie *Modell, Geschäftsbereich* o. Ä. denkbar.

Die Unterteilung nach Firmen ist v. a. für Freiberufler oder Sprachdienstleister mit mehreren Auftraggebern relevant, während die Aufgliederung nach Abteilungen bei Terminologieprojekten innerhalb eines Unternehmens eine Rolle spielt.

Falls die Anzahl der Projekte, Produkte, Abteilungen und Kunden überschaubar ist, bietet sich hier aus Konsistenzgründen die Verwendung einer geschlossenen Datenkategorie mit einer (evtl. erweiterbaren) Werteliste an.

5.3.2.2.12 Kontext

Die Datenkategorie *Kontext* wird dazu benutzt, einen Text(-teil), in dem die Benennung auftritt, zu hinterlegen. Der Kontext dient in erster Linie dazu, das sprachliche Umfeld, in dem eine Benennung benutzt wird, exemplarisch darzustellen. Daher sollte er innerhalb der Terminologieverwaltung bei jeder Benennung und in jeder Sprache angegeben werden können.

Beispiel

Benennung	*Abgreifzylinder*
Kontext	*Die ruckartigen Bewegungen entstehen, wenn sich Schmutz und Staub ansammeln und die freie Beweglichkeit der Gummikugel und der Abgreifzylinder behindern.*
Quelle	*Mueller (2005, S. 1015)*

Der Kontext muss einer Originalquelle entstammen und mit einer Quellenangabe versehen werden.

In ISO 12620 (1999) und anderen Quellen wird zwischen definitorischem Kontext, erklärendem Kontext und assoziativem oder sprachlichem Kontext unterschieden. Als Unterscheidungsmerkmal werden die inhaltliche Aussage und die Nähe des verwendeten Kontextes zu Definition und Begriffserklärung benutzt. Die oben definierte wesentliche Funktion des Kontextes, nämlich den Gebrauch einer Benennung zu belegen und zu erläutern, wird im Prinzip durch alle drei Kontexttypen erfüllt. Allerdings muss klar gesagt werden, dass nicht jeder Satz, in dem ein Terminus vorkommt, hilfreiche Informationen zu seiner sprachlichen Verwendung enthält. Einfach nur zu sehen, dass eine Benennung in einem beliebigen Satz verwendet wird bzw. werden kann, reicht nicht aus. Wesentlich hilfreicher ist es, wenn der Kontext tatsächlich sprachlich relevante Informationen enthält, wie Kollokationen, besondere Pluralbildungen o. Ä.

Beispiel

Benennung	*elektrische Spannung*
Kontext	*Ist keine elektrische Spannung angelegt, bewegen sich die Elektronen ungeordnet.*
Quelle	*Eydam (1992, S. 34)*

Wie an diesem Beispiel zu erkennen ist, wird der Terminus „elektrische Spannung" mit dem kollokierenden Verb „anlegen" verwendet. Der Beispielsatz ist also wesentlich informativer als ein Kontext, der „einfach nur" den Terminus enthält, z. B. „Je größer die elektrische Spannung, desto größer ist die Kraftwirkung auf eine Ladung zwischen den Elektroden". Diesem zweiten Satz kann der Nutzer der Terminologiedatenbank keine Hinweise zum Gebrauch des Terminus entnehmen, allenfalls die Information, dass elektrische Spannungen offenbar „groß" sein können.

In manchen Anwendungsumgebungen kann es sinnvoll sein, eine eigene Datenkategorie *Kollokation* anzulegen. In dieser werden dann gezielt typische, gemeinsam auftretende Benennungsgruppen aufgeführt, z. B. „elektrische Spannung anlegen".

5.3.2.2.13 Definition

Da Definitionen Begriffe festlegen und abgrenzen und die Zuordnung von Begriff und Benennung vornehmen, ist die Datenkategorie *Definition* eine der wichtigsten für das Terminologiemanagement.[6]

Beispiel

Benennung	*Abgreifzylinder*
Definition	*Bauteil einer mechanischen Maus, das die Bewegungen der Rollkugel erfasst und an die Elektronik weitergibt*
Quelle	*vgl. Mueller (2005, S. 1009)*

Auf die verschiedenen Arten (Inhaltsdefinition, Umfangsdefinition, Bestandsdefinition) sowie auf die inhaltlichen und formalen Anforderungen an Definitionen (Kürze, Prägnanz, Systembezug u. a.) soll an dieser Stelle nicht näher eingegangen werden; Erläuterungen dazu finden sich in Abschn. 4.2 sowie bei Arntz et al. (2014, S. 63ff.), DIN 2330 (2013), DIN 2342 (2011), KÜDES (2002), Schmitz (2015b), Wüster (1991) u. a.

Wichtig für die praktische Terminologiearbeit und die Behandlung der Datenkategorie *Definition* sind insbes. folgende Aspekte:

- Definitionen sollten i. d. R. nicht vom Terminologen selbst erstellt, sondern aus zuverlässigen Quellen übernommen werden, die in der Muttersprache des jeweiligen Autors verfasst sind; eine Kürzung auf die wesentlichen Gesichtspunkte ist aber in vielen Fällen sinnvoll.
- Die Angabe der Definitionsquelle ist ausgesprochen wichtig, um Qualität, Aktualität und Fachlichkeit einer Quelle zu belegen und zu beurteilen. Auch stellt sie einen wichtigen Anknüpfungspunkt für weitere Recherchen dar. Nicht in allen Unternehmensprojekten wird dieser Vorteil genutzt (vgl. Drewer und Horend (2007, S. 19).

---

[6] In einer aktuellen Untersuchung von Terminologiedatenbanken in Unternehmen sind *Definition* und *Fachgebiet* mit jeweils 78 % die am häufigsten verwendeten Datenkategorien (Schmitz und Straub 2016b).

- Auch wenn Definitionen zu den begriffsorientierten Datenkategorien gehören, sollten sie (zumindest einmal) in jeder Sprache aufgenommen werden, um die sprach- und kulturspezifische Äquivalenz der Begriffe beurteilen zu können und um in multilingualen organisatorischen Umgebungen jedem Nutzer eine Begriffsbeschreibung in seiner Muttersprache zur Verfügung zu stellen. Mehr zur Positionierung der Datenkategorie *Definition* findet sich bei den Ausführungen zur Eintragsmodellierung in Abschn. 5.3.3.
- Oftmals gibt es verschiedene Möglichkeiten, einen Begriff zu definieren. Verwandte Begriffe sollten in jedem Fall nach demselben Muster definiert werden, etwa durch die gleiche Definitionsart und die gleichen Merkmalsarten. Werden bspw. unterschiedliche Schraubendreher definiert, so sollte immer eine Inhaltsdefinition verwendet werden, in der ausgehend vom Oberbegriff (Schraubendreher) die spezielle Funktion des Unterbegriffs beschrieben wird, nicht das Material, die Farbe oder der Erfinder.
Stehen mehrere Definitionen in einer Sprache zur Auswahl, so sollte man nicht alle aufnehmen, sondern sich für die „beste" entscheiden. Nur wenn zwei Definitionen denselben Begriff aus verschiedenen Sichten und unter Betonung unterschiedlicher Merkmale beschreiben und beide Sichten für das betreffende Terminologieprojekt relevant sind, sollten beide aufgenommen werden.
- Definitionen können von ihrem Umfang her sehr unterschiedlich ausfallen (von einem Satz bis zu mehreren Seiten); die Datenkategorie *Definition* muss dieser Tatsache Rechnung tragen.

Genügen die in Quellen gefundenen Textpassagen nicht (ganz) den inhaltlichen und formalen Anforderungen an Definitionen, so muss entschieden werden, ob sie dennoch in einer Datenkategorie *Definition* abgelegt und als „defekt" markiert oder ob sie besser in einer Datenkategorie *Begriffserklärung* oder *Erläuterung* untergebracht werden.

5.3.2.2.14 Begriffserklärung, Erläuterung

Die Datenkategorie *Begriffserklärung* oder *Erläuterung* enthält i. d. R. eine zusätzliche Beschreibung von (unwesentlichen) Merkmalen des Begriffs. Sie kann die Definition nicht ersetzen, aber durch weitere Informationen ergänzen. Ein längerer definitorischer Text lässt sich oft in eine knappe, aber vollständige Definition und eine ergänzende Begriffserklärung aufteilen.

Beispiel

Benennung	*Abgreifzylinder*
Erläuterung	*Meist haben Mäuse zwei Abgreifzylinder, einen für die Bewegungen in Richtung der x-Achse und einen für die in Richtung der y-Achse.*
Quelle	*vgl. Mueller (2005, S. 1009)*

Auch bei der Begriffserklärung oder Erläuterung ist die Angabe einer Quelle sehr sinnvoll.

5.3.2.2.15 Abbildung

Abbildungen, d. h. Tabellen, Diagramme, Zeichnungen, Fotos und andere grafische Darstellungen, können einen Begriff erläutern und somit ganz entscheidend zum Verständnis beitragen. Abbildungen können Definitionen ergänzen, meist aber nicht vollständig ersetzen.

In moderneren Terminologieverwaltungssystemen können nicht nur statische, sondern auch bewegte Bilder (Videos), akustische Begriffsrepräsentationen oder andere multimediale Elemente zur Erläuterung des Begriffs benutzt werden.

Abbildungen jeglicher Art müssen durch eine Quelle belegt werden.

Abbildungen sind in der Regel begriffsspezifisch und finden sich daher nur einmal im terminologischen Eintrag. In einigen Fällen kann es aber vorkommen, dass sich Abbildungen kulturspezifisch unterscheiden (z. B. elektrische Stecker und Steckdosen, siehe Abb. 5.1). Hier muss überlegt werden, ob eine kulturneutrale grafische Darstellung möglich ist oder ob unterschiedliche Abbildungen in den terminologischen Eintrag aufgenommen werden sollen (siehe dazu auch Abschn. 5.3.3).

5.3.2.2.16 Fachgebiet, Sachgebiet, Klassifikation

Die Datenkategorie *Fachgebiet* oder *Sachgebiet* oder manchmal auch *Klassifikation* ordnet den Begriff einem bestimmten Bereich des menschlichen Wissens zu. Jeder Begriff kann i. d. R. einem oder mehreren Fachgebieten zugeordnet werden. Unterschiedliche Begriffe mit gleichlautenden Benennungen (Homonyme, Polyseme) lassen sich häufig dadurch unterscheiden, dass sie zu unterschiedlichen Fachgebieten gehören. So ist die Benennung „Maus" einmal im Fachgebiet „Zoologie – Säugetiere" und einmal im Fachgebiet „Informatik – Hardware" zu finden.

Das Fachgebiet dient also bei der Terminologieverwaltung dazu, Begriffe voneinander abzugrenzen. Hierdurch hat der Nutzer die Möglichkeit, den gewünschten Begriff schneller zu finden und durch Nutzung von Filtern (siehe Abschn. 6.5.4) eine unnötige

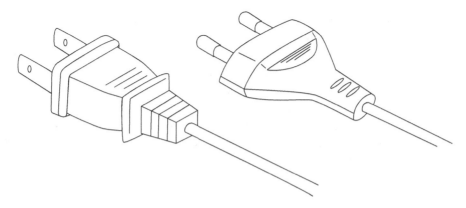

Abb. 5.1 Kulturgebundenheit von elektrischen Steckern (Darstellung nach Drewer und Ziegler 2014, S. 145)

Belastung bei der Recherche zu vermeiden. Das Ausblenden der für ihn (im Moment) nicht relevanten Suchergebnisse ist besonders hilfreich, wenn es sich um sehr große terminologische Datensammlungen handelt. Fachgebietsangaben dienen aber auch dazu, Teilbestände einer Terminologiesammlung für Zwecke der Druckaufbereitung und Weitergabe (siehe Abschn. 6.6) zu selektieren. Will man bspw. alle terminologischen Einträge aus dem Fachgebiet „Informatik – Hardware" in einem kleinen Glossar ausdrucken oder an Kollegen weitergeben, so können über die Fachgebietsangabe genau diese Einträge aus dem Gesamtbestand herausgefiltert werden.

Die Definition einer Fachgebietsklassifikation für die Terminologieverwaltung ist nicht leicht. Sie muss sinnvoll, lückenlos und überschneidungsfrei sein. Dabei hängt die Unterteilung in Fachgebiete und die Feinheit der Aufgliederung sehr stark von den Anwenderbedürfnissen ab; darüber hinaus können spätere Änderungen an der Fachgebietsklassifikation das Nachbearbeiten aller terminologischen Einträge notwendig machen.

Aus Konsistenzüberlegungen ist es sinnvoll, die Fachgebiete in einer geschlossenen Datenkategorie mit einer definierten Liste möglicher Werte zu verwalten. Hierbei können mnemotechnische Kürzel für die einzelnen Gebiete hilfreich sein. Da bei der Nutzung der Fachgebietsangaben (für die Selektion) häufig ein Dilemma zwischen Grobheit und Feinheit der Kodierung auftritt, verwendet man vielfach zwei- oder mehrstufige hierarchische Systeme zur Klassifizierung. Diese Systematik sollte sich in der Kürzelvergabe widerspiegeln.

Einerseits ist die Klassifikation der Fachgebiete sehr unternehmens- und anwendungsspezifisch, andererseits erschweren unterschiedliche Fachgebietsklassifikationen den Austausch terminologischer Daten enorm. Hier könnte es helfen, wenn man auf etablierte Fachgebietsklassifikationen oder zumindest auf Untermengen davon zurückgreift, z. B. auf die (etwas veraltete) Lenoch-Klassifikation, die für die EURODICAUTOM-Datenbank der EU-Kommission entwickelt wurde, oder auf die oberste Ebene des EUROVOC-Thesaurus (http://eurovoc.europa.eu). Evtl. kann man auf Basis einer dieser Klassifikationen eine eigene Klassifikation entwickeln, indem die eigenen speziellen Fachgebiete weiter differenziert werden.

Man kann allerdings die Bereiche des menschlichen Wissens auch noch weiter und feiner klassifizieren und diese Klassen über viele Ebenen hierarchisch anordnen, sodass man am Ende Klassen hat, die nur wenige Begriffe, manchmal nur einen einzigen Begriff enthalten, z. B. die UDC (Universelle Dezimalklassifikation). Ob sich der Aufwand für eine derart feine Kodierung lohnt und ob eine solche universelle Klassifikation für die eigene Form der Terminologieverwaltung anwendbar ist, muss im Einzelfall entschieden werden.

In speziellen Anwendungen kann es notwendig sein, zeitgleich mehrere Sachgebietsklassifikationen zu verwenden, besonders dann, wenn terminologische Bestände mit anderen Klassifikationen importiert werden.[7]

---

[7] Zu weiteren Besonderheiten und speziellen Problemen der Klassifikation für die Terminologieverwaltung siehe auch KÜDES (2002).

5.3.2.2.17 Notation

Die Notation gibt die Position eines Begriffs in einem Begriffssystem durch Symbole, Ziffern oder Buchstaben (und nicht durch Worte) an. In der systematischen Terminologiearbeit, bei der ein Wissensbereich vollständig und im Zusammenhang terminologisch erarbeitet wird, kann das aufgestellte Begriffssystem durch Notationen repräsentiert werden. Die Datenkategorie *Notation* nimmt dann die „Nummer" auf, die die Position des Begriffs im Begriffssystem repräsentiert. Zu Begriffssystemen und Notationen siehe Abschn. 2.4.2.

Beispiel (jeweils Notation und Benennung des Begriffs)

1 *Drucker*
   1.1   *Anschlagdrucker*
      1.1.1 *Nadeldrucker*
      1.1.2 *Typendrucker*
   1.2   *anschlagfreier Drucker*
      1.2.1 *Laserdrucker*
      1.2.2 *Tintenstrahldrucker*
      1.2.3 *Thermodrucker*

In vielen unternehmensspezifischen Terminologieprojekten wird die Datenkategorie *Notation* nicht gebraucht, da keine Begriffssysteme erstellt werden. Es wird eher auf verwandte Begriffe hingewiesen, wofür andere Datenkategorien genutzt werden (siehe Abschn. 5.3.2.2.18).

5.3.2.2.18 Verwandter Begriff, Begriffsbeziehung

In vielen Terminologieprojekten ist es sinnvoll, von einem Begriff auf andere (verwandte) Begriffe zu verweisen. Dies kann explizit durch bestimmte Datenkategorien für Begriffsbeziehungen wie z. B. *Oberbegriff* umgesetzt werden, besonders wenn diese Verweise häufig vorkommen und systematisch angelegt und gepflegt werden. Oft ist der Aufwand für diese expliziten Datenkategorien zur Angabe von Begriffsbeziehungen jedoch zu groß. Hier sollte entweder auf eine allgemeine Verweiskategorie wie *Siehe auch* (siehe Abschn. 5.3.2.2.24) oder die oft in Systemen zur Terminologieverwaltung implementierten impliziten Querverweise zurückgegriffen werden.

Mögliche Datenkategorien für explizite Verweise auf verwandte Begriffe sind:

- *Übergeordneter Begriff*
- *Untergeordneter Begriff*
- *Nebengeordneter Begriff*
- *Antonym*

Hierbei können die einzelnen Verweiskategorien, zumindest die ersten drei in der Liste, mit einer zusätzlichen Datenkategorie *Art der Begriffsbeziehung* attribuiert werden, die angibt, ob es sich um eine generische (in einem Abstraktionssystem) oder um eine partitive Begriffsbeziehung (in einem Bestandssystem) handelt (siehe dazu auch Abschn. 2.4.2).

5.3.2.2.19 Datum

Das *Datum* ist eine verwaltungstechnische Datenkategorie, die dem Nutzer Hinweise auf die Aktualität einer terminologischen Information gibt und die benutzt werden kann, um Teile des Terminologiebestands zu selektieren und systematisch zu pflegen.

Zur Darstellung des Datums empfiehlt es sich, ISO 8601 (2004) zu beachten, die das Datum in der Form JJJJ-MM-TT vorschreibt. Hierdurch werden der Datenaustausch und die vergleichende Abfrage von Datumsangaben erleichtert.

Beispiel

Erstellungsdatum: 2015-03-11

Man kann sich eine ganze Reihe unterschiedlicher Zeitpunkte vorstellen, die man gerne festhalten würde. In der Praxis wird meist das *Erstellungsdatum*, d. h. der Zeitpunkt, an dem eine terminologische Information erstmals angelegt wurde, und das *Änderungsdatum*, d. h. der Zeitpunkt, an dem die Information das letzte Mal aktualisiert wurde, in zwei verschiedenen Datenkategorien gespeichert.

Beide Datumskategorien sollten vom Terminologieverwaltungssystem automatisch angelegt und aktualisiert werden, um den Nutzer von einer manuellen Eingabe zu befreien. Hierbei werden je nach System nicht immer die Vorgaben von ISO 8601 (2004) eingehalten.

Oft wird die Datumsangabe auch um eine Angabe der Uhrzeit ergänzt.

Beispiel

Erstellungsdatum: 11. März 2015, 12:11:21

Die Datumsangaben können sich auf den gesamten terminologischen Eintrag, auf einzelne Informationsblöcke (z. B. auf alle Informationen zu einer Sprache oder zu einer Benennung) oder sogar auf einzelne Datenkategorien (z. B. auf die *Definition*) beziehen.

5.3.2.2.20 Autor, Verantwortlicher

Die Angabe des Autors einer Information kann für die Qualitätskontrolle ebenso wichtig sein wie für weitergehende Nachfragen, dies gilt insbes. beim Austausch von terminologischen Daten.

Wie bei der Datenkategorie *Datum* (siehe Abschn. 5.3.2.2.19) kann auch bei *Autor* (oder auch: *Verantwortlicher*) zwischen der Person, die die Information (zuerst) angelegt hat, und der Person, die die Information (zuletzt) geändert hat, differenziert werden.

Erfolgt der Zugang zum Terminologieverwaltungssystem über eine Benutzeranmeldung (mit Kennwort) (siehe auch Abschn. 6.2.3), können die Inhalte der Datenkategorie *Autor* automatisch vom System angelegt und aktualisiert werden. Muss die Autorenschaft bei der Eingabe oder Änderung von Daten jedoch manuell durch den Nutzer angegeben werden, sollte hierfür aus Konsistenzgründen eine geschlossene Datenkategorie mit einer definierten (und erweiterbaren) Werteliste verwendet werden.

Ähnlich wie bei *Datum* können sich die Autorenangaben auf den gesamten terminologischen Eintrag, auf einzelne Informationsblöcke (z. B. auf alle Informationen zu einer Sprache oder zu einer Benennung) oder sogar auf einzelne Datenkategorien (z. B. auf die *Definition*) beziehen.

5.3.2.2.21 Quelle

Die Angabe von Quellen für die einzelnen Informationen einer terminologischen Datensammlung ist sehr wichtig. Sie dient zum Wiederauffinden der Information und kann zur weiteren Recherche bei Begriffen des gleichen Fachgebiets benutzt werden. Die Quellenangabe sagt aber auch etwas über die Aktualität und Zuverlässigkeit der jeweiligen Information aus.

Die Angabe einer Quelle für die Gesamtheit der zu einem Begriff gehörenden terminologischen Informationen ist vollkommen unzureichend. Quellenangaben müssen zu jeder Datenkategorie mit übernommenen Inhalten (*Definition, Begriffserläuterung, Kontext* oder *Abbildung*) in jeder Sprache und bei jedem Auftreten ermöglicht werden. Bei allen Benennungen ist eine Quellenangabe denkbar, jedoch wird bei Benennungen, die mit Definition und Kontext und den dazugehörigen Quellen dokumentiert sind, oft darauf verzichtet. Es kann auch hilfreich sein, weitere Arten von terminologischen Informationen (z. B. Anmerkungen) mit Quellenangaben zu belegen.

Ob diese Typen von Quellen auf der Datenkategorieebene unterschieden werden (z. B. *Definitionsquelle, Abbildungsquelle*) oder ob dies nicht notwendig ist, da die Strukturierung der terminologischen Daten die eindeutige Zuordnung einer universellen und mehrfach verwendeten Datenkategorie *Quelle* erlaubt, muss im Einzelfall bei der konkreten Realisierung der Terminologieverwaltung und der Modellierung des terminologischen Eintrags entschieden werden.

Vertiefte Darstellungen zur Auswahl und zur Qualität von Quellen finden sich in Abschn. 4.2.3 sowie in der entsprechenden Literatur zur Terminologiearbeit. An dieser Stelle soll nur kurz erwähnt werden, dass sich die Aufnahme von zwei Quellenangaben für die gleiche Information in der Praxis meist als unnötig erweist; die zuverlässigere Quelle reicht aus.

Der Inhalt der Datenkategorie *Quelle* hängt sehr stark vom Typ der benutzten Quelle ab.

Bei **Internetquellen** wird in der Regel die URL, der Stand bzw. das letzte Aktualisierungsdatum der Seite sowie das Datum des Zugriffs gespeichert. Manche Terminologieverwaltungssysteme erlauben die direkte Verlinkung von Internetquellen, sodass beim Anklicken der URL der Standard-Browser geöffnet und die entsprechende Seite geladen und angezeigt wird. Da Internetinhalte recht kurzlebig sind, müssen evtl. weitere Maßnahmen zur Archivierung ergriffen werden. Es kann durchaus passieren, dass schon wenige Tage nach dem Zugriff die Inhalte nicht mehr vorhanden sind oder verändert wurden. In einigen Fällen werden daher aus Gründen der Nachhaltigkeit die genutzten Internetseiten abgespeichert.

Die Angabe der vollständigen bibliografischen Angaben (Autor, Titel, Verlag, Ort etc.) bei **Printquellen** führt zu einem erheblichen Erfassungsaufwand sowie zu Redundanzen und Inkonsistenzen im terminologischen Datenbestand. Deshalb hat es sich als sinnvoll erwiesen, Quellenkürzel zu verwenden. Bei der Festlegung eines (einheitlichen) Verfahrens für die Bildung und Benutzung von Quellenkürzeln muss ein vernünftiger Kompromiss zwischen Eingabeökonomie und Verständlichkeit gefunden werden; meist wird wie bei Literaturreferenzen Autor, Erscheinungsjahr und Seitenzahl als bibliografisches Kürzel angegeben (z. B. „Wüster 1991, S. 45" oder „Wüster 1991:45").

Die benutzten Quellenkürzel sollten zu einer Quellenverwaltung innerhalb oder außerhalb des Terminologieverwaltungssystems führen, in der die Quellen mit ihren vollständigen bibliografischen Angaben aufgeführt sind. Diese Verbindung kann durch Querverweise automatisiert werden.

Auch **Fachleute** können als Quellen für terminologische Informationen dienen; ihre Namen (und Kontaktdaten) sowie das Datum ihrer Auskunft sollten ebenso in der Datenkategorie *Quelle* abgelegt werden.

In der Regel wird die *Quelle* als offene Datenkategorie angelegt; ist aber der Umfang der benutzten Quellen überschaubar oder vorab eingeschränkt, ist auch die Implementierung als geschlossene Datenkategorie mit einer (erweiterbaren) Liste der einzelnen Quellen denkbar.

5.3.2.2.22 Anmerkung, Bemerkung, Kommentar

Die *Anmerkung* (auch: *Bemerkung, Kommentar*) ist eine sehr nützliche, aber auch „gefährliche" Datenkategorie. In ihr können alle zusätzlichen Angaben, für die keine eigene Datenkategorie existiert, erfasst werden. Oft wird die Anmerkung für bestimmte sprachliche Erläuterungen, zum Hinweis auf nicht vollständige Synonymie oder Äquivalenz oder zur Dokumentation bestimmter Verwendungseinschränkungen von Benennungen benutzt.

Gefährlich ist die Datenkategorie *Anmerkung* deshalb, weil die in ihr abgelegten Informationen oft nicht systematisch auswertbar und nutzbar sind. Wenn also in der Anmerkung (aus Bequemlichkeit oder Unwissen) Informationen gespeichert werden, die eigentlich in andere, spezifischere Datenkategorien gehört hätten, so wird der gesamte Terminologiebestand inkonsistent. Dies ist besonders problematisch, wenn in der Anmerkung weitere Benennungen oder Fachgebietsangaben abgelegt werden, die dann nicht für die Suche oder das Filtern von Informationen nutzbar sind.

Anmerkungen können sich auf den gesamten terminologischen Eintrag, auf einzelne Sprachen, auf spezifische Benennungen oder andere einzelne Datenkategorien (z. B. auf die *Definition*) beziehen.

5.3.2.2.23 Bearbeitungsstatus, Qualitätsstatus

Die Datenkategorie *Bearbeitungsstatus* (auch: *Qualitätsstatus*) informiert darüber, wie vollständig, nutzbar und gesichert die terminologischen Informationen des Eintrags sind; deshalb wird diese Datenkategorie manchmal auch Eintragsstatus genannt, was jedoch nicht zu empfehlen ist, da auch nur Teile des Eintrags damit kategorisiert werden können.

Die Datenkategorie *Bearbeitungsstatus* sollte als geschlossene Datenkategorie z. B. mit folgenden Werten realisiert werden:

- *vorläufig*
- *in Bearbeitung*
- *freigegeben*
- *gesperrt*

Neben derartigen prozessbezogenen Werten sind aber auch eher quantitative Werte denkbar, wie z. B.

- *unvollständig*
- *vollständig*
- *gesichert*

Die Datenkategorie *Bearbeitungsstatus* kann sich auf den gesamten Eintrag, auf einzelne Sprachen, auf spezifische Benennungen oder andere einzelne Datenkategorien beziehen.

Natürlich sagt der Bearbeitungsstatus indirekt auch etwas über die Qualität der terminologischen Informationen aus. Da sich der Status jedoch häufig auf eine Gruppe von Datenkategorien bezieht, sollten spezifische Qualitätsaspekte eher über Anmerkungen, Quellen oder bei Benennungen über den normativen Status, den Gebrauchsstatus oder über die Stilebene ausgedrückt werden.

5.3.2.2.24 Siehe, Siehe auch

Manchmal ist es sinnvoll, in Terminologiebeständen von einem Eintrag auf einen anderen zu verweisen. Ein solcher Verweis, der implizit auch in der Datenkategorie *Begriffsbeziehung* oder *Verwandter Begriff* (siehe Abschn. 5.3.2.2.18) enthalten ist, kann als zusätzliche Datenkategorie *Siehe* oder *Siehe auch* auf verwandte Begriffe, Antonyme, Ambiguitäten o. Ä. verweisen. Häufig wird auch die Art des Verweises mit angegeben.

Beispiele

- Benennung: *LED-Drucker*
  Siehe auch: *Laserdrucker*
- Benennung: *Transformator*
  Siehe auch: *Elektrisches Bauelement* (Oberbegriff)
- Benennung: *serielle Schnittstelle*
  Siehe auch: *parallele Schnittstelle* (Antonym)

Statt einer expliziten Datenkategorie *Siehe auch* für Verweise auf andere Einträge können aber auch, je nach eingesetztem Terminologieverwaltungssystem, Querverweise in andere Datenkategorien eingebettet sein (vgl. Schmitz 1999c). Hierbei wird ein ähnlicher Mechanismus

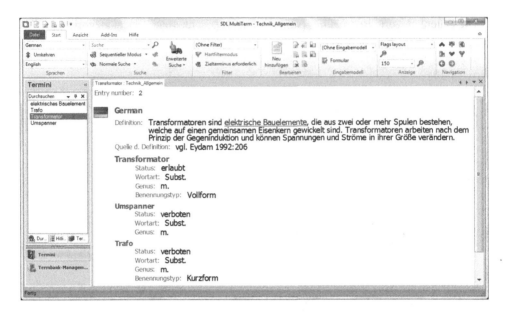

Abb. 5.2 Querverweis in einem Terminologieverwaltungssystem (SDL MultiTerm)

benutzt, wie er in Hypertextsystemen oder Webseiten Verwendung findet. Ein sinnvolles Beispiel für einen eingebetteten Querverweis ist der Verweis zu einem Oberbegriff oder einem verwandten Begriff aus einer Definition heraus (siehe Abb. 5.2). Im dargestellten Beispiel wird aus dem Eintrag „Transformator" heraus auf den Eintrag zum Oberbegriff „elektrische Bauelemente" verwiesen. Der Querverweis wird als eine Art Hyperlink realisiert, der hier in der Definition zum Begriff „Transformator" ausgelöst werden kann. Ebenso könnte der Startpunkt des Verweises auch in der Datenkategorie *Kontext, Anmerkung* o. Ä. liegen.

5.3.2.2.25 Teilbestand

Die Datenkategorie *Teilbestand* kann für viele Zwecke hilfreich sein. Wenn dafür nicht andere Datenkategorien zur Verfügung stehen, kann man mit dieser Datenkategorie alle terminologischen Daten markieren, die aus einer bestimmten Quelle stammen, die für einen konkreten Auftrag oder Kunden erarbeitet wurden oder die innerhalb eines Unternehmensbereichs für eine bestimmte Anwendung erstellt wurden.

Damit ist die Teilbestandskennzeichnung eine sehr pragmatische Datenkategorie, die die Selektion und die systematische Durcharbeitung von Datenbeständen erleichtert. In der Regel werden für die Kennzeichnung von Teilbeständen Kürzel verwendet.

5.3.2.2.26 Eintragstyp

Werden in einem Terminologieverwaltungssystem unterschiedliche Typen von Einträgen (terminologische, bibliografische u. Ä.) gemeinsam verwaltet, so kann dies über die – möglichst geschlossene – Datenkategorie *Eintragstyp* gekennzeichnet werden. Zu den bibliografischen Daten siehe auch Abschn. 5.3.2.2.29.

5.3.2.2.27 Eintragsnummer, Identifikationsnummer

Die Eintragsnummer (auch: Identifikationsnummer) ist eine eindeutige, meist numerische Kennzeichnung eines Eintrags. Sie wird i. d. R. automatisch vergeben und kann u. a. bei physikalischer Aufteilung des Eintrags auf verschiedene Datensätze dazu benutzt werden, die zusammengehörenden Datensätze zu identifizieren.

Zudem kann die Eintragsnummer, sofern sie dem Nutzer bekannt ist, als schneller, direkter Zugang zu einem terminologischen Eintrag benutzt werden; sie kann aber auch zur Synchronisation beim Im- und Export von Datensätzen dienen.

5.3.2.2.28 Sprache

Die Kodierung der Sprache ist eher eine Meta-Datenkategorie. In einer konkreten Realisierung kann eine Datenkategorie *Sprache* dazu benutzt werden, die Zugehörigkeit bestimmter Datenkategorien oder Blöcke von Datenkategorien zu einer bestimmten Sprache zu markieren (zur Modellierung von Einträgen siehe Abschn. 5.3.3). Die Datenkategorie *Sprache* darf nicht mit der Datenkategorie *Geografischer Gebrauch* (siehe Abschn. 5.3.2.2.7) verwechselt werden, die die Verwendung einer Benennung auf einen bestimmten Sprachraum einschränkt und i. d. R. Länderkürzel benutzt.

Für die Kodierung der Sprachen sollten, wenn möglich, die in ISO 639-1 (2002) oder ISO 639-2 (1998) definierten Kürzel (2-Zeichen-Code, 3-Zeichen-Code) verwendet werden. Die in einigen Terminologieverwaltungssystemen benutzten Länderflaggen sind eigentlich nicht geeignet, die Sprachblöcke des terminologischen Eintrags zu kennzeichnen, da sie Länder und nicht Sprachen symbolisieren. Einige wichtige Sprachen und Sprachenkürzel sind in Tab. 5.2 aufgeführt.

Falls in einer deutschsprachigen Benutzeroberfläche des Terminologieverwaltungssystems die Sprachen explizit mit ihrem Namen und nicht als Kürzel angegeben werden, sollte auf die offiziellen Sprachennamen nach DIN 2335 (2016) zurückgegriffen werden.

5.3.2.2.29 Bibliografische Datenkategorien

Werden bibliografische Angaben von Quellen ebenfalls innerhalb des Terminologieverwaltungssystems oder in einem damit verlinkten Literaturverwaltungssystem abgelegt, so werden für die Beschreibung der einzelnen Informationen zu den Quellen ebenfalls Datenkategorien benötigt. Diese bibliografischen Datenkategorien können sehr detailliert für alle möglichen Formen von Publikationen erarbeitet werden; eine mögliche sinnvolle Zusammenstellung von bibliografischen Datenkategorien findet sich in Tab. 5.3.

Natürlich sind darüber hinaus weitere Datenkategorien zur Verwaltung des bibliografischen Eintrags (*Erstellungsdatum, Erfasser des Eintrags, Bearbeitungsstatus* etc.) sowie *Standort* in einer Bibliothek oder sogar *Abbildung* für die Darstellung des Titelblatts denkbar.

5.3.2.3 Prinzipien zur Auswahl und Gestaltung von Datenkategorien

Bei der Auswahl der in Abschn. 5.3.2.2 beschriebenen Datenkategorien als erstem Schritt zur inhaltlichen Konzeption einer Terminologiedatenbank sind drei Prinzipien zu beachten: Granularität, Elementarität und Dependenz von Datenkategorien.

Tab. 5.2 Sprachenkürzel nach
ISO 639 (Auswahl)

Sprache	ISO 639-1 2-Zeichen-Code	ISO 639-2 3-Zeichen-Code
Dänisch	da	dan
Deutsch	de	deu
Englisch	en	eng
Spanisch	es	spa
Finnisch	fi	fin
Französisch	fr	fra
Italienisch	it	ita
Japanisch	ja	jpn
Niederländisch	nl	nld
Norwegisch	no	nor
Polnisch	pl	pol
Portugiesisch	pt	por
Russisch	ru	rus
Schwedisch	sv	swe
Chinesisch	zh	zho

5.3.2.3.1 Granularität

Granularität von Datenkategorien und Werten bedeutet, dass Datenkategorien möglichst „fein" definiert werden, um eine saubere Identifikation und effiziente spätere Nutzung der einzelnen Informationen sicherzustellen. Werden etwa ISO 12620 (1999) oder ISOCAT (www.isocat.org) unreflektiert zur Auswahl der Datenkategorien benutzt, so können sich „Granularitätsfehler" einschleichen, da in dieser Norm auch übergeordnete Datenkategorien oder Datenkategoriegruppen definiert und beschrieben werden.

Ein typisches Beispiel für eine zu geringe Granularität ist die Definition einer Datenkategorie *Grammatik* statt der engeren Kategorien *Genus, Numerus* und *Wortart/Wortklasse*. ISO 12620 (1999) erlaubt zwar beide Realisierungen, das Nichtbeachten des Granularitätsprinzips führt aber zwangsläufig zu Problemen bei einer systematischen Auswertung und Nutzung des Terminologiebestands sowie beim Datenaustausch. Erfolgt bspw. in der Datenkategorie *Grammatik* die Eingabe „m, npl", die aussagt, dass die Benennung ein maskulines Substantiv (n = noun) im Plural ist, so ist bei einer Suche nach allen Substantiven oder nach allen Benennungen im Plural ein aufwendiges und fehlerträchtiges Analysieren der Inhalte des Felds *Grammatik* notwendig. Auch die Übertragung von Daten in eine andere terminologische Sammlung, die feinere Datenkategorien (z. B. *Genus, Numerus, Wortart*) besitzt, führt zu höherem Umwandlungsaufwand und möglichen Fehlinterpretationen.

Ein anderer Fall liegt vor, wenn zwar die nicht feingranulare Bezeichnung „Grammatik" für die Datenkategorie gewählt wird, in der hinterlegten Pickliste jedoch nur die drei Genera „m.", „f.", „n." als Werte hinterlegt sind. Hier kann es trotz der allgemeinen

Tab. 5.3 Bibliografische Datenkategorien

Datenkategorie	Erläuterung	Beispiel
BiblioKurz	bibliografisches Kürzel	Wüster (1991)
Autor	Autor(en) des Werkes, der Information	Wüster, Eugen
Titel	Titel der Information	Einführung in …
In	bei Zeitschriftenartikeln oder Beiträgen in Sammelbänden: Titel der Zeitschrift oder des Buchs	Lebende Sprachen
Herausgeber	bei Zeitschriftenartikeln oder Beiträgen in Sammelbänden: Herausgeber der Zeitschrift oder des Buchs	Schmitt, Peter A.
Ausgabe	bei Zeitschriftenartikeln: Nummer der Ausgabe (Heft und Jahr)	2/2015
Seite	bei Zeitschriftenartikeln oder Beiträgen in Sammelbänden: Seiten des Beitrags	23–32
Verlag	Verlag der Publikation	Springer
ErschOrt	Erscheinungsort der Publikation	Heidelberg
ErschJahr	Erscheinungsjahr der Publikation	2016
ISBN/ISSN	ISBN oder ISSN der Publikation	3831031223
URL	bei Internetquellen: URL	www.term-portal.de
Datum	bei Internetquellen oder mündlichen Äußerungen: Datum, an dem die Information im Internet abgerufen oder die Äußerung gemacht wurde	30.11.2016
Medium	bei schriftlichen Informationen: Textsorte (Fachbuch, Sammelbandbeitrag, Zeitschriftenartikel, Norm, …)	Lehrbuch
Publikationsform	Erscheinungsform bzw. – medium der Information (gedruckt, elektronisch, mündlich, …)	gedruckt
Anmerkung	Kommentar zur Publikation	übersetzt aus dem Englischen

Bezeichnung der Datenkategorie nicht zu inkonsistenten Eingaben kommen, da die vorgegebenen Werte ausreichend feingranular sind. Man findet dieses Vorgehen manchmal in Unternehmen, bei denen angenommen wird, dass nicht alle Nutzer mit der Bezeichnung „Genus" zurechtkommen. Daher wählt man die bekanntere und weniger fachliche Bezeichnung „Grammatik", obwohl ausschließlich Genusinformationen in der Datenkategorie verwaltet werden.

Die Forderung nach möglichst feiner Granularität der Datenkategorien ist keine absolute Forderung. In vielen praktischen Anwendungsfällen kann durchaus eine gröbere Definition der Datenkategorien oder der Werte sinnvoll sein. So definiert ISO 12620 (1999) bspw. die Datenkategorie *Kurzform* (siehe dazu Abschn. 5.3.2.2.3 und 5.3.2.2.5) und die untergeordneten Kategorien *Abkürzung, Initialwort, Akronym* und *Silbenkurzwort*. In den meisten terminologischen Anwendungen wird diese genaue Differenzierung nicht notwendig sein und es kann auf die gröbere Einteilung zurückgegriffen werden. Ohnehin sollten alle Benennungen – unabhängig von ihrer Form – in derselben Datenkategorie abgelegt werden, um das Prinzip der Benennungsautonomie zu erfüllen und um effiziente Suchen zu ermöglichen (siehe dazu auch Abschn. 5.3.2.2.2 und 5.3.3.1.2).

5.3.2.3.2 Elementarität

Bei der Terminologieverwaltung sollte, wie bei anderen Datenbankanwendungen auch, sichergestellt werden, dass das Prinzip der Elementarität befolgt wird. Darunter versteht man, dass Datenkategorien nur mit genau einem, der Definition der Kategorie entsprechenden Datenelement gefüllt werden. In der Praxis kommt es recht häufig zu einem Verstoß gegen das Prinzip der Elementarität, vor allem bei einfacher strukturierten Systemen, indem unterschiedliche Informationen in einer Datenkategorie verwaltet werden, z. B. ein Kontextbeispiel und die dazugehörige Quelle in einer Datenkategorie *Kontext* oder die Genusinformation zusammen mit der Benennung in der Datenkategorie *Benennung*. Aber auch die Verwaltung von zwei Definitionen in einem einzigen Definitionsfeld missachtet das Prinzip der Elementarität. All diese Elementaritätsverstöße erschweren den Datenaustausch, die automatische Übernahme von Informationen aus dem TVS in Texte sowie die korrekte Filterung und Auswertung von terminologischen Daten.

In Abb. 5.3 sieht man einen Eintrag, bei dem die oben erwähnten Fehler begangen wurden: Die Quellenangaben wurden nicht in eigenen Datenkategorien verwaltet, sondern jeweils hinter den Definitionen bzw. Kontexten. Die Datenkategorie *Benennung* enthält im Deutschen nicht nur die eigentlichen Benennungen „Nebelschlussleuchte" und „Nebelschlusslicht", sondern auch die Genusangaben „(f)" und „(n)". Die Datenkategorie *Definition* enthält im Deutschen zwei verschiedene Definitionen – lediglich durch einen Leerabsatz markiert.

Das Prinzip der Elementarität ist an verschiedenen Stellen im Prozess der Einrichtung und Nutzung von Terminologieverwaltungssystemen zu beachten. Zum einen muss bei der **Auswahl und Definition von Datenkategorien** darauf geachtet werden, dass genügende und richtige Datenkategorien bereitgestellt werden (z. B. ein eigenes Quellenfeld für die Kontextquelle) und dass bei geschlossenen Datenkategorien die Wertelisten nicht „unpassende" oder aus mehreren Informationen unterschiedlicher Art kombinierte Werte enthalten (z. B. bei *Genus* den Wert „mpl" für Maskulinum Plural). Zum anderen muss bei der **Datenmodellierung** (siehe Abschn. 5.3.3) darauf geachtet werden, dass bestimmte Datenkategorien als wiederholbar definiert werden, damit z. B. zwei Definitionen in zwei getrennten Definitionsfeldern abgelegt werden können.

Doch selbst wenn die Auswahl und Modellierung der Datenkategorien dem Prinzip der Elementarität entsprechen, kann es dazu kommen, dass Nutzer die vorhandene Struktur fehlerhaft einsetzen und bspw. mehrere Kontextbeispiele hintereinander in der Datenkategorie *Kontext* hinterlegen. Auch bei der **Befüllung** muss also auf die Einhaltung der Elementarität geachtet werden.

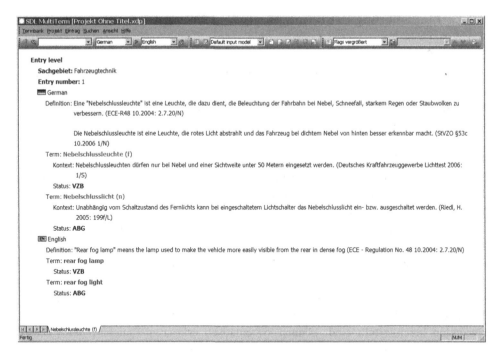

Abb. 5.3 Verletzung des Elementaritätsprinzips

5.3.2.3.3 Dependenz

Aufgrund der inhaltlichen Definition jeder einzelnen Datenkategorie lassen sich Depen-
denzen zu anderen Datenkategorien feststellen. Diese Abhängigkeiten, die weitaus spezifischer sind als das, was mit begriffs-, sprach- und benennungsbezogen bezeichnet wird,
sind für die Strukturierung des terminologischen Eintrags besonders wichtig. Die Wiederholung von Datenkategorien und das Ausfüllen der Datenkategorien mit Datenelementen
müssen sich an diesen Abhängigkeiten orientieren.

Die folgenden beiden Beispiele verdeutlichen die Dependenz von Datenkategorien:

- *Definition* und *Quelle der Definition* sind voneinander abhängig. Ist eine Definition
  angegeben, muss auch eine Quelle angegeben sein und umgekehrt. Muss für eine
  zweite Definition die Datenkategorie *Definition* wiederholt werden, muss auch die
  dazugehörige Quelle wiederholt werden.
- In der Terminologieverwaltung gibt es je eine Datenkategorie für die Quelle des Kontextes und für die Quelle der Definition. Diese Datenkategorien müssen entweder verschieden bezeichnet werden (*K-Quelle* und *D-Quelle*) oder sie müssen mit gleichem
  Namen *Quelle* jeweils eindeutig dem Kontext und der Definition zugeordnet sein.

Die Abhängigkeiten der Datenkategorien sind prinzipieller Natur; sie müssen deswegen auch
in jedem Fall bei der Strukturierung eines Eintrags (siehe Abschn. 5.3.3) berücksichtigt werden.

5.3.3   Modellierung des terminologischen Eintrags

5.3.3.1   Definitionen und Prinzipien

Der terminologische Eintrag kann als Basiseinheit einer Terminologiedatenbank angesehen werden. Er enthält jeweils eine logisch zusammengehörige Menge terminologischer Datenelemente zu einer terminologischen Informations- und Organisationseinheit; diese ist im Idealfall ein Begriff (siehe Begriffsorientierung in Abschn. 5.3.3.1.1).

Der Aufbau und die Struktur des terminologischen Eintrags ergeben sich zunächst durch die Auswahl von Datenkategorien aus dem Katalog terminologischer Datenkategorien (siehe Abschn. 5.3.2). Die Auswahl ist nicht für alle Arten und Ausprägungen von Terminologiemanagement gleich, sondern hängt ganz entscheidend von dem geplanten Verwendungszweck der Terminologie, von der Ersteller- und Nutzergruppe und von den organisatorischen Umgebungen ab. Bei einem Einsatz am Einzelarbeitsplatz ergeben sich andere Anforderungen als in größeren Abteilungen oder bei unternehmensweiten Projekten mit Kommunikationsschnittstellen zu anderen Informationssystemen.

Die Auswahl von terminologischen Datenkategorien zur Strukturierung des Eintrags sollte sich immer, wenn auch unter Berücksichtigung ökonomischer Aspekte, an einem **Maximal-Modell** orientieren. Terminologische Informationen, für die adäquate Datenkategorien bereitgestellt sind, können systematisch erfasst, gespeichert und genutzt werden; andere terminologische Informationen, die vom Typ her nicht in die ausgewählten Datenkategorien passen, können entweder gar nicht oder nur unstrukturiert (siehe Abschn. 5.3.2.2.22) abgelegt werden.[8] Maximal-Modell bedeutet aber nicht, dass bei jedem terminologischen Eintrag alle Datenkategorien mit Werten gefüllt werden müssen. Fehlen terminologische Informationen, z. B. konnte (noch) keine Definition gefunden werden oder können aus Zeitgründen nicht alle Informationen bei der Erstellung eines Eintrags direkt eingegeben werden, so können Datenkategorien (vorübergehend) leer bleiben.

Grundsätzlich sollte also vor Projektbeginn gut überlegt werden, welche Datenkategorien für das jeweilige Projekt sinnvoll und erforderlich sind. Wenn die am Terminologieprojekt Beteiligten das Gefühl haben, sie müssen Datenkategorien füllen, die niemand benötigt, sinkt die Motivation und Akzeptanz des Projekts sehr schnell. Da viele Terminologieprojekte mit begrenzten Ressourcen auskommen müssen, sollten diese „Luxusfelder" daher eingespart werden, um den Gesamterfolg des Projekts nicht zu gefährden. Auf der anderen Seite müssen alle Datenkategorien, die im Prinzip erforderlich sind, auch in der Datenbankstruktur angelegt werden (= Maximal-Modell). Um die Nutzer nicht zu überfordern, können sie im Anschluss ausgeblendet werden oder – wie oben schon erwähnt – (vorübergehend) ungefüllt bleiben.

---

[8] Speziell die etwas unscharf definierte Datenkategorie *Anmerkung* wird oft als „Sammelbecken" für jegliche Art von terminologischen, verwaltungstechnischen oder anderen Informationen verwendet. Die Gefahr des Missbrauchs wächst, wenn keine geeigneten Datenkategorien zur Verfügung stehen und die Nutzer so nahezu gezwungen werden, unsauber zu arbeiten.

5.3.3.1.1 Begriffsorientierung

In der älteren Literatur zu Terminologiedatenbanken wird häufig zwischen benennungs-
orientierter und begriffsorientierter Terminologieverwaltung unterschieden. Bei der benennungsorientierten Terminologieverwaltung werden in einem terminologischen Eintrag
alle Informationen zu einer Benennung einschließlich grammatischer Angaben, Kontext,
aber auch unterschiedliche Bedeutungen mit den jeweiligen Erklärungen untergebracht.
Synonyme werden in eigenen Einträgen verwaltet und verweisen (evtl.) auf die Hauptbenennung. Motivation für die Benennungsorientierung war die Erzeugung von (fach-)
lexikografischen Produkten, in einigen Fällen war die Ursache aber auch die (erzwungene)
einfache Strukturierung der Terminologiedatenbanken. Es hat sich gezeigt, dass benennungsorientierte Terminologiesammlungen auf Dauer für ein modernes mehrsprachiges
wissensbasiertes Terminologiemanagement nicht brauchbar sind, v. a. da Homonyme und
Polyseme zusammen und Synonyme getrennt verwaltet werden. Deshalb ist die Begriffsorientierung heute eine Anforderung, die alle Terminologieverwaltungssysteme erfüllen
müssen.

Abbildung 5.4 und 5.5 sollen noch einmal den Unterschied zwischen einem benennungsorientierten, lexikografischen Eintrag und einem begriffsorientierten, terminologischen Eintrag verdeutlichen.

Beim benennungsorientierten Eintrag, wie er aus Wörterbüchern bekannt ist, steht das
Wort bzw. Lexem im Mittelpunkt. Ihm untergeordnet sind die verschiedenen Bedeutungen
(meist in Form von Kurzdefinitionen).

Bei der Begriffsorientierung hingegen enthält der terminologische Eintrag alle Informationen zu einem Begriff. Die Strukturierung des Eintrags muss diese Begriffsorientierung

Abb. 5.4 Benennungsorien-
tierter, lexikografischer Eintrag

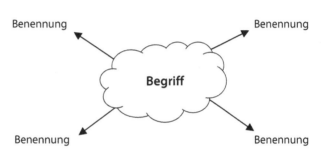

Abb. 5.5 Begriffsorientierter,
terminologischer Eintrag

widerspiegeln. Dies bedeutet, dass es möglich sein muss, alle begriffsbezogenen Informationen einschließlich aller Benennungen in allen Sprachen mit ihren benennungsbezogenen Informationen einem Eintrag zuzuordnen und in entsprechenden Datenkategorien abzulegen. Terminologische Informationen zu verschiedenen Begriffen müssen in verschiedenen Einträgen verwaltet werden.

Der Aufbau einer begriffsorientierten Datenbank lässt sich am besten an Homonymen oder Polysemen erläutern, also an Benennungen, die verschiedene Begriffe repräsentieren. Sucht man z. B. nach der Benennung „Maus", so würde dies in einer begriffsorientierten Datenbank zu mehreren Treffern führen: im Sachgebiet Zoologie und im Sachgebiet Informatik. Obgleich die Benennung identisch ist, handelt es sich um verschiedene Begriffe, die voneinander getrennt verwaltet werden. Bei einem benennungsorientierten Ansatz, wie ihn z. B. ein Wörterbuch aufweist, gäbe es nur einen einzigen Eintrag. In ihm befände sich a) die Benennung „Maus" mit ihren unterschiedlichen Bedeutungen und b) bei einer mehrsprachigen Datenbank auch alle zielsprachlichen Äquivalente. Eine adäquate Synonymverwaltung und Äquivalentkennzeichnung ist bei einer solchen Eintragsstruktur kaum realisierbar. Für den Übersetzer ist es sehr schwer, aus der Fülle an angebotenen zielsprachlichen Benennungen diejenige auszuwählen, die für sein Sachgebiet passend ist.

Ein Synonym würde bei einer benennungsorientierten Datenbank in einem ganz anderen Datensatz auftauchen, da die Sortierung rein alphabetisch erfolgt. Bei einer begriffsorientierten Struktur hingegen werden Synonyme, wie z. B. „Eingabetaste", „Return-Taste" und „Enter-Taste", im selben terminologischen Eintrag verwaltet und jeweils mit zusätzlichen Informationen (z. B. grammatischen Angaben) versehen.

Der terminologische Eintrag ist eine logische Einheit. Aus softwaretechnischen Überlegungen kann es sich (z. B. in relationalen Datenbanken) als sinnvoll erweisen, diese logische Einheit in mehrere physische Einheiten (Datensätze oder Records) aufzuspalten, etwa um die Wiederholungsmöglichkeiten von Datenkategorien oder Gruppen von Datenkategorien zu implementieren.

Es soll noch festgestellt werden, dass es dem Prinzip der Begriffsorientierung nicht widerspricht, wenn bspw. aus Zeitmangel während eines Übersetzungsprojekts zunächst nur Benennungen in zwei Sprachen, jeweils mit Projektcode sowie Fachgebiet, Erstellungsdatum und Autor in einem Eintrag erfasst werden können. Wichtig ist aber, dass weitere Benennungen (Synonyme, Kurzformen, Schreibvarianten) zum gleichen Begriff nicht als neue Einträge gespeichert, sondern in den existierenden Begriffseintrag aufgenommen werden. Modernere Terminologieverwaltungssysteme reagieren, wenn ein Nutzer eine Benennung neu eingibt, die bereits in der Datenbank vorhanden ist. Da dies ein Hinweis darauf sein kann, dass er Informationen zu einem Begriff in unterschiedlichen Einträgen ablegen will, erfolgt ein Hinweis und somit eine Unterstützung bei der Einhaltung der Begriffsorientierung. Ebenso können doppelte Benennungen im Nachhinein in bereits existierenden Datenbeständen aufgespürt und zur Harmonisierung angeboten werden. Zum Umgang mit (echten und falschen) Dubletten siehe auch Abschn. 6.7.2.

5.3.3.1.2   Benennungsautonomie

Die Benennungsautonomie ist eine erwünschte Eigenschaft eines terminologischen Eintrags, die direkt mit der Abhängigkeit der Datenkategorien untereinander und der Begriffsorientierung zu tun hat. Unter Benennungsautonomie verstehen wir, dass alle Typen von
Benennungen (z. B. Vorzugs-/Hauptbenennung, Synonym, Variante oder Kurzform) als
eigenständige Teileinheiten des terminologischen Eintrags betrachtet werden und jeweils
mit einer Reihe von (abhängigen) Datenkategorien dokumentiert werden. Beispiele für
diese benennungsbezogenen abhängigen Datenkategorien sind etwa *Grammatische
Angaben, Stilebene, Geografischer Gebrauch, Kunde* oder *Kontext*. Ist der Typ der Benennung wichtig, dann sollte dieser in einer eigenen Datenkategorie *Benennungstyp*, die
natürlich auch benennungsbezogen ist, vermerkt werden. Die mögliche Anzahl dieser den
gleichen Begriff repräsentierenden Benennungen und damit der eigenständigen „Benennungsblöcke" darf nicht begrenzt sein, da man nicht voraussehen kann, wie viele Benennungen zu einem Begriff erfasst werden müssen.

In einigen Systemen zur Terminologieverwaltung ist die Benennungsautonomie nicht
realisiert. Entweder werden alle Benennungen in einer einzigen Datenkategorie verwaltet,
was auch noch dem Prinzip der Elementarität widerspricht (siehe Abb. 5.6, Teil c),[9] oder
es gibt zusätzliche Datenkategorien für Synonyme oder Kurzformen, die aber nicht mehr
durch weitere Kategorien dokumentiert werden können (siehe Abb. 5.6, Teil b).

Abb. 5.6 Implementierung der Benennungsautonomie (**a**), Verletzung der Benennungsautonomie (**b** und **c**)

Mit Benennungsautonomie	Ohne Benennungsautonomie
a) Alle Typen von Benennungen als eigenständige Teileinheiten	b) Synonyme etc. können nicht weiter dokumentiert werden
Deutsch	**Deutsch**
Benennung: **Airbag** *Genus:* m. *Status:* bevorzugt	*Benennung:* **Airbag** *Genus:* m. *Status:* bevorzugt *Synonym:* Luftkissen *Schreibvariante:* Air bag *Kurzform:* Sack
Benennung: **Luftkissen** *Genus:* n. *Status:* abgelehnt	c) Alle Benennungen in einer Datenkategorie
Benennung: **Air bag** *Genus:* m. *Status:* abgelehnt *Benennungstyp:* Schreibvariante	**Deutsch**
Benennung: **Sack** *Genus:* m. *Status:* abgelehnt *Benennungstyp:* Kurzform	*Benennung:* **Airbag, Luftkissen, Air bag, Sack** *Genus:* m. *Status:* bevorzugt

---

[9] Die Angaben zu Genus und Status müssen sich bei der Variante c implizit immer auf die erste Zeile
bzw. das erste Datum beziehen, da hier die Vorzugsbenennung eingetragen ist – im dargestellten
Beispiel beziehen sie sich also auf „Airbag".

5.3.3.1.3 Sprachebenenexplizierung

Das dritte Prinzip zur Modellierung des terminologischen Eintrags (neben Begriffsorientierung und Benennungsautonomie) ist die Sprachebenenexplizierung. Die Sprachebenenexplizierung, die in einschlägigen Publikationen bisher nicht erwähnt und diskutiert wurde, hat das Ziel, Datenkategorien, die sich nicht explizit einzelsprachenunabhängig auf den Begriff und auch nicht direkt auf eine bestimmte Benennung beziehen, adäquat im Datenmodell zu berücksichtigen. Derartige Datenkategorien betreffen z. B.:

- Begriffsinformationen, die in unterschiedlichen Sprachen vorliegen sollen (z. B. Definitionen plus Quellen)
- Begriffsinformationen, die unterschiedliche kultur- und sprachgemeinschaftsspezifische Aspekte des Begriffs herausstellen sollen (z. B. sprachkulturspezifische Abbildungen plus Quellen)
- verwaltungstechnische Informationen, die sich auf alle Benennungsblöcke einer Sprache beziehen (z. B. Bearbeitungsstatus für eine Sprache).

Die Sprachebenenexplizierung ist nur in wenigen Terminologieverwaltungssystemen realisiert; es gibt aber Mechanismen, die eine fehlende Umsetzung der Sprachebenenexplizierung teilweise kompensieren können. So kann etwa die Datenkategorie *Definition* auf der Ebene des Begriffs angesiedelt sein; muss dann aber (mit Datenelementen in verschiedenen Sprachen) wiederholt und dabei mit einer Sprachkennzeichnung versehen werden.

5.3.3.2 Terminologisches Eintragsmodell

In der Vergangenheit ist oft versucht worden, die Struktur von terminologischen Einträgen einschließlich der Datenkategorien eindeutig festzulegen, um z. B. den Austausch terminologischer Daten zu vereinfachen. Dies musste jedoch scheitern, da die Terminologieverwaltung immer zweckorientiert und anwendungsspezifisch erfolgt, was Konsequenzen für die Auswahl der Datenkategorien und die Strukturierung des Eintrags hat. Empfehlungen und Anregungen für die Eintragsgestaltung finden sich z. B. in Arntz et al. (2014), Felber und Budin (1989), GTW (1994), KÜDES (2002) und Schmitz (2016), aber vor allem sehr ausgereift als Vorschlagsmodell in Abschn. 5.3.3.3.

Grundsätzlich sollte das terminologische Eintragsmodell die drei in Abschn. 5.3.3.1 genannten und erläuterten Prinzipien Begriffsorientierung, Benennungsautonomie und Sprachebenenexplizierung berücksichtigen. Dieses Modell ist in Abb. 5.7 grafisch dargestellt.

Der terminologische Eintrag umfasst alle Informationen zu einem Begriff (Begriffsorientierung) und enthält neben den Begriffsinformationen – der Begriff als Denkeinheit ist ja selbst nicht als Datenkategorie realisierbar – für jede Sprache einen Sprachblock (Sprachebenenexplizierung) mit sprachabhängigen Datenkategorien. In jedem Sprachblock gibt es für jede Benennung einen Benennungsblock (Benennungsautonomie) mit Datenkategorien, die die jeweilige Benennung weiter dokumentieren. Die Anzahl der den Begriff repräsentierenden Benennungen kann natürlich in jeder Sprache unterschiedlich sein.

Abb. 5.7 Terminologisches
Eintragsmodell

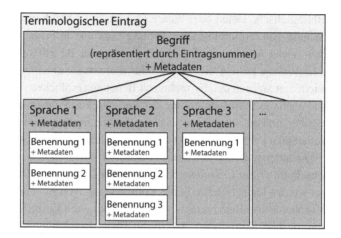

Damit entspricht das vorgestellte Eintragsmodell weitgehend dem terminologischen Metamodell aus ISO 16642 (2003), das auch die Grundlage der TBX-Norm für den Austausch terminologischer Daten darstellt (siehe dazu ISO 30042 2008 sowie Abschn. 6.3.2 und 6.8.3).

Das Metamodell in Abb. 5.8 beschreibt terminologische Daten (in einem Terminologieverwaltungssystem oder in einer Austauschdatei) als eine Datensammlung, die aus einem oder mehreren terminologischen Einträgen (*Terminological Entry*) besteht. Allgemeine Informationen (*Global Information*), z. B. Eigentümer, Umfang oder Erstellungsdatum der Datenbank, sowie zusätzliche, nicht-terminologische Daten (*Other Resources*), z. B.

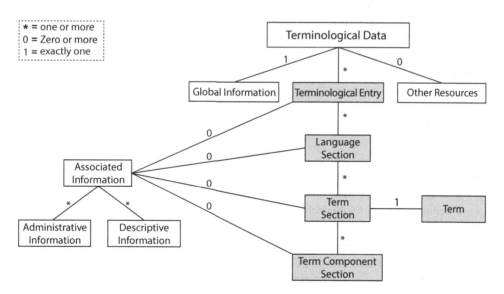

Abb. 5.8 Terminologisches Metamodell (Darstellung in Anlehnung an SALT (2000) und ISO 16642 (2003))

bibliografische Daten oder binäre Dateien mit Abbildungen, ergänzen den Gesamtdatenbestand. Ein terminologischer Eintrag fasst alle Informationen zu einem Begriff zusammen (siehe Abschn. 5.3.3.1.1 zum Prinzip der Begriffsorientierung); jeder terminologische Eintrag besteht aus einem oder mehreren Sprachblöcken (*Language Section*), die
wiederum aus einem oder mehreren Benennungsblöcken (*Term Section*) gebildet werden.
Die explizite Berücksichtigung der Sprachsektion entspricht unserer Sprachebenenexplizierung, und die Tatsache, dass jeder Benennungsblock nur genau eine Benennung (*Term*)
aufnehmen kann, bildet exakt das Prinzip der Benennungsautonomie ab.

Die unterste Ebene des terminologischen Metamodells, die als Benennungskomponen-
tensektion (*Term Component Section*) oder besser und einfacher als Wortebene bezeichnet werden kann, beschreibt die Komponenten von Benennungen im Detail. Dies können
Morpheme von Benennungen sein oder aber auch Einzelwörter von Mehrwortbenennungen (deshalb Wortebene). Auf dieser Ebene des Metamodells kann man bspw. bei einer
Benennung wie „serielle Schnittstelle mit asynchroner Datenübertragung" grammatische
Angaben wie Genus, Wortart und Numerus für alle Einzelwörter der Mehrwortbenennung
angeben, was für romanische oder germanische Sprachen in einigen Fällen durchaus sinnvoll und gewünscht sein kann. In fast allen bekannten Terminologieverwaltungssystemen
ist diese Ebene aber nicht implementiert oder implementierbar, weswegen die grammatischen Datenkategorien meist auf der Benennungsebene angesiedelt werden.

Alle vier Ebenen (Eintragsebene, Sprachebene, Benennungsebene und Wortebene)
können durch beschreibende (*Descriptive Information*) und verwaltungstechnische (*Administrative Information*) Datenkategorien weiter dokumentiert werden.

5.3.3.3 Zuordnung der Datenkategorien im Eintragsmodell

Sobald die Datenkategorien und das Eintragsmodell mit den unterschiedlichen Ebenen
feststehen, werden die Datenkategorien in einer bestimmten, gleichbleibenden Reihenfolge, ggf. in Abhängigkeit voneinander, im Eintragsmodell angeordnet. So wird die
Struktur der terminologischen Einträge exakt definiert. Für eine angemessene Zuordnung
der Datenkategorien ist es wichtig, zwischen den verschiedenen Ebenen der Datenver-
waltung zu unterscheiden, nämlich der Eintrags- bzw. Begriffsebene, der Sprachebene,
der Benennungsebene und evtl. der Wortebene. Diese Ebenen werden im Folgenden näher
betrachtet.

5.3.3.3.1 Eintrags-/Begriffsebene

Auf Eintrags- oder Begriffsebene werden administrative Daten über den Eintrag und
sprachunabhängige terminologische Informationen zum dokumentierten Begriff verwaltet. Das Anlage- und Änderungsdatum, der Verfasser und der letzte Bearbeiter des Eintrags
sowie eine eindeutige Eintragsnummer werden i. d. R. vom Terminologieverwaltungssystem automatisch vergeben und gespeichert.

Wird die Terminologie anhand eines Begriffssystems geordnet, in dem die Begriffe in
Beziehung zueinander gesetzt und ihre Stellungen mit Hilfe einer Kennziffer, einer sog.
Notation (siehe Abschn. 5.3.2.2.17), angegeben werden, so ist diese Notation ebenfalls

auf Eintrags- bzw. Begriffsebene zu erfassen. Ähnlich verhält es sich mit Datenkategorien für explizite Begriffsbeziehungen (siehe Abschn. 5.3.2.2.18), die auf Ober-, Unter- oder benachbarte Begriffe verweisen.

Eine weitere sinnvolle Datenkategorie auf Eintragsebene ist das Fachgebiet, in das der dokumentierte Begriff eingeordnet wird. Dabei kann es sich um eine allgemeine Fachgebietsklassifikation handeln oder um eine firmeninterne Einteilung. Sie kann in Form von Nummern oder Kürzeln kodiert oder als Volltextangabe erfasst werden (siehe Abschn. 5.3.2.2.16).

Nicht-sprachliche Beschreibungselemente, bspw. Abbildungen oder Videos, gehören ebenfalls auf die Eintragsebene, sofern sie – wie in den meisten Fällen – kulturunabhängig sind. Denkbar sind jedoch auch kultur- oder länderspezifische Abbildungen, die dann auf Sprachebene verwaltet werden müssen (siehe z. B. die verschiedenen Varianten eines Netzsteckers in Abb. 5.1).

Eine grundsätzliche Überlegung wert ist die Frage, wo man die zentrale Datenkategorie *Definition* platzieren soll (siehe Abschn. 5.3.2.2.13). Da eine Definition in erster Linie den Begriff beschreibt, wäre eine Ansiedelung auf Eintragsebene logisch. Dies geschieht z. B. in Unternehmen, bei denen die Begriffe unternehmensspezifisch definiert sind und bei denen es genau eine Unternehmenssprache gibt. In der Praxis wird die Definition jedoch meist auf Sprachebene erfasst, da sie in mehreren Sprachen vorliegen soll. Dies ist dann wichtig, wenn (auch) durch die unterschiedlichen Definitionen leichte Begriffsunterschiede in unterschiedlichen (Sprach-)Kulturen aufgezeigt werden sollen und wenn alle Nutzer des Terminologieverwaltungssystems die Definition in ihrer Muttersprache verstehen wollen. Fehlt die Sprachebene im Terminologieverwaltungssystem, so kann die Definition entweder mehrfach in unterschiedlichen Sprachen auf Begriffsebene oder – wenn dies nicht möglich ist – auf der Benennungsebene angeordnet werden. Erscheint die Definition auf Benennungsebene, so sollte sie nur einmal, und zwar bei der Vorzugsbenennung angelegt sein, da i. d. R. nicht für jede Benennung einer Sprache eine eigene Definition eingegeben werden muss – es sei denn, die Definition auf Benennungsebene dient dazu, die Synonymie der eingetragenen Benennungen zu belegen.

Was für die Datenkategorie *Definition* gilt, gilt in gleicher Weise auch für die Datenkategorie *Begriffserklärung* (siehe Abschn. 5.3.2.2.14).

Andere Datenkategorien, bspw. Angaben zu Abteilungen, Produkten, Projekten oder Kunden (siehe Abschn. 5.3.2.2.11), können auf Eintrags- bzw. Begriffsebene oder auf Benennungsebene angesiedelt werden, je nachdem, ob sich die Zuständigkeiten oder Zuordnungen auf den gesamten Begriff oder auf einzelne Benennungen beziehen. Darüber hinaus können Verantwortlichkeiten und Bearbeitungsmodalitäten gekennzeichnet und damit der Bearbeitungsstatus (siehe Abschn. 5.3.2.2.23) im Rahmen des Validierungsprozesses für den gesamten Eintrag auf Eintragsebene, für einzelne Sprachen auf Sprachebene und für einzelne Benennungen auf Benennungsebene dokumentiert werden.

Verweise auf andere Einträge durch die Kategorien *Siehe auch* (siehe Abschn. 5.3.2.2.24) sowie *Anmerkung* (siehe Abschn. 5.3.2.2.22) erscheinen bevorzugt auf der Eintragsebene, können aber auch auf allen anderen Ebenen angelegt werden.

Mögliche Datenkategorien auf Eintrags- oder Begriffsebene sind in Tab. 5.4 aufgeführt.

Tab. 5.4 Datenkategorien auf Begriffsebene

Datenkategorie	Anmerkung / Mögliche Inhalte
Eintragsnummer/Begriffsnummer	wird oft automatisch vergeben und verwaltet
Angelegt am	wird oft automatisch verwaltet
Geändert am	wird oft automatisch verwaltet
Angelegt von	wird oft automatisch verwaltet
Geändert von	wird oft automatisch verwaltet
Eintragsstatus	z. B. freigegeben, gesperrt, vorläufig
Fachgebiet	
Teilbestandskennung	
Abbildung	kann neben Grafiken und Fotos auch andere multimediale Objekte enthalten (z. B. Videos)
Quelle der Abbildung	
Kunde	
Produkt	
Projekt	
Abteilung	
Notation	
Siehe auch	
Anmerkung	enthält begriffsbezogene/begriffsspezifische Anmerkungen
Sprache 1	Anbindung der Sprachebene
Sprache 2	Anbindung der Sprachebene
Sprache n	Anbindung der Sprachebene

5.3.3.3.2 Sprachebene

Auf der Sprachebene werden alle Benennungen zu einem Begriff in einer Sprache sowie andere sprachspezifische Informationen verwaltet. Wie bereits erwähnt, ist es sinnvoll, Definitionen auf der Sprachebene anzusiedeln, wenn sie in verschiedenen Sprachen erfasst werden sollen. Definitionen sollten mit Quellenangaben dokumentiert werden, die folglich ebenfalls auf der Sprachebene liegen. Ähnliches gilt für Begriffserklärungen.

Mögliche Datenkategorien auf Sprachebene sind in Tab. 5.5 aufgeführt.

5.3.3.3.3 Benennungsebene

Auf der Benennungsebene werden die Informationen zu den einzelnen Benennungen eines Begriffs verwaltet. Die Benennungsebene ist theoretisch von der Wortebene zu unterscheiden, da Benennungen aus mehreren Wörtern bestehen können. Jedoch wird die

Tab. 5.5 Datenkategorien auf Sprachebene

Datenkategorie	Anmerkung / Mögliche Inhalte
Angelegt am	wird oft automatisch verwaltet
Geändert am	wird oft automatisch verwaltet
Angelegt von	wird oft automatisch verwaltet
Geändert von	wird oft automatisch verwaltet
Sprachblockstatus	z. B. freigegeben, gesperrt, vorläufig
Definition	
Quelle der Definition	
Begriffserklärung	
Quelle der Begriffserklärung	
Abbildung	bei sprachraum- bzw. kulturabhängigen Abbildungen
Quelle der Abbildung	
Siehe auch	
Anmerkung	enthält sprachbezogene/sprachspezifische Anmerkungen
Benennung 1	Anbindung der Benennungsebene und ggf. der Wortebene
Benennung 2	Anbindung der Benennungsebene und ggf. der Wortebene
Benennung n	Anbindung der Benennungsebene und ggf. der Wortebene

Wortebene in der Praxis selten implementiert, und wortbezogene Informationen werden auf der Benennungsebene verwaltet (siehe dazu auch die Abschn. 5.3.3.2 und 5.3.3.3.4).

Zu den Informationen über Benennungen zählen bspw. grammatische Angaben und Kontexte, die als Hinweise zur sprachlichen Verwendung insbes. bei Übersetzungen hilfreich sein können. Wenn Kontexte erfasst werden, sollten sie immer mit Quellen belegt werden. Werden keine Kontexte erfasst, so ist die Quelle, aus der die Benennung stammt, zu belegen. Die Quellen von Benennungen können natürlich auch dann regelmäßig erfasst werden, wenn Kontextangaben vorhanden sind.

Auch auf Benennungsebene kann die Verwaltung von administrativen Informationen sinnvoll sein. So kann dokumentiert werden, ob eine Benennung freigegeben ist, wer sie eingegeben, geändert oder freigegeben hat, für welche Abteilungen, Dokumente oder Produktversionen sie gilt etc.

Mögliche Datenkategorien auf Benennungsebene sind in Tab. 5.6 aufgeführt.

5.3.3.3.4 Wortebene

Auf der Wortebene werden in erster Linie lexikalische und grammatische Angaben zu (einzelnen Wörtern von) Benennungen verwaltet. Besonders bei Mehrwortbenennungen, die bspw. in den romanischen Sprachen sehr verbreitet sind, kann es sinnvoll sein, eine Wortebene anzulegen. Doch wird die Wortebene, wie bereits erwähnt, in der Praxis oft

Tab. 5.6 Datenkategorien auf Benennungsebene

Datenkategorie	Anmerkung / Mögliche Inhalte
Quelle der Benennung	
Angelegt am	wird oft automatisch verwaltet
Geändert am	wird oft automatisch verwaltet
Angelegt von	wird oft automatisch verwaltet
Geändert von	wird oft automatisch verwaltet
Qualitätsstatus (des Benennungsblocks)	z. B. freigegeben, gesperrt, vorläufig
Normativer Status (der einzelnen Benennung)	z. B. bevorzugt, abgelehnt
Benennungstyp	z. B. Vollform, Kurzform, Schreibvariante
Geografischer Gebrauch	z. B. UK, US, DE, AT, CH
Stilebene	z. B. technisch, umgangssprachlich
Gebrauchsstatus	z. B. veraltet, selten, genormt
Kunde	
Produkt	
Projekt	
Abteilung	
Kontext	
Quelle des Kontextes	
Siehe auch	
Anmerkung	enthält benennungsbezogene/benennungsspezifische Anmerkungen

nicht implementiert – in dem Fall sind die entsprechenden Datenkategorien auf Benennungsebene zu erfassen.

Mögliche Datenkategorien auf Wortebene sind in Tab. 5.7 aufgeführt.

5.3.3.3.5 Eigenschaften von Datenkategorien im Eintragsmodell

Auch wenn die Datenkategorien sauber definiert und den geeigneten Ebenen des Eintragsmodells zugeordnet wurden, gibt es noch einen gewissen Gestaltungsspielraum bei der endgültigen Definition der logischen Struktur der Terminologiedatenbank.

Bei der Diskussion der Typen von Datenkategorien in Abschn. 5.3.2.1 wurde schon angesprochen, dass **geschlossene Datenkategorien** gegenüber **offenen Datenkategorien** bevorzugt werden sollen, da sie ein schnelleres Erfassen und eine saubere Auswertung der Daten ermöglichen sowie die Konsistenz und Fehlerfreiheit der Daten unterstützen. Viele Datenkategorien wie z. B. *Genus* oder die verschiedenen *Status*-Kategorien sind eindeutig als geschlossene Datenkategorien zu realisieren, da die mögliche Menge an Datenelementen

Tab. 5.7 Datenkategorien auf Wortebene

Datenkategorie	Anmerkung / Mögliche Inhalte
Wortart	z. B. sub, adj, vrb
Genus	z. B. m, f, n
Numerus	z. B. sg, pl, sgt, plt
Anmerkung	enthält einzelwortbezogene/ einzelwortspezifische Anmerkungen

fest definiert und überschaubar ist. Datenkategorien wie *Geografischer Gebrauch* können bei Terminologieprojekten mit vielen Sprachen auch viele mögliche Länderkürzel enthalten; dennoch sollte auch hier der Typ einer geschlossenen Datenkategorie gewählt werden. Ähnliches gilt für Datenkategorien wie *Fachgebiet, Kunde, Projekt, Produkt* oder *Abteilung*.[10]

Sowohl offene als auch geschlossene Datenkategorien können als **fakultativ** (im Normalfall) oder als **obligatorisch** definiert werden. Obligatorische Datenkategorien müssen immer mit Inhalt gefüllt werden, was die Konsistenz der Daten erhöht und der Qualitätssicherung dient. Eine typischerweise als obligatorisch anzulegende Datenkategorie ist das Fachgebiet, damit jeder Begriffseintrag (zumindest) einem Fachgebiet zugeordnet wird. Werden obligatorische Datenkategorien als geschlossene Datenkategorien realisiert, wird in einigen Fällen ein Wert „Sonstiges" o. Ä. in die Werteliste aufgenommen, obwohl eine solche „Sammelkategorie" eigentlich vermieden werden sollte, da man in der Terminologieverwaltung eine klare und saubere Zuordnung anstrebt. Für das Fachgebiet könnte der Wert z. B. „allgemein" lauten, sodass damit auch allgemeinsprachliche Begriffe mit einer Art Fachgebiet versehen werden können. Man könnte – je nach Szenario – dieses Feld jedoch auch anders einrichten und dazu verwenden, die Nutzer davon abzuhalten, Begriffe einzugeben, die nicht fachlich sind. In diesem Fall lässt man den unscharfen Wert „allgemein" weg, sodass die Nutzer im Idealfall nur noch Fachterminologie im engeren Sinne eingeben (können).

Komplexere Bedingungen für obligatorische Eingaben können nicht immer spezifiziert werden. Soll etwa erzwungen werden, dass immer die Quelle zu einer Definition angegeben wird, so kann man nicht einfach das Quellenfeld als obligatorisch festlegen, da man dann auch eine Quelle angeben müsste, wenn gar keine Definition vorhanden ist. Manchmal kann man dieses Dilemma durch Hierarchisierung der Datenkategorien lösen, indem die Quelle „unterhalb" der Definition angedockt ist und das Attribut „obligatorisch" nur relevant wird, wenn die Definition „oberhalb" mit einem Wert belegt ist. Schwieriger oder sogar unmöglich wird die Umsetzung im folgenden Fall: Will man etwa die Genusangabe bei deutschen Substantiven erzwingen, so reicht es nicht aus, die Datenkategorie *Genus* bei Benennungen im deutschen Sprachblock als obligatorisch zu definieren, da auch Verben, Adjektive oder Adverbien als Benennungen auftreten können, die nicht sinnvoll mit einem Genus versehen werden können.

---

[10] In Einzelfällen kann es sinnvoll sein, diese Datenkategorien als offene Datenkategorien zu realisieren, wobei man sich die höhere Flexibilität mit einer wahrscheinlich geringeren Konsistenz erkauft.

Bei Überlegungen zur Realisierung von Datenkategorien kann es auch wichtig werden, dass bestimmte Datenelemente pro Begriff, pro Sprache oder pro Benennung nur genau **einmal** vergeben werden dürfen, während andere **mehrfach** vorkommen dürfen oder sogar sollen. Da wir die Elementarität von Datenkategorien (siehe Abschn. 5.3.2.3.2) fordern, kann man die Mehrfachangabe von bestimmten Datenelementen gleichen Typs nur über die **Wiederholbarkeit** von Datenkategorien umsetzen. Eine flexible Wiederholung von Datenkategorien ist jedoch bei einigen Terminologieverwaltungssystemen (mit fest vorgegebener Struktur des Eintrags) nicht möglich.

Nicht alle Datenkategorien sollen und dürfen wiederholbar sein. So kann etwa die Datenkategorie *Normativer Gebrauch* nur einmal pro Benennung mit einem Wert belegt werden, da eine Benennung nicht gleichzeitig „bevorzugt" und „abgelehnt" sein kann. Andererseits müssen Datenkategorien wie *Fachgebiet* oder *Geografischer Gebrauch* wiederholbar sein, da pro Benennung oft mehrere Fachgebiete oder mehrere Länder, in denen die Benennung auftreten kann, angegeben werden müssen.

Eine große Hilfe bei der Eingabe von terminologischen Daten ist die Vorbesetzung von Datenkategorien mit **Standardwerten**. Diese Standardwerte (auch: Default-Werte) decken den „Normalfall" bei der Eingabe von Daten ab und machen das Eingeben schneller und die Daten konsistenter. Werden im Einzelfall andere als die Standardwerte gefordert, kann der Nutzer die Standardwerte überschreiben und so ändern. So könnte man etwa im Datenmodell für die Datenkategorie *Wortart/Wortklasse* den Standardwert „sub" für Substantiv vorsehen, da die meisten fachsprachlichen Benennungen Substantive sind. Treten dann in wenigen Fällen Verben als Benennungen auf, kann der Standardwert mit „vrb" überschrieben werden.

In vielen Terminologieverwaltungssystemen kann man derartige Standardwerte auch temporär vorbesetzen, etwa, während man die Terminologie einer bestimmten Abteilung oder eines Fachgebiets oder (während der Übersetzung) eines bestimmten Kunden erfasst. Die Vorbesetzung von *Abteilung, Fachgebiet* oder *Kunde* erleichtert und beschleunigt die Eingabe der Daten und verhindert das versehentliche Vergessen von Werten.

5.3.4 Gesamtübersicht

Die Darstellung in Abb. 5.9 zeigt die logische Struktur einer Terminologiedatenbank mit terminologischen und evtl. mit bibliografischen Einträgen. Die Datenkategorien sind den jeweiligen Ebenen zugeordnet; die Wortebene ist nicht explizit vorhanden, sondern in die Benennungsebene eingegliedert.

5.4 Technische Überlegungen

5.4.1 Einführung

Die Einrichtung eines Terminologieverwaltungssystems kann in der heutigen Zeit vernünftigerweise nur mit den Hilfsmitteln der Informationstechnologie erfolgen. Deshalb

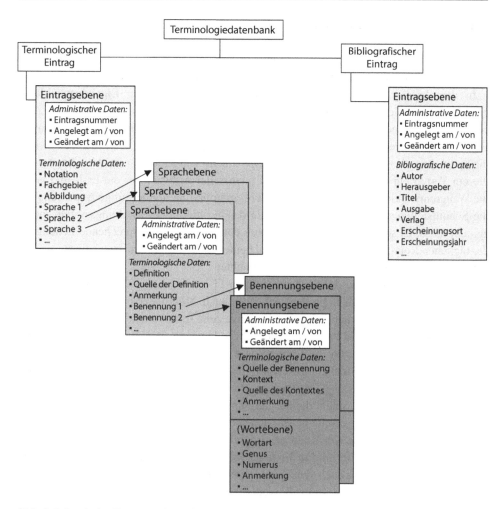

Abb. 5.9 Logische Gesamtstruktur einer Terminologiedatenbank

sind für die Konzeption einer solchen Lösung neben den inhaltlichen Überlegungen, die in Abschnitt 5.3 erörtert wurden, die technischen Überlegungen besonders wichtig.

In diesem Abschnitt werden zunächst einige softwaretechnische Ansätze gegenübergestellt. Danach werden die Aspekte Hardware und Software, Benutzerschnittstelle, organisatorische Einbettung sowie kaufmännische Gesichtspunkte untersucht. Auch wenn sich die folgenden Betrachtungen auf die Konzeption und Einrichtung von Terminologieverwaltungssystemen konzentrieren, sind viele der untersuchten Aspekte genereller Natur und auch auf eine Vielzahl anderer Softwareprodukte anwendbar.

Die geplante(n) Nutzergruppe(n), das organisatorische Umfeld und die inhaltlichen Überlegungen zur Struktur des terminologischen Eintrags bestimmen im konkreten Einzelfall sehr stark die Bedeutung und Gewichtung der einzelnen Kriterien (vgl. GTW 1996, Schmitz 2001a, 2001b).

5.4.2　Grundsätzliche Überlegungen

Wichtig für die Einrichtung einer IT-Lösung zur Terminologieverwaltung ist die Entscheidung, welcher softwaretechnische Ansatz verfolgt werden soll.

In den Anfängen der elektronischen Datenverarbeitung waren **Eigenentwicklungen** von Terminologieverwaltungssystemen notwendig, da kaum Standardprodukte und erst recht keine speziellen Lösungen für die Terminologieverwaltung vorhanden waren. Eigenentwicklungen haben den Vorteil, dass eine Softwarelösung implementiert wird, die optimal an die (unternehmens-)eigenen Spezifikationen angepasst ist. Allerdings steht diesem Vorteil ein immenser zeitlicher und finanzieller Aufwand für die Erst- und auch die Weiterentwicklung entgegen. Auch die Programmierung und jeweilige Anpassung an die Schnittstellen zu Werkzeugen, mit denen das Terminologieverwaltungssystem interagieren muss, ist sehr aufwendig. Da es Jahre dauert, bis eine entsprechende Lösung in der täglichen Routine einwandfrei läuft, wird heute auf die Programmierung einer eigenen Terminologieverwaltungssoftware i. d. R. verzichtet.

In vielen Fällen wird bei der Suche nach einer IT-Lösung auf existierende **Standardprogramme** zurückgegriffen. Freiberufler, aber auch Mitarbeiter in Unternehmen, die zur Unterstützung der eigenen Arbeit die Initiative zum Terminologiemanagement ergreifen, beginnen oft damit, ein Programm, mit dessen Umgang sie vertraut sind und das am Arbeitsplatz vorhanden ist, für die Terminologieverwaltung zu nutzen, meist ein Textverarbeitungs- oder ein Tabellenkalkulationsprogramm. Normalerweise werden dann Fachwörter in einfachen Wortlisten oder Tabellen erfasst, wobei v. a. im mehrsprachigen Übersetzerumfeld in der einen Spalte die ausgangssprachliche und in der anderen Spalte die zielsprachliche Benennung erscheint. Mit den normalen Möglichkeiten der Programme ist es dann recht einfach, diese Wortlisten zu sortieren oder auszudrucken, nach Benennungen zu suchen und gefundene Termini in Texte zu übernehmen. Will der Nutzer jedoch neben einfachen Wortgleichungen auch synonyme Benennungen oder sprachliche Varianten aufnehmen oder erscheint es ihm sinnvoll, weitere terminologische Daten wie Definitionen, Kontexte, grammatische Angaben sowie Angaben zum Fachgebiet oder Auftraggeber zu verwalten, so kommt die Textverarbeitungs- oder Tabellenkalkulationslösung auch mit sehr „breiten" Tabellen von 20 oder 30 Spalten schnell an ihre Grenzen. Hinzu kommt, dass Such- und Sortiervorgänge innerhalb von derartigen Programmen bei mehreren Tausend Termini sehr langsam ablaufen, dass das Herausfiltern bestimmter Teilmengen nicht oder nur sehr mühsam möglich ist und die begriffsorientierte Verwaltung nur schwer realisiert werden kann. Deshalb muss hier ganz deutlich darauf hingewiesen werden, dass die Nutzung von Textverarbeitungs- oder Tabellenkalkulationsprogrammen für eine professionelle Terminologieverwaltung ungeeignet ist; einzelne Teilaufgaben der Terminologiearbeit können jedoch durchaus durch derartige Programme unterstützt werden.

Ein systematischerer Ansatz ist zu erkennen, wenn **universelle Datenbankprogramme** wie Oracle, SQL-Server oder Microsoft Access benutzt werden, um Terminologie zu verwalten. Diese Programme, die meist nach dem relationalen Datenbankmodell konzipiert sind, erlauben es dem Nutzer, die terminologischen und verwaltungstechnischen Datenkategorien zu definieren, die er für seine spezifische Arbeitsmethodik benötigt. Ebenso kann man die Modellierung der terminologischen Daten mit diesen Systemen wie in Abschn. 5.3.3 beschrieben umsetzen, schnell und effizient auch in sehr großen Datenbeständen suchen und diese Datenbestände nach unterschiedlichsten Kriterien auswerten. Heutzutage sind die meisten der universellen Datenbanksysteme auch auf die Verwaltung sprachlicher Daten ausgerichtet und können recht gut mit variabel langen Daten und mit einer nicht vorhersehbaren Anzahl von Wiederholungen bestimmter Datenkategorien umgehen.

Dass universelle Datenbankprogramme durchaus für die Terminologieverwaltung geeignet sind, erkennt man an der Tatsache, dass viele der kommerziellen Terminologie-verwaltungssysteme auf derartigen relationalen Datenbankkomponenten basieren. Es darf aber nicht vergessen werden, dass diese universellen Datenbankprogramme durch Kon-figurierung und Programmierung an die spezifischen Aufgabenstellungen und Anforde-rungen des Terminologiemanagements angepasst werden müssen, damit sie in der Praxis effizient und benutzerfreundlich eingesetzt werden können. Der Aufwand hierfür ist nicht zu unterschätzen, zumal die Anpassung i. d. R. durch Nutzer erfolgt, die selbst keine IT-Fachleute sind.

Die vernünftigste softwaretechnische Lösung zur Terminologieverwaltung ist daher die Nutzung eines speziell für diesen Zweck entwickelten Programms. Heute steht dem Anwender eine Vielzahl von leistungsfähigen und ausgereiften **Terminologieverwal-tungssystemen** zur Verfügung. (Ältere) Übersichten über derartige Software nennen zum Teil bis zu 50 verschiedene Systeme, von denen einige nur experimentellen Charak-ter haben und viele mittlerweile nicht mehr auf dem Markt angeboten werden. Es gibt etwa 10 bis 20 kommerzielle Terminologieverwaltungssysteme, die auch eine gewisse Anzahl an Installationen nachweisen können. Eine gute Übersicht mit einer detail-lierten Beschreibung der inhaltlichen, technischen und kommerziellen Aspekte findet sich bei Schmitz und Straub (2016a); eine Auflistung und Beschreibung von Program-men zur Terminologieverwaltung mit Links zu den Herstellern wird unter der Rubrik „Software" beim Deutschen Terminologie-Portal (www.term-portal.de) angeboten. Zu den bekanntesten und am häufigsten eingesetzten Terminologieverwaltungssystemen im deutschsprachigen Raum gehören sicherlich MultiTerm (SDL), TermStar (Star), crossTerm (across), qTerm (Kilgray), MultiTrans (RR Donnelley), Acrolinx (Acrolinx) und TermWeb (Interverbum).

Open-Source- oder Public-Domain-Software zur professionellen Terminologieverwal-tung findet sich (bislang) kaum, könnte sich jedoch v. a. im Umfeld von CAT-Tools[11] ent-wickeln, aus dem auch einige der genannten Programme stammen.

Die folgenden Betrachtungen orientieren sich vorwiegend an kommerziellen Termino-logieverwaltungssystemen; viele Aspekte sind jedoch auch bei Eigenimplementierungen oder Anpassungen von universellen Datenbanksystemen relevant.

---

[11] Mit CAT-Tools bezeichnen wir alle Programme, die im Bereich der computerunterstützten Über-setzung zum Einsatz kommen (computer-aided translation).

5.4.3 Softwaretechnische Aspekte

Die meisten der heute auf dem Markt angebotenen Terminologieverwaltungssysteme laufen (nur) auf Rechnern mit dem Betriebssystem Microsoft Windows; Terminologieanwendungen für Rechner mit Apple Mac-OS, Linux/Unix oder anderen Betriebssystemen finden sich kaum, da diese in Unternehmen und bei Dienstleistern zur Technischen Kommunikation, Übersetzung und Lokalisierung wenig verbreitet sind.

Da viele der kommerziellen Systeme (auch) für den Einsatz in Mehrbenutzerumgebungen konzipiert sind, basieren die meisten auf einer **Client-Server-Architektur**. Die Client-Software läuft auf dem Arbeitsplatzrechner des Nutzers (meist unter einer aktuellen Version von Windows) und unterstützt die Interaktion des Nutzers mit dem Terminologieverwaltungssystem. Die Server-Software ist bei Einzelanwendungen ebenfalls auf dem Arbeitsplatzrechner, bei Mehrbenutzerumgebungen auf einem eigenen Server installiert und regelt den Zugriff auf den Datenbestand, der auch auf dem Server liegt und damit von mehreren Nutzern gleichzeitig genutzt werden kann.

Sehr häufig wird für Terminologieverwaltungssysteme auch ein **Web-Client** angeboten, der mittels eines Web-Browsers, ggf. über einen zusätzlichen Web-Server, auf den Terminologie-Server zugreifen kann. Damit muss der Nutzer auf seinem Rechner keinen eigenen Client installiert haben; er kann vielmehr mit (fast) jedem beliebigen Web-Browser von jedem Rechner, der einen Internetzugang hat, auf das Terminologieverwaltungssystem zugreifen. Dadurch ist der Zugriff auf die Terminologiedaten auch von Rechnern ohne Windows-Betriebssystem oder sogar von **mobilen Endgeräten** wie Smartphones möglich.

Da die Möglichkeiten der Interaktion mit Terminologieverwaltungssystemen über Web-Browser heute sehr ausgereift und mächtig sind, findet man viele der für das Terminologiemanagement notwendigen Funktionalitäten auch schon bei den Web-Clients. Nicht nur das Lesen von Einträgen, sondern auch das Erstellen und Ändern, das Filtern und sogar das Importieren und Exportieren erfolgen dann über einen Web-Client. Lediglich einige administrative Funktionen wie das Anlegen neuer Terminologiebestände, das Verwalten von Nutzern und Nutzerrechten oder andere komplexe Aufgaben bleiben oft dem echten (Administrator-)Client vorbehalten.

Einige neuere Terminologieverwaltungssysteme werden ausschließlich als webbasierte Systeme angeboten. Die Terminologiebestände liegen dann meist auf den Servern des Softwareanbieters, und der Nutzer zahlt Lizenzgebühren für die Nutzung des Systems. Beispiele hierfür sind etwa TermWeb von Interverbum oder qTerm von Kilgray.

Durch die Möglichkeit eines webbasierten Zugangs hat sich das Kosten- bzw. Lizenzierungsmodell für kommerzielle Terminologieverwaltungssysteme geändert. Da der Nutzer keine spezielle (Client-)Software mehr braucht, muss der Betreiber des Servers beim Hersteller des TVS Lizenzen für eine bestimmte Anzahl (gleichzeitig) zugreifender Web-Clients erwerben, wobei durchaus eine (preisliche) Differenzierung nach Funktionalitäten (nur lesender oder auch schreibender Zugriff) erfolgen kann.

Weitere softwaretechnische Aspekte, vor allem auch die Eigenständigkeit des Terminologieverwaltungssystems (eigenes Programm oder Komponente eines komplexeren Programms), werden unter den organisatorischen Anforderungen in Abschn. 5.4.6 sowie in Abschn. 5.5.1.4 behandelt.

5.4.4 Hardwaretechnische Aspekte

Anders als bei den erwähnten Softwareaspekten, die beim Einsatz von Terminologieverwaltungssystemen zu bedenken sind, muss auf die technischen Eigenschaften der Hardware nur geringes Augenmerk gelegt werden.

Wird das Terminologieverwaltungssystem auf einem einzelnen Arbeitsplatz genutzt, reicht hierfür i. d. R. ein durchschnittlich bis gut ausgestatteter PC, was die Leistungsfähigkeit des Prozessors, den Arbeitsspeicher und die Speicherkapazität betrifft. Bei Client-Server-Anwendungen werden an den Client-Rechner recht geringe Anforderungen gestellt, der Server sollte allerdings genügend schnell und mit ausreichender Speicherkapazität (besonders für große terminologische Datenbestände einschließlich der Sicherungskopien) ausgestattet sein; auch hier reicht aber im Normalfall ein gut konfigurierter Standard-Server. Für Web-Clients und mobile Endgeräte sind die Anforderungen noch geringer, da die Hauptrechen- und -speicherleistung beim Server liegt.

Auch bei den anderen hardwaretechnischen Anforderungen unterscheiden sich Terminologieverwaltungssysteme wenig von anderen Anwendungen. Zu nennen ist evtl. die Anforderung, dass ein genügend großer Bildschirm mit guter Auflösung zur Verfügung steht, um dem Fenster des Terminologieverwaltungssystems neben anderen Anwendungsfenstern ausreichend Platz zu geben; zwei Bildschirme unterstützen die Arbeit mit mehreren Anwendungen natürlich noch besser.

Da die hardwaretechnischen Anforderungen an ein Terminologieverwaltungssystem nicht besonders hoch sind, beeinflussen diese die Entscheidung für oder gegen ein bestimmtes kommerzielles Softwareprodukt kaum.

5.4.5 Aspekte der Benutzerschnittstelle

Untersucht man das Zusammenwirken von spezifischen Terminologieverwaltungssystemen und deren potentiellen Nutzern, sind alle Aspekte der Softwareergonomie im Hinblick auf die Gestaltung der Benutzerschnittstelle zu berücksichtigen.

In Anlehnung an DIN EN ISO 9241-110 (2008) kommt hierbei der Beurteilung folgender Faktoren eine besondere Bedeutung zu:

- Aufgabenangemessenheit
- Selbstbeschreibungsfähigkeit

- Erwartungskonformität
- Lernförderlichkeit
- Steuerbarkeit
- Fehlertoleranz
- Individualisierbarkeit

Nach diesen Aspekten können auch Terminologieverwaltungssysteme beurteilt werden, wobei sich jedoch bei einzelnen Kriterien Schwierigkeiten ergeben. So kann etwa die Aufgabenangemessenheit nicht generell beurteilt werden, da Terminologieverwaltungssysteme oft in sehr unterschiedlichen Arbeitsumgebungen mit differierenden Aufgabenstellungen eingesetzt werden. An dieser Stelle soll daher hauptsächlich auf die speziellen Anforderungen an die Benutzerschnittstelle bei Terminologieverwaltungssystemen eingegangen werden.

Installationsanleitung, Bedienungshandbuch, Hilfesystem und Lernprogramm (oft in Form eines Online-Tutorials) unterstützen den Nutzer des Terminologieverwaltungssystems beim Kennenlernen der Programmfunktionen und der Systembedienung und helfen ihm bei der Analyse und Behebung von Bedienfehlern. Die Vollständigkeit und Verständlichkeit dieser Benutzerhilfen beeinflussen positiv oder negativ die Benutzerfreundlichkeit des Systems. Da Terminologieverwaltungssysteme häufig in einer mehrsprachigen Umgebung eingesetzt werden, sollten Handbücher, Hilfesystem und Lernprogramme ebenso wie die Benutzeroberfläche (Menüs und Meldungen) in allen benötigten Sprachen verfügbar sein.

Der Nutzer eines Terminologieverwaltungssystems kann das Programm mittels Kommandos, Funktionstasten oder Elementen der grafischen Benutzeroberfläche (Multifunktionsleisten, Menüs, Schaltflächen, Dialogboxen etc.) bedienen, indem er diese über die Tastatur eingibt oder mit einem Zeigeinstrument (Maus oder Touchpad) auswählt. Berührungsempfindliche Bildschirme (Touchscreens) kommen für die professionelle Arbeit mit Terminologieverwaltungssystemen selten in Frage, am ehesten bei einfachen Operationen wie Suchen auf Smartphones oder Tablets. Die Art der Interaktion mit dem Programm muss für den Bediener komfortabel und handlich sein und sollte vom Typus den Interaktionsmechanismen anderer Anwendungsprogramme (z. B. Editor, CAT-Tool oder Redaktionssystem) und den Gewohnheiten des Nutzers entsprechen.

Die Informationen auf dem Bildschirm (Programmfunktionen und terminologischer Eintrag) müssen übersichtlich angeordnet und leicht lesbar sein. Bildschirmattribute (fett, invers), unterschiedliche Schriftarten und -größen, Farben, Rahmen und Fenster können bestimmte Daten hervorheben oder optisch in Gruppen zusammenfassen. Eine gut aufgebaute und immer gleiche Maskenstruktur für die Datenkategorien des terminologischen Eintrags kann die Lesbarkeit der Informationen positiv beeinflussen. Allerdings dürfen Einträge nicht auf viele Bildschirmseiten aufgeteilt werden und/oder (bei den in der täglichen Praxis anfallenden typischen Einträgen) eine große Zahl von Datenkategorien einer Bildschirmseite leer bleiben. Neben den Daten des terminologischen Eintrags sollten auf dem Bildschirm auch der Name des Datenbestands, die gewählte Ausgangs- und Zielsprache, eventuelle Sachgebietsfilter sowie andere Optionen (z. B. Abfrage-/Editier-Modus) angezeigt werden. Manche Terminologieverwaltungssysteme informieren den Nutzer bei der Suche oder bei der Anzeige eines bestimmten terminologischen Eintrags zusätzlich über die alphabetisch benachbarten Einträge oder zeigen einen Ausschnitt aus dem alphabetischen Index der ausgangssprachlichen Benennungen an.

Ein wichtiges Kriterium bei der Bewertung der Benutzerfreundlichkeit und der Sucheffizienz eines bestimmten Terminologieverwaltungssystems ist die Art und Form der Eingabe der (ausgangssprachlichen) Suchzeichenfolge. Folgende Fragestellungen sollten untersucht werden: Muss der Nutzer die Such-Benennung vollständig und exakt (Groß-/ Kleinschreibung) eingeben oder reicht die Eingabe eines möglichst eindeutigen Anfangs der Benennung? Hat man die Möglichkeit, Joker- oder Platzhalterzeichen (Wildcards wie „*" oder „?") bei der Suche zu benutzen? Gibt es eine unscharfe Suche (sog. Fuzzy-Suche)? Kann man nach Teilen von Mehrwortbenennungen oder Komposita suchen? Unterstützt die Software eine Freitextsuche in anderen Datenkategorien als in der Benennung, z. B. die Suche in Definitionen oder Kontextbeispielen? Ist es möglich, die Suchoperation durch Verwendung von Filtern (z. B. für ein Sachgebiet) auf bestimmte Bereiche des Datenbestands einzuschränken? Diese Aspekte werden ausführlich in Abschn. 6.5 diskutiert.

In engem Zusammenhang mit den Abfragemöglichkeiten ist die Reaktion des Terminologieverwaltungssystems auf eine nicht erfolgreiche Suche oder auf eine Jokersuche zu bewerten. Manche Programme geben beim Scheitern einer Suchanfrage nur die Meldung „Benennung nicht gefunden" aus, andere bieten dem Nutzer denjenigen Eintrag an, dessen Benennung der Suchanfrage (der alphabetischen Ordnung nach) am ehesten entspricht. Nach einer Jokersuche sollte das Terminologieverwaltungssystem eine Trefferliste (sog. Hitliste) anzeigen, aus der der Nutzer die passende Benennung und damit den gewünschten Eintrag auswählen kann.

Wenn in der Praxis Terminologieverwaltungssysteme zusammen mit anderen Anwendungen (Textverarbeitungsprogramme, DTP-Programme, CAT-Tools, Authoring-Memory-Systeme etc.) eingesetzt werden, müssen die unterschiedlichen Möglichkeiten der Auswahl und Übernahme von Informationen aus einem System ins andere untersucht werden (siehe auch Kap. 7). Häufig gibt es sog. Plug-ins, die über APIs (application programming interface) die Interaktion zwischen beiden Systemen realisieren und wichtige Funktionen wie die Suche, Übernahme von gefundenen Informationen oder Schnelleingabe erlauben, ohne explizit in das Terminologieverwaltungssystem zu wechseln. Hier spielen ebenfalls die Nutzerfreundlichkeit und Angemessenheit dieser Funktionen eine große Rolle.

5.4.6 Organisatorische Aspekte

Bei den organisatorischen Aspekten muss vor allem beurteilt werden, inwieweit ein bestimmtes Terminologieverwaltungssystem in die Arbeitsumgebung der organisatorischen Einheit passt, in der das System eingesetzt werden soll. Als allgemeine

Basisbedingung müssen alle Hardware- und Softwareanforderungen des Programms, wie sie in Abschn. 5.4.3 und 5.4.4 diskutiert wurden, von der vorhandenen oder geplanten Hardware- und Softwareinfrastruktur der Organisationseinheit erfüllt werden.

Darüber hinaus muss das TVS die Anforderung erfüllen, dass evtl. mehrere (physikalische) Teilbestände oder mehrere Versionen des Datenbestands verwaltet werden sollen. Die maximale Anzahl der terminologischen Einträge, die in einen Bestand aufgenommen werden können, ist bei modernen Terminologieverwaltungssystemen kein entscheidendes Bewertungskriterium mehr, da die Anzahl entweder nur durch die Kapazität der verwendeten Festplatte beschränkt oder derart hoch ist, dass sie keine Restriktion bei der praktischen Terminologiearbeit bedeutet.

Bei mehrsprachigen terminologischen Daten müssen alle erforderlichen Sprachen vom Terminologieverwaltungssystem bezüglich des verwendeten Zeichensatzes, der Schreibrichtung und der (alphabetischen) Sortierordnung vollständig und korrekt verwaltet werden. Basieren die Systeme auf Unicode, sollte zumindest die korrekte Behandlung des Zeichensatzes kein Problem sein.

Soll das Terminologieverwaltungssystem in einer Mehrbenutzerumgebung eingesetzt werden, so wird eine Client-Server-Applikation den Anforderungen i. d. R. gerecht. Dennoch sollte explizit gewährleistet sein, dass insbes. der konkurrierende Zugriff mehrerer Nutzer auf den gleichen terminologischen Eintrag korrekt verarbeitet wird.

In Mehrbenutzerumgebungen können den Nutzern in Abhängigkeit von ihren Kenntnissen und Aufgaben unterschiedliche Rechte zugeteilt werden, bspw. Administrator-, Schreib- und/oder Leserechte. Nutzungsrechte werden i. d. R. mit Hilfe von Benutzeridentifikationen und Kennwörtern vergeben (siehe dazu auch Abschn. 6.2.4).

Ein Administrator verfügt im Normalfall über weitreichende Kompetenzen, die über bloße Anwenderfunktionen hinausgehen. Er verwaltet u. a. die Rechte der anderen Nutzer und kann auf die Datenbankkonfiguration zugreifen. Den Personen oder Personengruppen, die auf die Inhalte der Datenbank Zugriff haben, aber keine Änderungen vornehmen sollen, werden ausschließlich Leserechte gewährt. Denkbar ist auch ein Gastzugang, der bspw. den kennwortfreien Lesezugriff für freigegebene Einträge erlaubt.

Mitunter können sogar innerhalb der Einträge verschiedene Nutzungsrechte geregelt werden. Das ist sinnvoll, wenn bestimmte Nutzer bspw. nur auf ausgewählte Sprachen zugreifen sollen. So kann vorgegeben werden, dass Übersetzer nur auf ihre jeweiligen Arbeitssprachen zugreifen können. Auch das Recht, Filter zu definieren oder umfangreiche Import- und Exportoperationen durchzuführen, kann bestimmten Personen oder Personengruppen vorbehalten werden – immer vorausgesetzt, das gewählte Terminologieverwaltungssystem hält die entsprechende Funktionalität bereit.

Eine solch differenzierte Zuteilung von Nutzungsrechten kann dazu dienen, Unbefugten den Zugriff auf die Daten zu verwehren, eine Beschädigung der Datenbank durch unsachgemäße Nutzung zu vermeiden und dadurch die Qualität der Terminologiebestände zu sichern.

In Anbetracht der großen Zahl von interagierenden Systemen ist es wichtig, bei der Einrichtung eines Terminologieverwaltungssystems die Kommunikation und Zusammenarbeit mit anderen Anwendungen sicherzustellen. Bei der Texterstellung ist eine Interaktion mit einem Editor, einer Textverarbeitungs- oder einer DTP-Software gewünscht, um während des Schreibens den Terminologiebestand zu konsultieren und die gefundenen Informationen in das Textdokument zu übernehmen. Bei der Übersetzung, speziell im Bereich der Softwarelokalisierung (siehe Schmitz und Wahle 2000 oder Reineke und Schmitz 2005), ist ein Zusammenwirken von Terminologieverwaltungssystem und Translation-Memory-System erforderlich. Oft wird auch die Interaktion mit Werkzeugen zur Terminologieextraktion (siehe Abschn. 4.2.2) oder zur Terminologiekontrolle (siehe Abschn. 7.3 und 7.4) gefordert.

Neben der direkten Interaktion ist in vielen Umgebungen der explizite Datenaustausch zwischen Terminologieverwaltungssystem und anderen Systemen (z. B. ERP-Systemen wie SAP, Content-Management-Systemen oder Maschinellen Übersetzungssystemen) notwendig, um Terminologiebestände zu übernehmen oder diese für andere Applikationen bereitzustellen. Gerade in heterogenen Arbeitsumgebungen, aber auch bei der Umstellung von einem Terminologieverwaltungssystem auf ein anderes (auch beim gleichen Anwender) tritt das Problem des Terminologieaustausches auf. Hierfür wurde durch ISO 30042 (2008) das Austauschformat TBX (TermBase eXchange format) entwickelt (siehe dazu Abschn. 6.8.3). Die Datenaustauschroutinen des Programms sollten dem Administrator die Möglichkeit geben, den Umfang, die Struktur und das Format der auszutauschenden Daten festzulegen.

Neben diesen Standardaustauschformaten verarbeiten die gängigen Terminologieverwaltungssysteme auch CSV-Dateien relativ problemlos (siehe dazu auch Abschn. 6.3.2 und 6.8.3). Sie sind insbes. aus Excel-Dateien leicht zu generieren, sodass eine „hausgemachte" Terminologieverwaltung in Tabellen meist unproblematisch in ein professionelles Tool zu überführen ist, sofern bestimmte strukturelle Vorgaben berücksichtigt wurden (v. a. die Begriffsorientierung).

5.4.7 Kaufmännische Aspekte

Die kaufmännischen Aspekte konzentrieren sich vor allem auf Gesichtspunkte, die bei der Anschaffung, der Installation und dem Betrieb von Terminologieverwaltungssystemen zu berücksichtigen sind.

5.4.7.1 Kosten
Vor der Entscheidung, ein bestimmtes kommerzielles Terminologieverwaltungssystem zu erwerben, muss zunächst geprüft werden, ob die vorhandene Hardware (Rechnertyp, Prozessor, Arbeitsspeicher- und Festplattenkapazität des Arbeitsplatzrechners und des Servers) und Software (Betriebssystem) den Anforderungen genügen und weiterhin genutzt werden können. Ist dies nicht der Fall, müssen die zusätzlich anfallenden Kosten in die Kalkulation einbezogen werden, sofern das unternehmenseinheitliche IT-Konzept und die Kompatibilität mit anderen Anwendungsprogrammen einer Umrüstung der Hardware- und Softwareumgebung nicht entgegenstehen.

Obwohl die Funktionalität und Eignung eines Terminologieverwaltungssystems das ausschlaggebende Argument bei der Entscheidung für eine Beschaffung sein sollten, wird sicherlich auch die Höhe des Kaufpreises, vor allem bei Mehrfachanschaffungen oder Mehrbenutzerlizenzen, in die Überlegungen eingehen. Vergleicht man die Preise der auf dem Markt angebotenen Terminologieverwaltungssysteme, so sollte man berücksichtigen, dass bei einigen (integrierten) Systemen weitere Module im Paket enthalten sind (z. B. Translation-Memory-Systeme oder Controlled-Language-Checker) und dass bei anderen Systemen für wichtige Zusatzprogramme gesonderte Kosten anfallen.

Soll das Terminologieverwaltungssystem in einer komplexeren organisatorischen Einheit mit vielen Nutzern an unterschiedlichen Standorten weltweit eingesetzt werden, können die Kosten für die Beschaffung einer umfangreichen Client-Server-Lösung schnell in die Höhe gehen. Es sollte genau geprüft werden, wie viele Nutzer maximal über Client-Installationen verfügen müssen und wie viele Nutzer mit einer Web-Schnittstelle arbeiten können. Ebenso werden bei der Preiskalkulation oft lesende Zugriffe günstiger gerechnet als schreibende oder administrierende Zugriffe. Auch der Export und die Bereitstellung von aufbereiteten terminologischen Daten außerhalb des Terminologieverwaltungssystems (z. B. über generierte Webseiten) kann eine kostengünstige Lösung für viele potentielle Nutzer der Terminologiedaten sein.

Neben den reinen Beschaffungskosten für das Terminologieverwaltungssystem müssen auch evtl. anfallende Kosten für Installation, Anpassung (sog. Customizing), Wartung, Updates, Hotline und Schulung in die Gesamtkosten einbezogen werden. Die Notwendigkeit derartiger zusätzlicher Dienstleistungen sowie die Kostenmodelle sind nicht bei allen Systemanbietern gleich.

5.4.7.2 Anbieter

In den Evaluierungs- und Entscheidungsprozess sollten ebenfalls die Seriosität des Softwareentwicklers (und die des lokalen Vertreibers) einfließen. In den meisten Fällen ist es sehr schwierig, dieses Kriterium objektiv zu bewerten. Die Anzahl der bereits durchgeführten Installationen sowie die Erfahrungen anderer Nutzer können jedoch ein Indiz für die Qualität und Sicherheit einer Terminologieverwaltungssoftware und für die zukünftige Unterstützung durch den Entwickler und Händler sein.[12]

Neben der Marktstellung und der Kapazität des Softwareherstellers, die z. B. die Sicherheit der Verträge oder die Durchführung von Supportdienstleistungen beeinflussen, spielen auch die Qualifikationen der Mitarbeiter und einschlägige Referenzen eine Rolle.

In Bezug auf Verträge sollte darauf geachtet werden, dass alle Vereinbarungen klar und praktikabel sind, z. B. auch Vereinbarungen zur Geheimhaltung firmeninterner Informationen, falls der Anbieter mit den Daten des Kunden arbeitet oder die terminologischen

---

[12] Weitere Informationen hierzu finden sich z. B. in Schmitz und Straub (2016a).

Daten auf den Servern des Anbieters liegen, wie es bei rein webbasierten Systemen meist der Fall ist. Auch längerfristige Anpassungs- und Wartungsverträge müssen berücksichtigt werden.

Je nach Größe und Marktposition des Anbieters werden sich Unterschiede bei den Supportangeboten zeigen. Es sollte sichergestellt werden, dass der gewünschte Support gewährleistet ist und dass die Reaktionszeiten des Anbieters angemessen und garantiert sind.

5.5   Systemauswahl

5.5.1   Klassifikation von Terminologieverwaltungssystemen

5.5.1.1   Überblick
Nach den Vorüberlegungen zu Zweck und Nutzergruppen sowie zu inhaltlichen und technischen Aspekten steht die Auswahl einer Terminologieverwaltungslösung an. Die unterschiedlichen Typen von Terminologieverwaltungssystemen sind in Abb. 5.10 aufgeführt und werden anschließend beschrieben, wobei wichtige Aspekte zur Auswahl bereits in Abschn. 5.4 dargestellt wurden.

In die Klassifikation sind keine Textverarbeitungs- und Tabellenkalkulationslösungen aufgenommen worden, da diese universellen Programme, wie in Abschn. 5.4.2 beschrieben, nicht für die professionelle Verwaltung von Terminologie gedacht und geeignet sind. Als Terminologieverwaltungssysteme bezeichnen wir nur solche Softwareprodukte, die speziell für die Verwaltung terminologischer Datenbestände und für die Nutzung innerhalb der Technischen Redaktion, bei der Übersetzung von Fachtexten und bei der (unternehmensweiten) Terminologiearbeit konzipiert sind.

5.5.1.2   Komplexität
Die ersten auf dem Markt angebotenen Programme zur Terminologieverwaltung gehörten bzgl. der Komplexität zur Klasse der **zweisprachigen Systeme**. Sie waren meist sogar **sprachenpaarorientierte** Programme, die eine Ausgangs- und eine Zielsprache hatten

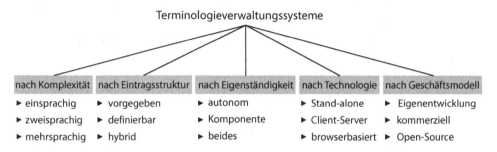

Abb. 5.10 Klassifikation von Terminologieverwaltungssystemen

und die nur in dieser einen Sprachrichtung genutzt werden konnten. Sie folgten eher dem benennungsorientierten oder lexikografischen Ansatz und waren vorwiegend für den Einsatz durch Einzelübersetzer oder Autoren zweisprachiger Wörterbücher bzw. Glossare konzipiert. Derartige Systeme finden sich heute kaum noch auf dem Markt.

Mehrsprachige Terminologieverwaltungssysteme dagegen erlauben die weitgehend gleichberechtigte Behandlung von Fachwortbeständen mehrerer Sprachen auf der Basis des begriffsorientierten Ansatzes, wobei jede Sprache als Such- oder Ausgangssprache gewählt werden kann. Alle Informationen zu einem Begriff werden einander zugeordnet und in einem terminologischen Eintrag gespeichert. Für manche Nutzeranforderungen, z. B. beim Übersetzen, erlauben die meisten Systeme eine (temporäre) zweisprachige Sicht auf den mehrsprachigen Terminologiebestand. Bei vielen Systemen gehört die Benennungsautonomie (siehe Abschn. 5.3.3.1.2) zu den generellen Funktionsprinzipien, wobei manche die Benennungsautonomie nur bei Vollformsynonymen, nicht aber bei Abkürzungen und Schreibvarianten anbieten. Die Sprachebenenexplizierung (siehe Abschn. 5.3.3.1.3) und damit die Realisierung aller Ebenen des terminologischen Metamodells (siehe Abschn. 5.3.3.2) findet sich nur bei wenigen Systemen.

Mehrsprachige Terminologieverwaltungssysteme sind heute der Standardfall, der in der Praxis benötigt wird. Selbst wenn Unternehmen (momentan) nur einsprachige Terminologie verwalten wollen, sollten sie auf mehrsprachige Systeme zurückgreifen, da diese wegen der Verbreitung und vielfachen Nutzung ausgereifter sind; rein **einsprachige** Terminologieverwaltungssysteme werden auf dem Markt kaum angeboten.

5.5.1.3 Eintragsstruktur

Bezüglich der Eintragsstruktur kann man Terminologieverwaltungssysteme nach der Flexibilität bei der Auswahl und Implementierung der Datenkategorien klassifizieren. Terminologieverwaltungssysteme mit einer **vorgegebenen Eintragsstruktur** basieren auf vom Systementwickler festgelegten Datenkategorien und Eintragsmodellen, die i. d. R. durch den Nutzer nicht oder nur unwesentlich verändert werden können. Dies muss kein Nachteil sein, wenn alle spezifischen inhaltlichen Anforderungen, vor allem bzgl. der notwendigen Datenkategorien, durch das jeweilige System erfüllt werden.

Terminologieverwaltungssysteme mit **definierbarer Eintragsstruktur** erlauben eine optimale Anpassung des Systems an die eigenen Anforderungen: Hier können die notwendigen Datenkategorien sowie die zu verwaltenden Sprachen vom Nutzer selbst festgelegt werden. Nachdem die Datenkategorien und die Eintragsstruktur zu Beginn der Arbeit mit dem System festgelegt worden sind, muss sich der Nutzer beim Erfassen terminologischer Einträge an die vordefinierte Struktur halten. Auch eine spätere Erweiterung und Änderung der definierten Eintragsstruktur ist bei diesen Systemen möglich. Soll eine solche Modifikation der bestehenden Struktur jedoch bei einer bereits mit Daten gefüllten Terminologiesammlung vorgenommen werden, können Probleme auftreten, die manuelle Anpassungen der Datensätze oder sogar einen vollständigen Export/Import erforderlich machen können.

Heute findet sich bei den meisten auf dem Markt angebotenen Terminologieverwaltungssystemen bzgl. der Eintragsstruktur ein **hybrider Ansatz**; das heißt, Systeme mit fester Eintragsstruktur erlauben eine Modifikation der existierenden und eine Ergänzung neuer Datenkategorien, während Systeme mit definierbarer Eintragsstruktur dem Nutzer (unterschiedliche) Vorschläge für eine brauchbare Struktur anbieten.

5.5.1.4 Eigenständigkeit

Auch nach der Eigenständigkeit lassen sich Terminologieverwaltungssysteme klassifizieren. Viele der auf dem Markt angebotenen Systeme sind **eigenständige Programme**, die autonom beschafft und eingesetzt werden können. Bei diesen eigenständigen Softwarelösungen muss eine (aktive oder passive) Schnittstelle gefunden werden, damit die Terminologieverwaltung während des Schreibens mit Textverarbeitungs- oder Autorensystemen oder während des Übersetzens mit computergestützten Übersetzungssystemen (CAT-Tools) genutzt werden kann.

Andere Terminologieverwaltungslösungen hingegen sind nicht als eigenständige Programme, sondern als **Terminologiekomponenten** anderer, komplexerer Programme realisiert, oft als Module eines CAT-Tools, das neben Editor, Übersetzungsspeicher und Projektmanagement auch die Terminologieverwaltung als Baustein enthält. Diese Terminologieverwaltungskomponenten können nur im Gesamtpaket mit den anderen Komponenten beschafft und eingesetzt werden, wobei i. d. R. aber die Schnittstelle zu den übrigen Modulen optimal genutzt werden kann.

Auch bezüglich der Eigenständigkeit gibt es eine Art **hybriden Ansatz**, der Vorteile beider Varianten verbindet. Entweder kann das eigenständige Terminologieverwaltungssystem mit anderen Programmen (des gleichen Anbieters) optimal kooperieren, sodass es wie eine integrierte Komponente arbeitet, oder zu einer integrierten Terminologiekomponente gibt es zusätzlich ein eigenständiges Modul, das, evtl. mit erweitertem Funktionsumfang, auf den gleichen terminologischen Datenbestand zugreifen kann.

5.5.1.5 Technologie

Auf die Klassifikation von Terminologieverwaltungssystemen bezüglich der Technologie wurde schon in Abschn. 5.4.3 ausführlich eingegangen. Neben **Stand-alone-Systemen**, die für eher einfache organisatorische Umfelder mit wenigen Nutzern konzipiert sind, finden sich auf dem Markt vorwiegend **Client-Server-Anwendungen**, die für ein komplexeres und unternehmensweites Terminologiemanagement optimal geeignet sind. Viele der Client-Server-Systeme bieten auch eine Web-Schnittstelle an, über die ein **browserbasierter Zugang** zur Terminologie von jedem Rechner mit Internetanschluss möglich ist.

5.5.1.6 Geschäftsmodell

Schließlich bleibt noch die Unterscheidung nach kommerziellen Aspekten bzw. nach dem Geschäftsmodell des Softwareherstellers. Bei einer **Eigenentwicklung** muss der Anwender die vollständigen Entwicklungs-, Dokumentations-, Wartungs- und Weiterentwicklungskosten selbst tragen, ist aber nicht abhängig von einem Softwareunternehmen und kann die Terminologielösung optimal an die eigenen inhaltlichen, technischen und organisatorischen Anforderungen anpassen. Dies kann sowohl unter Nutzung existierender

Softwarelösungen (wie etwa relationale Datenbanksysteme) als auch vollständig eigenständig und neu geschehen.

Die meisten Anwender werden diesen (enormen) Aufwand der Eigenentwicklung scheuen oder können ihn nicht leisten und werden auf **kommerzielle Softwarelösungen** zur Terminologieverwaltung zurückgreifen. Hier gibt es eine Vielzahl von Systemen mit unterschiedlicher Leistungsfähigkeit, Komplexität und Preisgestaltung. Neben den inhaltlichen und technischen Anforderungen sind vor allem die kaufmännischen Aspekte (siehe Abschn. 5.4.7) bei der Auswahl eines kommerziellen Anbieters zu berücksichtigen.

Open-Source- oder **Public-Domain-Software** zur Terminologieverwaltung findet sich kaum auf dem Markt. Hier muss im Einzelfall geprüft werden, ob die bei diesen Systemen oft fehlende Unterstützung des Softwareentwicklers bei der Installation, beim Auftreten von Problemen oder bei der Weiterentwicklung und Anpassung kompensiert werden kann.

5.5.1.7 Beispielhafte Einordnung

Da wegen der ständigen Veränderungen auf dem Softwaremarkt, auch bei Terminologieverwaltungssystemen, hier nicht explizit auf einzelne Systeme und Versionen eingegangen werden kann und soll, werden an dieser Stelle keine konkreten Softwareprodukte genannt, klassifiziert und bewertet. Die folgende Einordnung einer Terminologieverwaltungssoftware ist daher nur als illustrierendes Beispiel für unsere Klassifikation zu verstehen.

Beispiel

SDL MultiTerm 2015 ist ein mehrsprachiges Terminologieverwaltungssystem mit einer definierbaren Eintragsstruktur, wobei auch Vorschläge für typische Strukturen angeboten werden. Bzgl. der Eigenständigkeit ist das Programm hybrid einzusetzen. Es ist als Client-Server-Lösung mit einer angebotenen Web-Schnittstelle implementiert und gehört zu den kommerziellen Softwareprodukten.

5.5.2 Auswahlkriterien

Die Auswahlkriterien für Terminologieverwaltungssysteme ergeben sich mehr oder weniger aus den inhaltlichen (siehe Abschn. 5.3) und den technischen (siehe Abschn. 5.4) Überlegungen. Hier sollen die wichtigsten Kriterien noch einmal kurz aufgeführt werden; ein ausgearbeitetes Raster zur detaillierten Beschreibung der Funktionalitäten von derartigen Systemen, das auch als „Checkliste" für die Auswahl genutzt werden kann, findet sich in Schmitz und Straub (2016a) (Teil D: Terminologiewerkzeuge im Überblick).

In der Praxis stellt man oft fest, dass nicht inhaltliche Faktoren die Entscheidungen in einem Terminologieprojekt beeinflussen, sondern dass die Projektbeteiligten sich von den gewählten Werkzeugen leiten lassen. Das heißt z. B., dass sie nicht selbst überlegen, welche Datenstruktur für sie sinnvoll wäre, sondern dass sie schlicht die vorgegebene Musterstruktur des Toolherstellers übernehmen. Dies ist besonders kritisch, wenn bspw. ein günstiges Terminologieverwaltungssystem nur eine benennungsorientierte Terminologieverwaltung erlaubt. Statt dieses Tool bereits in der Evaluierungsphase als ungeeignet auszuschließen, wird es aufgrund seines niedrigen Preises angeschafft, die Terminologie wird benennungsorientiert abgelegt und erst später stellt man fest, dass das geplante Projekt mit diesem Werkzeug nicht realisiert werden kann.

Die Entscheidungen, welche Daten in welcher Form und in welchem Umfang verwaltet werden müssen und v. a. welche Prozesse im jeweiligen Unternehmen sinnvoll und machbar sind, sollten also toolunabhängig getroffen werden. Nach dem Kauf eines bestimmten Werkzeugs wird man evtl. immer noch feststellen, dass sich je nach Werkzeug Auswirkungen z. B. auf Datenkategorien und den Aufbau eines terminologischen Eintrags ergeben, die in der Planung und Konzeption so nicht angedacht waren.

Bei der Auswahl eines bestimmten Terminologieverwaltungssystems sind u. a. folgende Kriterien zu prüfen:

- Sind alle notwendigen terminologischen Datenkategorien vorhanden oder realisierbar?
- Unterstützt das System die Prinzipien Begriffsorientierung, Benennungsautonomie und Sprachebenenexplizierung?
- Werden alle notwendigen Sprachen unterstützt (Zeichensatz, Sortierung, Schreibrichtung)?
- Können Abbildungen und andere multimediale Elemente in den Einträgen verwaltet werden (Formate, Anzahl pro Eintrag)?
- Können alle Nutzer(-gruppen) mit ihren jeweils benötigten Rechten adäquat verwaltet werden?
- Wird die Einhaltung der Konsistenz der terminologischen Daten unterstützt (obligatorische Datenkategorien, geschlossene Datenkategorien mit vorgegebenen Wertelisten, Dublettenkontrolle)?
- Ist es möglich, Daten über definierbare Kriterien zu filtern (über alle notwendigen Datenkategorien, logische Operatoren, boolesche Operatoren)?
- Unterstützt das System die Verwaltung von (bibliografischen) Quellen?
- Aus welchen Formaten kann das System Daten importieren und in welche Formate kann das System Daten exportieren (auch benutzerdefinierbar)?
- Ist der Ausdruck terminologischer Daten möglich (Formate, benutzerdefinierbar)?
- Ist der Einsatz im geplanten organisatorischen Umfeld möglich (mehrere Nutzer, LAN, Web)?
- Ist eine aktive und/oder passive Kommunikation mit anderen Werkzeugen möglich (Editoren, CAT-Tools, CLC, CMS etc.)?
- Gibt es eine gute Zusammenarbeit mit dem Hersteller (Beratung, Kauf, Schulung, Wartung, Hotline, Updates)?
- Wie hoch sind die Kosten (Kauf, Schulung, Wartung, Hotline, Updates)?

- Wie sind die Lizenzmodelle des Anbieters preislich gestaffelt? Gibt es Concurrent-User-Lizenzen (sog. Floating Licenses) oder Named-User-Lizenzen?
- Sind die Verträge (auch längerfristige Anpassungs- und Wartungsverträge) praktikabel und eindeutig?
- Welche Supportmöglichkeiten werden zu welchen Preisen angeboten? Welche Reaktionszeiten kann der Anbieter garantieren?

Nutzung eines Terminologieverwaltungssystems

6

6.1 Einleitung

Nachdem in Kap. 5 die Konzeption und Einrichtung eines Terminologieverwaltungssystems (TVS) beschrieben wurden, wird in diesem Kapitel detaillierter auf die Nutzung des Systems eingegangen. Zunächst werden wesentliche Grundlagen wie Datenflussmanagement, Nutzergruppen und ihre Rechte, Urheberrechtsfragen und Datensicherheit behandelt. Danach werden die einzelnen Schritte der Arbeit mit dem Terminologieverwaltungssystem dargestellt, wie die Übernahme und Eingabe von Daten, das Suchen, Anzeigen und Ausgeben der Daten sowie die Pflege und Bereitstellung der Daten.

6.2 Grundlagen

6.2.1 Einführung

Organisation, Verwaltung, Pflege und Nutzung eines Terminologieverwaltungssystems sind vielschichtige Aufgaben, die eine Reihe von besonderen Fertigkeiten und Erfahrungen erfordern. Auf der Grundlage einer langfristig ausgerichteten Managementstrategie, die alle Anwendungsbereiche und Nutzergruppen sowie die organisatorischen und technischen Einzelfaktoren berücksichtigt, muss ein Prozess für die täglichen Routinearbeiten entwickelt werden, der Datenflussmanagement, Aktualisierungs- und Bereinigungsprozeduren etc. festlegt und überwacht.

Die Festlegung dieser Prozesse ist eine Grundvoraussetzung, um ein Terminologieverwaltungssystem als Instrument für das Informationsmanagement eines Unternehmens oder einer Institution einsetzen zu können. Um die Produktivität des TVS zu erhöhen,

© Springer-Verlag GmbH Deutschland 2017
P. Drewer, K.-D. Schmitz, *Terminologiemanagement*,
Kommunikation und Medienmanagement,
https://doi.org/10.1007/978-3-662-53315-4_6

sollte es als Werkzeug für mehrere Anwendungen bzw. Prozessschritte genutzt werden, z. B. für die

- allgemeine Textproduktion
- Übersetzung und Lokalisierung
- technische Dokumentation
- Teileverwaltung
- Normung

Ein Terminologieverwaltungssystem kann nur dann multifunktional eingesetzt werden, wenn alle spezifischen Anforderungen der einzelnen Abteilungen, des organisatorischen Umfelds, der unterschiedlichen Nutzergruppen etc. bei der Konzeption des Datenmodells einschließlich der Festlegung der Datenkategorien (siehe Abschn. 5.3) berücksichtigt wurden.

Obwohl die Anwendungen und Umgebungen, in denen Terminologieverwaltungssysteme in der Praxis eingesetzt werden, beträchtlich voneinander abweichen, können allgemeine Grundsätze für das Datenflussmanagement und die Datenbankorganisation aufgestellt werden. Für bestimmte Formen des Einsatzes von Terminologieverwaltungssystemen müssen im Einzelfall evtl. zusätzliche Gesichtspunkte berücksichtigt werden.

6.2.2 Datenflussmanagement

Größere Terminologielösungen sind durch einen hohen Grad der Arbeitsteilung gekennzeichnet. Nicht nur die terminologischen Daten, sondern auch die anderen für den Betrieb eines TVS erforderlichen oder nützlichen bibliografischen und Faktendaten werden von verschiedenen Personen erhoben oder erstellt, eingegeben und revidiert, validiert, verarbeitet und integriert, mit internen und externen Prozessbeteiligten geteilt und getauscht, internen und externen Nutzern zur Verfügung gestellt etc. Um Doppelarbeiten in Form von Mehrfacherfassung gleicher Daten, zu starker oder zu geringer Arbeitsteilung, gleichen Arbeitsprozessen durch verschiedene Personen sowie inadäquaten Abfolgen von Arbeitsschritten zu vermeiden, ist ein klares Prozess- und Datenflussmanagement erforderlich. Die eindeutigen Festlegungen von Verantwortlichkeiten, Rollen, Rechten, Prozessabfolgen etc. im Rahmen eines umfassenden Prozessmanagements sind eine Grundvoraussetzung für ein funktionierendes Terminologiemanagement (siehe Abschn. 3.3). Da in diesem Kapitel die Werkzeuge zur Terminologieverwaltung im Vordergrund stehen, wird das Thema Prozessmanagement nicht vertieft, sondern die Betrachtungen konzentrieren sich auf die Datenflüsse, die ein entscheidender Bestandteil der Prozesse sind. Sinnvollerweise ist das Datenflussmanagement eng mit dem Qualitätsmanagement verbunden.

An den Daten eines Terminologieverwaltungssystems – und meist auch an der Software selbst – wird kontinuierlich gearbeitet. Je mehr Personen am Betrieb des Systems beteiligt und je größer die Datenbestände sind, desto komplexer wird das erforderliche

Datenflussmanagement. Der Datenfluss sollte in Datenflussplänen detailliert niedergelegt sein, wobei vor allem die Schnittstellen und Übergaben zwischen den einzelnen Prozessen genau festgelegt werden sollten. Je mehr die dabei erforderlichen Kontrollmaßnahmen (z. B. bzgl. Datensicherheit oder Validierung) computergestützt durchgeführt werden können, desto komfortabler sind das System und die Organisation für die Mitarbeiter – und desto wirtschaftlicher aus Sicht der IT. Neben formalen Aspekten, wie Dublettenkontrolle oder Datensicherung, gewinnen zunehmend auch inhaltliche Aspekte, wie Konsistenzkontrollen, inkrementelles Updating, computergestütztes Abgleichen von Beständen oder Umklassifizieren, an Bedeutung (siehe dazu Abschn. 6.7).

6.2.3 Nutzergruppen und ihre Rechte

Der im Gesetz verankerte Datenschutz, d. h. der Schutz vor missbräuchlicher Nutzung personenbezogener Daten mit den entsprechenden Rechten auf Auskunft, Berichtigung, Sperrung oder Löschung von Daten, ist für den Betrieb von Terminologieverwaltungssystemen weniger relevant. Eine missbräuchliche Nutzung der Daten ist hier eher im Sinne der Verletzung des Urheberrechts und der Nutzungsrechte von terminologischen Informationen zu sehen. Eine ausgefeilte Zugangskontrolle zu den terminologischen Beständen kann diese missbräuchliche Nutzung erschweren und die Gefährdung der Datensicherheit reduzieren.

Neben der organisatorischen Zugangskontrolle, die durch entsprechende Ausweise oder Schlüssel den unberechtigten Eintritt in die Räume verhindert, in denen die Datenverarbeitungsanlage betrieben wird oder die Datenträger aufbewahrt werden, werden heute bei einer globalen Vernetzung von Computersystemen v. a. softwaretechnische Verfahren zur Überprüfung des Zugangs zum TVS eingesetzt. Diese Zugangskontrollmechanismen, die besonders in einer Mehrbenutzerumgebung (aber nicht nur dort) wichtig sind, regeln meist über eine Benutzeridentifikation (z. B. mit geheimem Kennwort) den generellen Zugang zum Softwaresystem. Es versteht sich von selbst, dass dieses Kennwort nicht auf dem Bildschirm sichtbar und nicht leicht zu erraten sein soll und dass die Eingabe eines Kennworts nicht beliebig oft versucht werden darf.

Mit dem softwaretechnisch überprüften Kennwortzugang ist oft eine dedizierte Zugangsberechtigung zu den Daten verknüpft. Diese Zugangsberechtigung regelt genau, welche Nutzer(-gruppen) auf welche Teile des Datenbestands und auf welche Teile des terminologischen Eintrags lesend oder schreibend zugreifen dürfen. So können und müssen etwa Systemverantwortliche, Terminologen, Übersetzer, technische Redakteure und einsprachig arbeitende Fachleute unterschiedliche Lese-, Schreib- und Löschrechte für unterschiedliche Datenkategorien haben.

Bei der Bereitstellung terminologischer Datenbestände über öffentliche Netze ist ebenso wie bei der Weitergabe von Datenbeständen auf Datenträgern das unerlaubte Exzerpieren oder Herunterladen großer Datenmengen zur (unberechtigten) Weiterverwendung zu erschweren oder zu verhindern.

6.2.4 Nutzungsrechte und Urheberrechtsproblematik

In Terminologieverwaltungssystemen können fast alle Arten von Informationen vorkommen, die ansonsten in eigenen Datenbanken bzw. mit eigener Software verarbeitet und verwaltet werden, wie z. B.

- Wörter (z. B. in Benennungen, phraseologischen Einheiten)
- Texte (z. B. Definitionen, Erklärungen, Kontexte)
- alphanumerische Daten (z. B. Formeln)
- grafische Informationen (z. B. zur visuellen Begriffsklärung)

Darüber hinaus stellen Terminologieverwaltungssysteme eine eigene Art Software dar. Die oben genannten Informationen wie auch die Terminologieverwaltungssoftware selbst sind geistiges Eigentum des „Erzeugers". Dabei muss das Recht auf geistiges Eigentum nicht unbedingt mit finanziellen Forderungen verbunden sein. In manchen Fällen (z. B. wenn Sicherheitsaspekte eine Rolle spielen) könnte dem „Erzeuger" vor allem am Schutz vor Manipulation der Daten gelegen sein.

Dabei ist noch nicht ausjudiziert, was die „kleinste Einheit" ist, auf die der Schutz geistigen Eigentums geltend gemacht werden kann. Ist es die gesamte Datenbank, eine Datei daraus, ein einzelner Eintrag oder womöglich ein einzelner Feldinhalt (z. B. eine Definition)? Kann es eine einzelne Benennung sein oder ein mehr oder weniger systematischer Auszug an Benennungen? Oder bezieht sich das geistige Eigentum auf die Zuordnung von Äquivalenz- und Synonymiegraden? Unterliegt die Datenstruktur oder die Bildschirmgestaltung dem Urheberrecht (z. B. bei terminologischen Anwendungen auf Smartphone-Bildschirmen)? Welche Regelungen gelten für übernommene Bestände, die in die eigene Datenbank integriert werden? Wer erhält welche Lizenzgebühren, wenn terminologische Daten mehrerer Anbieter aus verschiedenen Datenbanken abgefragt werden?

Obwohl es zu dieser Problematik Überlegungen und Empfehlungen gibt (vgl. z. B. Galinski und Göbel 1996, Galinski und Raupach 2014, Heuer 2014, Kruse 2014, DTT 2014), so wird es auf einige dieser Fragen wohl nie eine befriedigende Antwort geben. Mögliche Probleme oder Auseinandersetzungen lassen sich am besten durch eine vertragliche Regelung vermeiden. Ein Terminologievertrag, der z. B. die Auftragsverarbeitung, das Konvertieren, die Übernahme und das Vermengen verschiedener terminologischer Daten regelt, könnte folgende Bestandteile haben:

- Vertragsgegenstand
- Vertragspartner
- Vertragszweck
- Beschreibung der Tätigkeiten
- Rechte und Pflichten der Vertragspartner
- Finanzielle Regelungen
- Termine

- Gerichtsstand
- Regelung von Streitigkeiten
- Unterschrift

Zudem könnte er je nach Bedarf auch technische Einzelheiten und einen „Code of good practice" umfassen (vgl. Galinski und Göbel 1996). Letzterer bietet eine Art ethische Richtschnur und stellt den „Geist" des Vertrags dar. Je mehr terminologische Daten und Methoden Eingang in verschiedene Anwendungen finden (z. B. computergestützter Unterricht, elektronische Fachenzyklopädien, Wissensdatenbanken) – ganz zu schweigen von den Auswirkungen des semantischen Webs (Linked Open Data) – desto komplizierter wird die Frage nach dem Schutz geistigen Eigentums. Unter Umständen kann das Urheberrecht bereits bei einzelnen Feldinhalten bzw. Kombinationen von Feldern – innerhalb eines Eintrags oder eintragsübergreifend – zur Anwendung kommen.

6.2.5 Datensicherheit

Datensicherheit wird sehr häufig mit Datenschutz verwechselt. Obwohl beide Bereiche miteinander in Wechselwirkung stehen, beziehen sie sich auf unterschiedliche Aspekte des Betriebs von Datenbanken mit terminologischen Inhalten. Während der Datenschutz sich in erster Linie mit dem Schutz vor missbräuchlicher Nutzung der Daten beschäftigt, soll die Datensicherheit die jederzeitige Vollständigkeit und Korrektheit der Daten gewährleisten und damit dem Verlust und der Verfälschung der Daten vorbeugen. Besonders bei Terminologiedatenbanken, die i. d. R. eine große Menge an Daten enthalten und die mit sehr viel Arbeitsleistung aufgebaut und gewartet werden, kommt der Datensicherheit eine große Bedeutung zu.

Die Datensicherheit kann durch folgende Ereignisse gefährdet werden:

- physikalische Einwirkungen (z. B. Stromausfall, Brand, Diebstahl)
- Hardwarefehler (z. B. Headcrash bei Datenträgern)
- Softwarefehler (z. B. Systemzusammenbruch, ungeregelter Mehrfachzugriff)
- Hackerangriffe (z. B. Schadprogramme, Zugriffsblocker)
- Bedienungsfehler (z. B. versehentliches Löschen, Eingabe falscher Daten)

Sicherungsmaßnahmen gegen physikalische Einwirkungen werden meist durch die für den Betrieb des Softwaresystems zuständige Einrichtung (Rechenzentrum, IT-Abteilung) durchgeführt. Bandschutzmaßnahmen, Diebstahlsicherungen sowie unterbrechungsfreie Stromversorgungen oder der parallele Betrieb der Datenbank auf zwei Datenverarbeitungsanlagen können die Datensicherheit positiv beeinflussen.

Maßnahmen gegen Hackerangriffe und Cyber-Kriminalität gewinnen heute immer mehr an Bedeutung. Neben dem Diebstahl und Missbrauch von Daten, die bei terminologischen Daten vermutlich weniger relevant sind, muss vor allem die Verfälschung und Vernichtung von Daten verhindert werden. Auch das Blockieren des Zugriffs auf die Terminologiedatenbank, oft in Verbindung mit Erpressung für die Freigabe des Zugriffs, ist ein denkbares Szenario der Cyber-Kriminalität. Wird das Terminologieverwaltungssystem in einem komplexeren organisatorischen und informationstechnischen Umfeld eingesetzt, kümmert sich meist die IT-Abteilung um den Schutz gegen Angriffe von außen; bei kleineren Anwendungen oder bei Einzelpersonen muss der Anwender selbst auf die bekannten Schutzmaßnahmen wie Firewall oder Virenschutzprogramm achten.

Software- und Bedienungsfehler sind nie hundertprozentig zu verhindern. Ausführliche Tests der Programme und des Benutzerverhaltens vor dem Routineeinsatz der Datenbank sind empfehlenswert, da dadurch die Datensicherheit erhöht wird. Auch können softwareseitig Vorkehrungen getroffen werden, die die Korrektheit der terminologischen Daten unterstützen. Bei Datenkategorien mit einer genau definierten Form (z. B. *Datum*) oder mit einer genau definierten Wertemenge (geschlossene Datenkategorien, z. B. *grammatische Angaben*) können die entsprechenden Programme die Eingabe inkonsistenter Daten verhindern. Auch die beschriebenen Zugriffskontrollen können vor einer bewussten oder unbewussten Verfälschung der Datenbestände schützen.

Die wichtigste Sicherungsmaßnahme gegen jegliche Art von Störung ist das Anfertigen von Sicherungskopien der Datenbestände und des Softwaresystems. Während das Softwaresystem eigentlich nur nach jeder Änderung/Aktualisierung gesichert werden muss, sollten die Datenbestände in periodischen Abständen auf andere (externe) Datenträger kopiert werden. Die Zeitabstände, in denen eine Sicherung erfolgen muss, hängen sehr stark vom Umfang der Bearbeitungsaktivitäten ab. Tägliche, wöchentliche oder monatliche Sicherungsintervalle sind denkbar. Da auch bei einer Sicherung der Datenbestände Fehler auftreten können, sollten immer mehrere Versionen der Sicherheitskopien aufbewahrt werden.

Im Störungsfall kann durch Sicherungskopien nicht immer der letzte Stand des terminologischen Datenbestands, sondern nur der Stand zum Sicherungszeitpunkt wiederhergestellt werden; damit sind die seit dem Sicherungszeitpunkt durchgeführten Änderungen nicht mehr nachvollziehbar. Die bei größeren Terminologiebeständen benutzten Softwaresysteme protokollieren jede Änderung am Datenbestand. Ist diese Protokolldatei nach einer Störung noch verfügbar, kann auf der Basis der letzten Sicherungskopie und der Protokolldatei der aktuelle Stand der Datenbank wiederhergestellt werden.

Einige Softwaresysteme zur Terminologieverwaltung bieten zusätzlich Programmoptionen oder Dienstprogramme an, mit denen bei einem Systemzusammenbruch oder Stromausfall bspw. das Blockieren von Einträgen aufgehoben werden kann oder die nicht mehr konsistenten Indexstrukturen wieder neu aufgebaut werden können. Zudem erlauben es in einigen Fällen die Dienstprogramme des Betriebssystems, versehentlich gelöschte Dateien der Datenbank wieder nutzbar zu machen.

Wichtig ist es in jedem Fall, bereits in der Planungs- und Implementierungsphase und nicht erst beim Auftreten eines Störfalls an die Datensicherheit des Terminologieverwaltungssystems zu denken.

6.2.6 Änderungen an der Datenstruktur und System-Upgrades

Beim Betrieb eines Terminologieverwaltungssystems kann man nicht davon ausgehen, dass das in der Planungs- und Einrichtungsphase definierte Datenmodell für alle Zeiten unverändert bestehen bleibt. Durch Fehleranalysen und Fehlerbehebungen, Optimierungswünsche, Auswertungen des Benutzerverhaltens sowie durch neue Anwendungsbereiche oder neue Nutzergruppen kann es notwendig werden, einzelne Datenkategorien zu ergänzen, zu ändern oder zu löschen, die Struktur des terminologischen Eintrags zu modifizieren und unter Umständen das gesamte terminologische Datenmodell zu überarbeiten.

Eine Änderung des Datenmodells und der Datenstrukturen wird i. d. R. aber auch eine Modifikation der auf diesen Datenstrukturen operierenden Softwareroutinen, der Schnittstellen zu den Nutzern des TVS sowie des Datenflussmanagements zur Folge haben. Die Schnittstellenmodifikationen können die Interaktionsprozeduren, die Bildschirmdarstellung, die Hilfesysteme sowie die schriftliche Dokumentation des Systems betreffen. Änderungen an der Software, an den Schnittstellen und am Datenfluss können dabei durchaus auch ohne Modifikationen der Datenstrukturen notwendig werden.

Eine Überarbeitung des terminologischen Datenmodells und der dadurch verursachten Überarbeitung anderer Komponenten des TVS kann nicht beliebig oft erfolgen, da durch jede Änderung das organisatorische Umfeld, in dem das Terminologieverwaltungssystem betrieben wird, extrem belastet wird. Es versteht sich von selbst, dass Modifikationen erst nach einer ausführlichen Analyse der Ursachen und einer darauf aufbauenden Lösungsstrategie mit entsprechenden Probeimplementierungen erfolgen sollten. Ebenso sind die Dringlichkeit und der Umfang der Überarbeitung zu bewerten; kleinere und weniger wichtige Modifikationen sollten bis zum nächsten generellen Update des Systems zurückgestellt werden.

Änderungen an den Datenstrukturen von Datenbanksystemen, die bereits in der täglichen Routine eingesetzt werden und mit Daten gefüllt sind, sind nicht immer einfach durchzuführen. Kommen neue Datenkategorien hinzu, müssen die in diesen Kategorien vorgesehenen Datenelemente bei den bereits vorhandenen Datenbeständen ergänzt oder als fehlend markiert werden, damit der Gesamtdatenbestand konsistent bleibt. Eine derartige Ergänzung kann durch entsprechende Routinen (teil-)automatisiert werden. Fallen Datenkategorien weg, so gehen auch Informationen verloren. Selbst wenn dies im konkreten Fall beabsichtigt ist, sollte eine Kopie des alten Datenbestands für eventuelle spätere Anwendungen aufbewahrt werden. Der schwierigste Fall tritt dann auf, wenn Datenkategorien in ihrer Definition und Bedeutung geändert, zusammengeführt oder aufgespalten werden. In ungünstigen Konstellationen muss bei einer derartigen Änderung jeder einzelne Eintrag nachbearbeitet werden. Ein Beispiel für eine derart aufwendige Änderung ist die Umstellung der Fachgebietsklassifikation eines Terminologieverwaltungssystems auf eine neue Systematik.

Unter Umständen ist es sinnvoll und weniger aufwendig, die im Terminologieverwaltungssystem enthaltenen Daten vor einer Modifikation am Datenmodell aus der Datenbank zu exportieren, durch Hilfsprogramme umzustrukturieren und nach den Änderungen wieder in das aktualisierte System zu importieren.

Da in den meisten organisatorischen Umgebungen ein paralleler Betrieb von zwei Systemvarianten oder zwei terminologischen Datenbeständen, d. h. der alten und der neuen Version, nicht sinnvoll oder gar nicht möglich ist, muss genau bedacht werden, wann die Umstellung erfolgen soll. Zudem müssen die in der Umstellungsphase erfolgten Änderungen oder Ergänzungen am terminologischen Datenbestand in die neue Systemversion überführt werden.

Jegliche Modifikationen an den Datenstrukturen, am Datenmodell, an den Softwareroutinen und an den Benutzerschnittstellen müssen ausführlich dokumentiert werden, wobei vor allem auch die Gründe für die Veränderungen sowie der Umstellungszeitpunkt protokolliert werden müssen.

Änderungen an der Datenstruktur des Terminologieverwaltungssystems können aber auch notwendig werden, wenn ein Upgrade der Terminologieverwaltungssoftware erforderlich ist. Dabei wird i. d. R. seitens des Softwareentwicklers eine Routine bereitgestellt, die die Aktualisierung des Programms durchführt und gleichzeitig – ohne expliziten Eingriff des Nutzers – den vorhandenen terminologischen Datenbestand für die Nutzung durch die neue Softwareversion aufbereitet, sofern dies überhaupt notwendig ist.

Sind die Versionsunterschiede zwischen der bisherigen und der neuen Software aber nicht nur marginal und betreffen die generelle Datenstruktur des Terminologiebestands, muss der Nutzer die Daten explizit durch entsprechende Datenkonvertierungen umwandeln, was mittels genormter Austauschformate wie TBX oder durch Konvertierungsprogramme des Herstellers geschehen kann. Dies war bspw. vor einigen Jahren beim Terminologieverwaltungssystem MultiTerm notwendig, als ein Upgrade von der Stand-alone-Version MultiTerm 5.5 auf die client-server-basierte Version MultiTerm iX (heute MultiTerm 2015, demnächst MultiTerm 2017) erfolgte. Das im Lieferumfang enthaltene Zusatzprogramm MultiTerm-Convert erlaubt es auch heute noch, alte Terminologiebestände, die mit der Version 5.5 erstellt wurden, in das heute aktuelle Format umzuwandeln.

Auch wenn durch derartige Konvertierungsroutinen eine automatische Umwandlung alter Terminologiebestände nach einem System-Upgrade leicht erfolgen kann, können manchmal zusätzliche Änderungen an der Datenstruktur sinnvoll sein. Als Beispiel kann wiederum das Upgrade von MultiTerm 5.5 dienen. Während es im Datenmodell der Version 5.5 nur die Begriffs-/Eintrags- und die Benennungsebene gab, stellt das Datenmodell der neuen MultiTerm-Version zusätzlich eine Sprach-/Index-Ebene zur Verfügung, die es z. B. ermöglicht, Definitionen in verschiedenen Sprachen anzuordnen. In der 2-stufigen Struktur mussten die Definitionen in den jeweiligen Sprachen entweder auf der Benennungsebene oder alle auf Begriffsebene angeordnet werden. Eine Konvertierungsroutine und auch ein Austauschformat wie TBX können die sinnvolle „Verschiebung" der Definition von einer der Benennungen auf die jeweilige Sprach-/Index-Ebene im Datenmodell nicht automatisch leisten. Deswegen müssen hier die oben beschriebenen Verfahren angewandt werden, die auch bei einer durch den Nutzer begründeten Änderung der Datenstruktur notwendig sind.

6.3 Übernehmen von Daten

6.3.1 Grundlagen

Um ein Terminologieverwaltungssystem überhaupt (richtig) nutzen zu können, müssen erst einmal terminologische Daten in das System eingebracht werden. Neben der individuellen Erfassung einzelner terminologischer Einträge (siehe Abschn. 6.4) ist auch die Übernahme bereits vorhandener und außerhalb des Systems befindlicher terminologischer Daten denkbar. Hierzu müssen diese im Unternehmen „aufgespürt", analysiert, bewertet und im Falle ihrer Brauchbarkeit für die Übernahme aufbereitet werden.

Bei den vorhandenen terminologischen Daten können grundsätzlich zwei Formen unterschieden werden, die unterschiedliche Vorgehensweisen bei der Aufbereitung und anschließenden Übernahme erfordern: explizit und implizit vorliegende terminologische Daten. Terminologie kann **explizit** in Terminologielisten, Glossaren, Datenbanken o. Ä. vorhanden sein oder **implizit** in Fachtexten „versteckt" sein. Der folgende Abschnitt erläutert, wie man die explizit vorliegenden, also die bereits teilweise aufbereiteten Terminologiebestände nutzt. Auf das Auffinden, Aufbereiten und Nutzen der implizit vorliegenden terminologischen Daten wird in Abschn. 4.2.2 eingegangen.

6.3.2 Import von existierenden Daten

Die im Unternehmen existierenden terminologischen Daten, die bereits in expliziter Form vorliegen, können in ein (leeres oder bereits mit Daten gefülltes) Terminologieverwaltungssystem importiert werden. Neben Wortlisten, Glossaren oder Verzeichnissen können dies auch Daten sein, die aus anderen Systemen des Unternehmens, bspw. einem Ersatzteilkatalog, exportiert wurden. Ebenso kann es sich hier um Terminologiebestände handeln, die aus älteren Terminologieverwaltungssystemen (auch anderer Hersteller) stammen oder die von externen Dienstleistern, kooperierenden Unternehmen oder nach einem Merging von übernommenen Firmen bereitgestellt werden. Auch die Ergebnisse einer maschinengestützten Terminologieextraktion (siehe Abschn. 4.2.2.4) liegen nach Bestätigung der Termkandidaten in elektronischer Form vor und müssen in das Terminologieverwaltungssystem importiert werden. All diese Daten haben unterschiedliche Formate und Umfänge und enthalten unterschiedliche Arten terminologischer Information, was beim Import berücksichtigt werden muss, vor allem wenn die Daten eine komplexe Struktur aufweisen.

Bevor die existierenden terminologischen Daten importiert werden können, muss genau ermittelt werden, in welchem Format sie vorliegen und in welchem Format bzw. in welchen Formaten das empfangende Terminologieverwaltungssystem diese Daten verarbeiten kann.

Neben dem Import in ihren oft sehr individuellen proprietären Formaten erlauben viele Terminologieverwaltungssysteme auch einen Import aus Excel-Tabellen oder CSV-Dateien (Comma-Separated Values), bei denen der Nutzer den einzelnen Spalten durch geeignete Überschriften oder in einer Art Dialog eine Bedeutung geben muss und sie so den Datenkategorien des Terminologieverwaltungssystems zuordnen kann. Oft werden auch genormte Terminologieaustauschformate wie TBX (TermBase eXchange, vgl. ISO 30042 (2008), siehe auch Abschn. 6.8.3.2) oder herstellerspezifische Formate unterstützt, die von älteren Terminologieverwaltungssystemen oder anderen Programmen (z. B. Terminologieextraktionsprogrammen) desselben Herstellers als Exportformat erzeugt werden. Diese diversen Importformate für existierende Terminologiebestände können entweder direkt beim Import spezifiziert werden, oder es gibt zusätzliche Konvertierungssoftware, die diese Formate in das proprietäre Importformat des Terminologieverwaltungssystems umwandelt (vgl. auch Schmitz 2012c, 2012d, 2012f).

Leider kommt es häufig vor, dass die zu importierenden Daten keinem der Formate, die das Terminologieverwaltungssystem verarbeiten kann, entsprechen und auch nicht in dieses Format umgewandelt werden können. In diesen Fällen müssen individuelle Konvertierungsroutinen entwickelt werden, die die Daten vom Ausgangsformat in das Zielformat umwandeln, wobei es nicht nur auf die Syntax beider Formate, sondern vor allem auf die Semantik der Dateninterpretation ankommt, damit die Informationen korrekt in das Datenmodell und die Datenkategorien des Zielsystems übernommen werden.

Bei der Übernahme vorhandener Terminologiebestände sind wir bisher davon ausgegangen, dass das Terminologieverwaltungssystem noch keine Daten enthält und erst einmal initial befüllt werden muss. Es treten in der Praxis aber sehr häufig Anwendungsfälle auf, in denen das Terminologieverwaltungssystem bereits Daten enthält, die vorher entweder manuell eingegeben oder aus schon existierenden Beständen importiert wurden. In solchen Fällen ist es besonders wichtig, die Synchronisation der zu importierenden mit den bereits vorhandenen terminologischen Daten im Auge zu haben. So kann es zu Konflikten kommen, wenn ein zu importierender Eintrag einen Begriff dokumentiert, der bereits im Terminologiebestand enthalten ist. Wird dieser einfach aufgenommen, entstehen Dubletten (siehe Abschn. 6.7.2) und die geforderte Begriffsorientierung kann nicht mehr gewährleistet werden. Deshalb bieten viele Importroutinen von Terminologieverwaltungssystemen für derartige Konfliktfälle Optionen an, aus denen der Nutzer beim Import je nach Eigenschaft des zu importierenden Bestands auswählen kann, wie etwa:

- neuen Eintrag importieren (zusätzlich zum alten Eintrag)
- neuen Eintrag als Ersatz für alten Eintrag einfügen
- neuen Eintrag verwerfen (nur alten Eintrag behalten)
- neuen Eintrag erst einmal „zur Seite legen" und prüfen
- neuen Eintrag mit altem Eintrag zusammenführen

6.4   Eingeben und Editieren von Daten

6.4.1   Grundsätzliches

Bei der Terminologiearbeit ist es wichtig, dass die Konsistenz der Daten innerhalb des TVS gewährleistet ist. Daher ist es sinnvoll, Erfassungsrichtlinien – am besten als Teil eines

Terminologieleitfadens – zu definieren und regelmäßig zu aktualisieren. In den Erfassungs-richtlinien wird festgelegt, welche Datenkategorien obligatorisch und welche fakultativ sind, welche Inhalte diese Datenkategorien haben dürfen und wie die Inhalte zu formulieren sind. For-mulierungs- und Formatvorgaben sind so detailliert wie notwendig zu machen; sie richten sich nach allgemein anerkannten Grundsätzen und den sprachlichen Gepflogenheiten des Unter-nehmens. Dabei sind einige Vorgaben zwingend erforderlich (z. B. Eingabe der Benennung in der Grundform ohne Artikel), andere hingegen hängen von den Anforderungen des jeweiligen Unternehmens oder Projekts ab (z. B. Standardisierung der Definitionsformulierung).

Eine konsistente und korrekte Erfassung terminologischer Daten wird natürlich auch durch eine adäquate Auswahl von Datenkategorien (mit den richtig zugeordneten Datenkategorietypen) und eine gute Datenmodellierung unterstützt. So verhindern etwa geschlossene Datenkategorien mit festgelegten Wertemengen (sog. Werte- oder Picklis-ten) eine falsche oder inkonsistente Eingabe von Werten, da nur die vordefinierten Daten-elemente gewählt werden können. Grundsätzlich können auch Datenkategorietypen wie Zahl, Währung oder Datum eine korrekte Eingabe von Werten durch den Erfasser kontrol-lieren; diese Typen sind aber bei Terminologieverwaltungssystemen seltener notwendig.

Damit keine wichtigen Informationen bei der Eingabe vergessen werden, können Daten-kategorien als obligatorisch definiert werden. Hierdurch kann bspw. sichergestellt werden, dass ein terminologischer Eintrag immer mit einer Fachgebietsangabe erfasst wird. Ver-gisst der Nutzer diese Angabe, weist das System ihn darauf hin und speichert den Eintrag erst ab, wenn die obligatorische Datenkategorie mit einem Wert gefüllt wird. Abbildung 6.1 zeigt, wie eine derartige Meldung aussehen kann.

Bestimmte Informationen können bei der Eingabe auch automatisch durch das Terminolo-gieverwaltungssystem bereitgestellt und in den terminologischen Eintrag integriert werden. Dies betrifft vor allem die Eintragsnummer (ID des Begriffs) sowie Datumsangaben, etwa das Datum der Erstellung oder der letzten Änderung des gesamten Eintrags oder einzelner Teilinformationen des Eintrags. Auch die Angabe des Bearbeiters (Person, die die Informa-tion erstellt oder als Letzte modifiziert hat) kann durch das Terminologieverwaltungssystem automatisch eingetragen werden, sofern sich der Nutzer beim Arbeiten mit dem System durch eine Benutzerkennung anmeldet. Durch diese automatisch vom System vergebenen Daten können fehlende, falsche oder inkonsistente Eingaben verhindert werden. Vor allem bei den genannten administrativen Daten ist eine solche Funktionalität äußerst hilfreich.

Bei bestimmten Terminologieverwaltungssystemen ist es möglich, vor Beginn der Erfassung oder Änderung von terminologischen Daten ein Eingabeformular (auch:

Abb. 6.1 Qualitätssicherung durch obligatorische Datenka-tegorien (SDL MultiTerm)

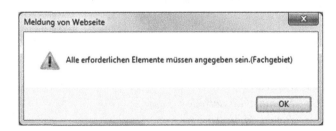

Eingabemodell, Template) mit Werten vorzubesetzen, die für die nächsten Schritte der Arbeit an dem System konstant bleiben. Diese Vorgabe kann bspw. Werte für das Fachgebiet, den Kunden, die Abteilung oder den Bearbeitungsstatus betreffen. Gerade für die Erfassung von terminologischen Daten während der Erstellung oder der Übersetzung von Texten stehen oft sog. Schnelleingabeformulare zur Verfügung, die ebenfalls mit bestimmten Werten vorbesetzt werden können und die oft auch automatisch zusätzliche Informationen aus dem bearbeiteten Text (z. B. Kontext, Name des Textdokuments) in das Formular und damit in den terminologischen Eintrag übernehmen.

Für die Eingabe und Modifikation bestimmter terminologischer Informationen gibt es jeweils spezifische Anforderungen, die in Abschn. 5.3.2.2 bei der Beschreibung der betreffenden Datenkategorien genau beschrieben sind. Vor allem für die Erfassung von Quellenangaben sei hier auf Abschn. 5.3.2.2.21 sowie Abschn. 4.2.3 verwiesen.

6.4.2   Eingabe von Benennungen

Neben den Spezifikationen der Datenkategorie *Benennung* in Abschn. 5.3.2.2.2 sind bei der Eingabe von Benennungen in die Datenbank folgende Regeln zu beachten:

* Die Benennungen sollten in ihrer Grundform eingegeben werden, d. h. Verben im Infinitiv, Substantive im Nominativ Singular, Adjektive in der prädikativen Grundform.
* Mehrwortbenennungen sollten in ihrer natürlichen Reihenfolge eingegeben werden, z. B. „fokussierender Kollektor" (nicht: „Kollektor, fokussierend").
* Auch die Groß- und Kleinschreibung, insbes. von Mehrwortbenennungen, muss beachtet werden, um eine korrekte Verwendung der Termini zu sichern, also z. B. „Technischer Redakteur" (Großschreibung des Adjektivs) vs. „fokussierender Kollektor" (Kleinschreibung des Adjektivs).
* Die Benennungen werden im Sinne der Elementarität der Datenfelder ohne Artikel oder andere Genusinformationen eingegeben (also nicht: „der Kollektor" oder „Kollektor, der").
* Auch ein anderer Verstoß gegen die Elementaritätsforderung tritt beim Benennungsfeld sehr häufig auf, und zwar die gleichzeitige Eingabe von terminologischen Varianten, die sich morphologisch nur leicht unterscheiden. Die Angabe „Schwund(be)rechnungsfaktor" mit eingeklammertem Benennungsbestandteil ist falsch, da es sich zwar um morphologisch ähnliche, aber dennoch um zwei verschiedene Benennungen handelt, die als zwei synonyme Benennungen getrennt verwaltet werden müssen: a) „Schwundberechnungsfaktor" und b) „Schwundrechnungsfaktor".

Weitere Beispiele

FALSCH:
* *Schnittstelle, serielle*
* *Befehl, Mehr-Adress-*

- *Arbeitsspeicher, nicht ständig im ~ befindlich*
- *boot, to*

RICHTIG:
- *serielle Schnittstelle*
- *Mehr-Adress-Befehl*
- *nicht ständig im Arbeitsspeicher befindlich*
- *boot*

Durch diese Richtlinien werden eine zuverlässige, erfolgreiche Suche und eine direkte Übernahme der Termini aus der Datenbank in Texte ermöglicht. Ungrammatische Konstruktionen in Fließtexten wie „Lampe, elektrisch" werden also verhindert. Auch für die Überprüfung der Terminologieverwendung durch Controlled-Language-Checker und andere Prüfprogramme (siehe Abschn. 7.3.2) ist die Einhaltung der genannten Regeln eine unabdingbare Voraussetzung.

6.5 Suchen von Daten

6.5.1 Suche nach Benennungen

6.5.1.1 Einführung

In den meisten datenverarbeitenden Systemen erfolgt die Suche nach Informationen durch eine Abfrage, bei der das zu durchsuchende Datenfeld zusammen mit dem Suchelement spezifiziert wird. Eine Suche ist in nahezu allen Datenfeldern denkbar, wobei meist auch eine durch logische Operatoren verknüpfte Kombination mehrerer Abfragen möglich ist.

In Terminologieverwaltungssystemen erfolgt der direkte Zugang zu den gespeicherten Informationen i. d. R. nicht über alle Datenkategorien, sondern über die Benennung. Hierzu baut die Software einen Index für diejenigen Datenkategorien auf, die die Benennungen enthalten, damit auch bei einem sehr großen Datenbestand ein schneller Zugang zu den terminologischen Einträgen gewährleistet ist. Die Angabe der zu durchsuchenden Datenkategorie entfällt; es wird vielmehr durch die Angabe der Suchsprache (auch: Ausgangs- oder Sortiersprache) bzw. der Sprachrichtung indirekt festgelegt, in welcher Datenkategorie nach der Benennung gesucht werden soll.

Logische Verknüpfungen bei der Suchanfrage sind selten erlaubt, werden aber manchmal implizit durch die Software realisiert. Erlaubt das Terminologieverwaltungssystem beispielsweise die Definition von Filterbedingungen (siehe auch Abschn. 6.5.4), so werden diese bei der Suchanfrage durch logische AND-, OR- oder NOT-Bedingungen mitberücksichtigt.

Der Zugang zum terminologischen Eintrag erfolgt üblicherweise über die vollständige Eingabe der Benennung in der Suchsprache. Nach der Suche bietet das Terminologieverwaltungssystem dem Nutzer die Informationen des terminologischen Eintrags an, der den eingegebenen Suchstring als (Teil der) Benennung in der gewählten Suchsprache enthält. Sind mehrere Einträge mit derselben Benennung im Datenbestand enthalten (z. B. bei Ambiguitäten oder noch nicht bereinigten Dubletten), werden häufig in einer Trefferliste (sog. Hitliste) alle auf die Suchanfrage passenden Ergebnisse angezeigt. Kann die Trefferliste parallel zu den terminologischen Einträgen auf dem Bildschirm angezeigt werden, zeigt das System dem Nutzer auch gleich den ersten Eintrag an. Ist dies nicht der Fall, muss der Nutzer aus der Trefferliste explizit einen Treffer auswählen, zu dem dann anschließend der Eintrag angezeigt wird.

Fehlt ein Eintrag mit der gesuchten Benennung im terminologischen Bestand, so muss der Nutzer durch eine Meldung darauf hingewiesen werden. Hilfreich kann es sein, wenn in diesem Fall der alphabetisch nächste Eintrag angezeigt wird.

6.5.1.2 Verkürzte und trunkierte Suche

Wird eine sehr lange Benennung gesucht, so sollte das TVS die Möglichkeit einer abbrechenden oder verkürzten Eingabe der Benennung erlauben, damit die Benennung nicht vollständig eingegeben werden muss. Das Terminologieverwaltungssystem sollte nach einer verkürzten Eingabe die Informationen des ersten terminologischen Eintrags im Datenbestand anbieten, dessen Benennung mit der Eingabe übereinstimmt. Passen mehrere Einträge oder ist kein passender Eintrag vorhanden, sollte das System analog zur vollständigen Eingabe der Benennung reagieren (siehe oben).

Einige Terminologieverwaltungssysteme arbeiten mit sog. Wildcards (Joker-Zeichen) zur gezielten Trunkierung (Abschneidung) des Suchstrings. Da es bei dieser Art der Suche i. d. R. mehrere passende Einträge gibt, sollte sich das System ähnlich wie oben beschrieben verhalten, nämlich eine Trefferliste und den ersten passenden Eintrag anzeigen. Während eine Rechtstrunkierung von fast allen Systemen unterstützt wird, ist eine explizite Links- oder Binnentrunkierung nicht bei allen Systemen erlaubt; durch eine Kombination dieser Trunkierungsarten kann auch nach beliebigen Buchstabenmustern in Benennungen gesucht werden.[1]

Enthält der terminologische Datenbestand viele Einträge mit Mehrwortbenennungen, phraseologischen Einheiten oder Komposita, so sollte das Terminologieverwaltungssystem den Zugang auch über einzelne Teile dieser Benennungen erlauben. Dies kann explizit durch eine Suche mit den oben beschriebenen Trunkierungsmechanismen erfolgen. Viele Terminologieverwaltungssysteme bieten aber auch bei der normalen Suche schon Mehrwortbenennungen oder phraseologische Einheiten an, in denen der Suchstring als Benennungsbestandteil enthalten ist. Die Suche und Anzeige von Komposita, die bestimmte Benennungsbestandteile enthalten, wird seltener realisiert.

6.5.1.3 Erweiterte Suchmöglichkeiten

Viele Terminologieverwaltungssysteme unterdrücken bei der Suche nach Benennungen – und damit auch beim Aufbau der Indizes – Sonderzeichen wie Bindestriche, Schrägstriche

---

[1] Die Eingabe nach „Lautschrift", wie man sie manchmal bei französischen elektronischen Wörterbüchern findet, ist in der terminologischen Praxis so gut wie nie erforderlich.

oder Klammern. Manchmal werden sogar diakritische Zeichen (Punkte, Striche, Häkchen, Bögen oder Kreise) ignoriert und die Buchstaben auf die unmarkierten Grundzeichen zurückgeführt. Dies erleichtert auf der einen Seite eine (schnelle) Eingabe des Suchstrings, kann aber auf der anderen Seite zu ungenauen oder unerwünschten Suchergebnissen führen, wenn es Benennungsvarianten mit und ohne diese diakritischen Zeichen gibt.

Um Benutzerfehler bei der Eingabe des Suchstrings zu kompensieren oder Benennungen mit ähnlicher Schreibweise (orthografische Varianten) zu finden, die so im Terminologiebestand nicht explizit enthalten sind, haben viele Terminologieverwaltungssysteme eine unscharfe Suche (sog. Fuzzy-Suche) implementiert. Hierbei werden – meist mit statistischen, seltener mit linguistischen Verfahren – auch Benennungen gefunden, die dem Suchstring ähnlich sind. Eine unscharfe Suche kann für den Nutzer sehr hilfreich sein, wird aber vor allem benötigt, wenn das Terminologieverwaltungssystem in ein CAT-Tool (siehe Abschn. 7.4) eingebunden oder zur Kontrolle der korrekten Terminologieverwendung in Ausgangstexten (siehe Abschn. 7.3) genutzt wird, da in Texten Benennungen in flektierter Form, im Terminologieverwaltungssystem aber in der Grundform auftreten.

Für die Suche nach Benennungen kann es hilfreich sein, wenn bei zeichenweiser Eingabe des Suchstrings schon automatisch erste Treffer angezeigt werden, die mit den bereits eingegebenen Zeichen beginnen, wie man es von Suchmaschinen kennt. Dies kann die Eingabe des Suchstrings beschleunigen und den Nutzer schon früh auf Schreibfehler bei der Eingabe hinweisen.

Dem Nutzer sollte bei der Recherche im Terminologieverwaltungssystem der Zugang zum terminologischen Eintrag über alle enthaltenen Benennungsarten, d. h. auch über synonyme Benennungen, Kurzformen oder orthografische Varianten, möglich sein. Bei Terminologieverwaltungssystemen, die nach dem in Abschn. 5.3.3.1.2 geforderten Prinzip der Benennungsautonomie modelliert sind, ist dies selbstverständlich. Fehlt die Benennungsautonomie und sind Synonyme, Abkürzungen und Schreibvarianten in Untereinträgen oder eigenständigen Datenkategorien „versteckt", muss das Terminologieverwaltungssystem in zusätzlichen Feldern suchen und hierfür auch zusätzliche Indizes aufbauen, da sonst keine Treffer gefunden werden.

6.5.2 Suche nach anderen Inhalten

In einigen Fällen wünscht sich der Nutzer die Möglichkeit des Zugangs zu einem terminologischen Eintrag nicht nur über die Benennung, sondern auch über andere Datenkategorien. Eine derartige Suche kann etwa über eine Eintragsnummer, eine Notation oder Klassifikationsnummer, ein Wort oder eine Wortkombination in einer Definition oder in einem Kontextbeispiel erfolgen. Eine schnelle Suche über die Eintragsnummer (siehe Abschn. 5.3.2.2.27) ist bei vielen Terminologieverwaltungssystemen implementiert; eine Suche über Notationen oder Klassifikationsnummern (siehe Abschn. 5.3.2.2.17) kann dadurch erleichtert werden, dass diese Datenkategorie auch über einen eigenen Index erreichbar

ist. In allen anderen Fällen kann die Suche nach Zeichenfolgen in beliebigen Datenkategorien mittels einer sog. Volltextsuche realisiert werden. So kann etwa nach dem Vorkommen eines bestimmten Wortes in einer Definition, einem Kontext oder einer Anmerkung
oder nach einer bestimmten Quelle in einem Quellenfeld gesucht werden. Da über diese
Datenkategorien i. d. R. kein Index aufgebaut wird, kann eine derartige Volltextsuche bei
großen Datenbeständen etwas länger dauern.

6.5.3 Blättern

Neben der gezielten Suche über die Benennung, über die Eintragsnummer oder über
andere Datenkategorien muss ein Terminologieverwaltungssystem auch ein sequentiel-
les Blättern im terminologischen Bestand erlauben. Hierdurch können (alphabetisch)
benachbarte Einträge gefunden und angeschaut werden. Das Blättern sollte sinnvollerweise innerhalb der alphabetischen Ordnung der gewählten Suchsprache erfolgen; es ist
jedoch auch ein Blättern nach Eintragsnummern oder anderen Kriterien denkbar. Bietet
das System auf dem Bildschirm ein Fenster mit meist alphabetisch angeordneten Indexeinträgen, so kann hierüber das Blättern im Datenbestand für den Nutzer erleichtert und
optimiert werden.

Ein schnelles Blättern wird in vielen Terminologieverwaltungssystemen dadurch unterstützt, dass man auch direkt zum ersten (alphabetischen) Eintrag und zum letzten (alphabetischen) Eintrag springen kann. Auch in einem Fenster mit Indexeinträgen, das ja bei
umfangreichen Datenbeständen nur einen Ausschnitt aus den vorhandenen Einträgen
zeigen kann, oder in einer Trefferliste von Suchergebnissen ist ein listenbezogenes Blättern und oft auch ein Springen zum Anfang oder Ende der Liste möglich.

Manche Terminologieverwaltungssysteme erlauben es, nach mehreren Suchen auch
mehrere terminologische Einträge zur Ansicht oder Bearbeitung zu öffnen bzw. geöffnet
zu halten. Auch hier kann ein Blättern zwischen den geöffneten Einträgen das Vergleichen
erleichtern und so ein schnelles, nutzerfreundliches Bearbeiten ermöglichen.

6.5.4 Filtern

Besonders bei größeren Terminologiebeständen ist es notwendig, dass bei der Suche nach
terminologischen Einträgen bestimmte Filterbedingungen gesetzt werden können, die die
Suche auf eine Teilmenge des Bestands einschränken.

Bei den meisten Systemen ist eine **„physikalische"** Einschränkung der Suche dadurch
gegeben, dass zu Beginn der Arbeit einer von mehreren Terminologiebeständen ausgewählt
werden muss, in dem dann alle Suchoperationen ausgeführt werden. Die Aufteilung der
terminologischen Daten in mehrere Bestände, die i. d. R. in physikalisch voneinander unab-
hängigen Dateien oder Datenbanken verwaltet werden, kann z. B. nach Sachgebieten, nach
Sprach(paar)en, nach Auftraggebern oder nach Bearbeitungszuständen (Arbeitsbestand

vs. Grundbestand) erfolgen. Auch wenn die physikalische Aufteilung des Datenbestands in vielen Terminologieverwaltungssystemen relativ leicht zu implementieren ist, ist das Filtern auf die für die Aufteilung benutzten Kriterien beschränkt und bringt weitere Nachteile mit sich, etwa bei einer Suche im gesamten Terminologiebestand. Es muss noch erwähnt werden, dass eine Aufteilung nach Sachgebieten, Auftraggebern oder Bearbeitungszuständen unter bestimmten organisatorischen Bedingungen durchaus sinnvoll sein kann, dass aber eine physikalische Separierung nach Sprach(paar)en oder Abteilungen (z. B. Marketing, Entwicklung oder Dokumentation) meist dem Prinzip der Begriffsorientierung widerspricht, das bei der Modellierung von Terminologiebeständen gefordert wird.

Von einer „logischen" Einschränkung der Suche kann dann gesprochen werden, wenn beim Zugriff auf einen (physikalischen) Terminologiebestand Filterbedingungen festgelegt werden können, die die Suche auf eine Untermenge des Bestands beschränken. Bei der Definition der Filterbedingungen sollte auf alle Datenkategorien des terminologischen Eintrags Bezug genommen werden können, wobei Einschränkungen auf bestimmte Fachgebiete, Auftraggeber, Projektcodes, Sprachebenen, regionale Verwendungen oder Bearbeitungszustände in der Praxis am häufigsten vorkommen. Denkbar sind aber auch Einschränkungen bezüglich eines bestimmten Erstellungs- oder Änderungsdatums, Bearbeiters oder einer benutzten Quelle.

Bei der Definition der Filterbedingungen sollte nicht nur die genaue Identität eines Wertes abgeprüft werden (Beispiele 1), sondern es sollten auch Vergleichsoperatoren (Beispiele 2) oder Trunkierungsoperatoren (Beispiel 3) verwendet werden können.

Beispiele

1)   *Fachgebiet* = IT

     Regionalsprachcode = CH

2)   *Änderungsdatum* > 01.01.2014

     Bearbeitungsstatus < 5

3)   *Quelle* = beginnt mit ISO

Einige Terminologieverwaltungssysteme erlauben auch die Kombination von Filterbedingungen und die Verwendung von logischen Operatoren wie AND, OR oder NOT. Dieses Vorgehen kann manchmal auch durch eine Bereichsangabe simuliert werden (Beispiele 4).

Beispiele

4)   *Fachgebiet* = Technik AND *Kunde* = Siemens

     Fachgebiet = Technik OR *Fachgebiet* = Elektronik

     Änderungsdatum > 01.01.2014 AND NOT *Status* = 5

     Änderungsdatum zwischen 01.01.2014 und 30.06.2014

Für viele Nutzer ist die Verwendung von Vergleichs-, Trunkierungs- und logischen Operatoren schwierig. Deshalb bieten einige Terminologieverwaltungssysteme textliche Auswahlwerte für die Filterbedingungen an, z. B. „ungleich", „kleiner als", „zwischen", „fehlt", „ist vorhanden", „enthält", „beginnt mit" oder „endet nicht auf".

Können Filter bei der Suche in Terminologiebeständen verwendet werden, so werden entweder nur die auf die Filterbedingung/-en passenden Einträge angezeigt (**harter Filter**) oder aber es werden alle Einträge gezeigt und die auf die Filterbedingung passenden Einträge von den nicht passenden Einträgen lediglich optisch unterschieden, z. B. durch Ausgrauen o. Ä. (**weicher Filter**). Dies sollte nicht nur bei den Einträgen selbst zu erkennen sein, sondern auch in einer evtl. angezeigten Trefferliste oder im Indexfenster. Ein weicher Filter kann den Nutzer bspw. bei der Suche nach einer Benennung in einem bestimmten Fachgebiet (Filter über die Datenkategorie *Fachgebiet*) dadurch unterstützen, dass beim Fehlen des Eintrags im angegebenen (gefilterten) Fachgebiet der Eintrag mit der gleichen Benennung in anderen Fachgebieten angezeigt wird.

Die Definition von Filterbedingungen sollte nicht nur in Kombination mit der Eingabe eines Suchstrings erlaubt sein. Auch ein Blättern im Terminologiebestand unter Angabe von Filterbedingungen kann sinnvoll sein, etwa um im Rahmen der Qualitätssicherung (siehe Abschn. 6.7) alle terminologischen Einträge eines gewissen Alters (*Änderungsdatum* < „31.12.2010") oder mit einem gewissen Bearbeitungszustand (*Bearbeitungsstatus* = „vorläufig") systematisch durchzuarbeiten. Eine Liste der möglichen Kandidaten für eine derartige systematische Überprüfung des Terminologiebestands kann bei manchen Systemen dadurch erzeugt werden, dass bei der Spezifikation der entsprechenden Filterbedingung/-en als Suchwort nur das Wildcardzeichen „*" eingegeben wird, bei anderen Systemen wiederum kann gezielt das Vorhandensein oder das Fehlen einer (mit Informationen gefüllten) Datenkategorie als Filterbedingung angegeben werden.

Ist bei Terminologieverwaltungssystemen eine sog. Volltextsuche (siehe Abschn. 6.5.2) nicht implementiert, so lässt sich das oft durch einen geschickten Einsatz von Filterbedingungen kompensieren. So kann etwa ein Wort in einer Definition auch dadurch gefunden werden, dass dieses Suchwort in zwei Wildcard-Zeichen eingeschlossen oder mit der Bedingung „ist enthalten in" als Filterkriterium für die Datenkategorie *Definition* angegeben wird.

Filterbedingungen, die häufiger bei der Suche oder bei anderen Arbeiten mit dem Terminologiebestand benötigt werden, können bei vielen Terminologieverwaltungssystemen gespeichert und bei erneutem Bedarf reaktiviert werden, ohne dass jedes Mal die Filter neu spezifiziert werden müssen.

Einfache und komplexe Filterbedingungen sind nicht nur für die Suche in Terminologiebeständen sinnvoll, sondern werden auch für die Selektion von Teilbeständen im Rahmen der Nutzung von Daten, z. B. für den Ausdruck (siehe Abschn. 6.8.2) oder für den Export (siehe Abschn. 6.8.3) benötigt.

6.6   Anzeigen und Ausgeben von Daten

Bei der Recherche innerhalb eines Terminologiebestands muss das TVS den unterschiedlichen Nutzergruppen die gewünschten Informationen aus dem Datenbestand heraussuchen und entsprechend auf dem Bildschirm bereitstellen. Neben den nachgefragten Daten müssen auf dem Bildschirm i. d. R. aber auch die Elemente der Bedienoberfläche sowie bestimmte Systemparameter und -meldungen dargestellt werden (z. B. der Name des zurzeit benutzten terminologischen Bestands, die Arbeitssprachen, aktivierte Filter oder Systemoptionen). Die Formen der Informationsdarstellung und -aufbereitung beeinflussen entscheidend die Benutzerfreundlichkeit des TVS.

In der Regel geht es bei der Anzeige um den terminologischen Eintrag, der nach einer Suche, nach dem Eingeben oder Ändern oder beim Blättern im terminologischen Bestand auf dem Bildschirm dargestellt wird. Zusätzlich wird häufig auch noch ein Index in der gewählten Such- oder Sortiersprache angeboten, in dem die Benennung des gerade angezeigten Eintrags im alphabetischen Sortierumfeld angezeigt wird. Bisher wird nur in wenigen Terminologieverwaltungssystemen neben dem Eintrag eine zusätzliche grafische Darstellung der Einordnung des aktuellen Begriffs in ein Begriffssystem oder einen Begriffsplan angezeigt. Eine derartige hierarchische oder netzartige Verdeutlichung der Begriffsbeziehungen ist verständlicherweise nur dann möglich, wenn entweder Notationen (siehe Abschn. 5.3.2.2.17) oder Begriffsrelationen (siehe Abschn. 5.3.2.2.18) in den terminologischen Einträgen explizit in eigenen Datenkategorien verwaltet werden oder wenn es zusätzlich zu den terminologischen Einträgen noch eine Softwarekomponente zur Verwaltung von Begriffsstrukturen oder Taxonomien gibt.

Alternativ bzw. als Ausweichlösung nutzen einige Anwender die Möglichkeit, Grafiken in einen Eintrag einzubinden, um das Begriffssystem in einer visualisierten Form anzuzeigen. Oft wird das grafische Begriffssystem beim hierarchiehöchsten Oberbegriff eingefügt und dann von allen Unterbegriffen darauf verwiesen.

Der auszugebende Informationsumfang bei den terminologischen Einträgen hängt entscheidend von der Anzahl und der Struktur der gespeicherten Daten ab. Einfache Terminologieverwaltungssysteme haben i. d. R. kaum Schwierigkeiten, ihre wenigen Datenkategorien und deren Inhalte übersichtlich auf dem Bildschirm darzustellen. Komplexe begriffsorientierte, erst recht multilinguale Terminologiedatenbanken können häufig trotz kompakter Darstellung nicht alle Informationen, die zu einer terminologischen Einheit gehören, auf einem Bildschirm unterbringen. Hilfreich ist es in den meisten Fällen, wenn nur diejenigen Datenkategorien angezeigt werden, die im konkreten Eintrag tatsächlich mit Daten gefüllt sind. Diese Option steht aber bei Systemen mit einer (festen) formularartigen Eintragsdarstellung oft nicht zur Verfügung.

Derzeit sind grundsätzlich zwei Strategien der Darstellung von größeren Informationsmengen verfügbar. Die meisten Systeme ermöglichen es dem Nutzer, bei Bedarf einen längeren Eintrag innerhalb des zur Verfügung stehenden Bildschirmbereichs zu scrollen. Andere Systeme ordnen die Informationen quasi hintereinander an und machen sie dem

Nutzer durch Blättern zugänglich. Hierbei ist die systematische und inhaltliche Zuordnung der einzelnen Datenkategorien zu den jeweiligen Bildschirmen einer rein sequentiellen Anordnung vorzuziehen. Wichtig ist bei allen Systemen, dass der Nutzer auf das Vorhandensein weiterer Informationen durch Schaltflächen, Bildlaufleisten oder eine Karteikartenanalogie hingewiesen wird, wenn nicht alle eintragsspezifischen Daten auf einem Bildschirm dargestellt werden können. Bei Datenkategorien, deren Inhalte in der Länge sehr stark variieren (z. B. Definitionen oder Kontextbeispiele), werden dem Nutzer oft nur die ersten Zeilen der Information in einem festen Fensterbereich angeboten. Bei Bedarf kann dann dieses Fenster erweitert oder die Information in diesem Fenster gescrollt werden.

Einige Systementwickler setzen in ihren Terminologieverwaltungssystemen die Philosophie um, dass feste Masken die Informationsdarstellung für den Nutzer übersichtlicher machen. Sicherlich erhöht es die Benutzerfreundlichkeit, wenn dieselbe Art von Information immer an derselben Position auf dem Bildschirm zu finden ist. Da aber in der Praxis nur sehr selten alle verfügbaren Datenkategorien mit Informationen gefüllt sind und die Inhalte, vor allem bei offenen Datenkategorien, in der Länge sehr stark variieren, wird durch die Verwendung starrer Masken und Formulare die Kompaktheit der Informationsdarstellung eher negativ beeinflusst. Der Nutzer muss dann oft mehrere Bildschirmseiten durchblättern, um die evtl. wenigen Daten eines Eintrags zu lesen. Sinnvoller ist es, Datenkategorien nur dann anzuzeigen, wenn sie tatsächlich mit Inhalten gefüllt sind.

Terminologieverwaltungssysteme werden von verschiedenen Nutzergruppen (z. B. Übersetzer, Terminologen, Technische Redakteure, einsprachige Fachleute) mit unterschiedlichen Informationsbedürfnissen genutzt. So interessieren sich bei einem mehrsprachigen Terminologiebestand Technische Redakteure oder Fachleute i. d. R. nur für Informationen in einer Sprache, Übersetzer für Informationen in zwei Sprachen und Terminologen für Informationen in allen Sprachen. Auch können die einzelnen Nutzergruppen je nach aktueller Aufgabe nur an bestimmten Datenkategorien innerhalb des jeweiligen Eintrags interessiert sein, etwa nur an den Benennungen in mehreren Sprachen oder nur an Definitionen und Abbildungen oder auch nur an Verwaltungsinformationen, z. B. wer einen Eintrag wann als Letzter bearbeitet hat. Deshalb sollten Terminologieverwaltungssysteme eine anwender- bzw. anwendungsbezogene Auswahl und Darstellung der Informationen eines terminologischen Eintrags erlauben. Diese von den Nutzungsbedürfnissen abhängige Anzeige- und Layoutkonfiguration kann zusammen mit den Nutzerrollen und -rechten mit einem Nutzerprofil verbunden werden, das dem Nutzer automatisch beim Anmelden am System zugeordnet wird. Dort wird nicht nur die Anzeigekonfiguration festgelegt, sondern auch, was jede Nutzergruppe oder jeder Nutzer sehen, eingeben, ändern oder löschen darf (zum Umgang mit Rollen und Rechten siehe auch Abschn. 3.3.3).

Die Form der Informationsdarstellung hängt wesentlich vom Bildschirmbereich ab, der hierfür zur Verfügung steht. Zum einen müssen neben den Eintragsinformationen auch noch die Bedienoberfläche, Systemparameter und ggf. Indizes angezeigt werden, zum anderen wird die Terminologieverwaltungskomponente oft zusammen mit anderen Programmen wie Übersetzungseditoren oder Autorensystemen benutzt, bei denen auch noch ein Teil des zu bearbeitenden Texts zu sehen sein muss. In einem solchen Fall kann dann nur ein Teil des Gesamtbildschirms für das Terminologiefenster reserviert werden. Im Idealfall kann der Nutzer je nach Aufgabe den Bildschirmausschnitt für die Terminologie-darstellung individuell nach seinen Bedürfnissen festlegen.

Die Übersichtlichkeit der Informationsdarstellung wird positiv beeinflusst, wenn das benutzte Terminologieverwaltungssystem die Möglichkeit bietet, die unterschiedlichen Arten der Informationen, z. B. Datenkategorienamen, Datenkategorieinhalte (Datenele-mente) sowie die unterschiedlichen Datenkategorietypen auch unterschiedlich auf dem Bildschirm darzustellen. Viele Systeme erlauben die Verwendung von unterschiedlichen Farben, Schriftarten, Schriftgrößen und Schriftauszeichnungen (Fettschrift, Unterstrei-chung) zur Informationshervorhebung, wobei sehr oft der Nutzer die Farben oder Attribute selbst auswählen und mit seinen anderen Anwendungsprogrammen abstimmen kann.

6.7 Validieren und Pflegen von Daten

6.7.1 Validierungsprozess

Professionelles Terminologiemanagement ist inhaltlich und sprachlich interessant und anspruchsvoll; man darf jedoch nicht vergessen, dass es sich um eine Daueraufgabe handelt. Die erarbeiteten Daten müssen kontinuierlich gepflegt, aktualisiert und ergänzt werden, damit sie allen Nutzern in aktueller Fassung und fehlerfrei zur Verfügung gestellt werden können. Nur aktuelle und vollständige Daten aus einer zentralen Quelle sichern auf Dauer die Akzeptanz eines Terminologieprojekts. Verlaufen zu viele Suchen ergebnis-los oder sind die Nutzer mit den gefundenen Ergebnissen unzufrieden, wird die Bereit-schaft zur Nutzung der Datenbestände schnell sinken.

Auch wenn bereits bei der Eingabe der Daten meist eine eingehende sprachliche, fach-liche und terminologische Überprüfung der Informationen stattfindet, so entdeckt man doch später immer wieder Fehler und Unstimmigkeiten. Deshalb müssen terminologische Einträge regelmäßig überprüft werden. Dabei spielt zum einen ihre Vollständigkeit eine wichtige Rolle, zum anderen ihre Korrektheit (sowohl formal als auch inhaltlich).

Bei der Validierung wird also überprüft, ob und inwieweit die terminologischen Einträge bestimmten qualitativen Anforderungen genügen, die sich entweder aus der Methodik der Terminologielehre oder aus projekt- bzw. firmeninternen Rahmenbedingungen ergeben.

Für den Validierungsprozess ist es wichtig, dass alle Angaben sorgfältig dokumentiert und mit Quellenangaben versehen werden. So kann man die Herkunft bestimmter Infor-mationen und den verantwortlichen Bearbeiter nachvollziehen, die getroffenen Entschei-dungen verstehen und bei Aktualisierungen schneller und zielsicherer vorankommen.

Die Validierung kann sich sowohl auf einzelne Einträge als auch auf den kompletten terminologischen Datenbestand beziehen. Abgesehen von dieser quantitativen Unterschei-dung sind auch qualitativ verschiedene Ebenen zu unterscheiden, und zwar die inhaltliche, die formale und die technische Ebene. In manchen Publikationen (z. B. DTT 2014) wird auch eine sprachliche Validierung erwähnt, die sich aber nach unserer Unterteilung unter der inhaltlichen und formalen Validierung subsumieren lässt.

Die Datenqualität kann schon bei der Eingabe etwa durch geschlossene Datenkategorien mit sog. Werte- oder Picklisten, vorbesetzte Datenelemente (sog. Standard- oder Default-Werte), Datenkategorieeigenschaften (z. B. obligatorische Angabe) oder die Überprüfung auf Doppeleinträge unterstützt werden. Dies ersetzt aber in keinem Fall die Notwendigkeit eines definierten Validierungsprozesses, bei dem in regelmäßigen Abständen die terminologischen Einträge überprüft und ggf. bereinigt, aktualisiert, korrigiert und angepasst werden. In diesem Prozess ist – wie auch bei der Erarbeitung und Systematisierung – eine klare Verteilung der Aufgaben und Verantwortlichkeiten von Bedeutung.

Gleichzeitig gehört es zu einer professionellen Validierung, dass man Rückmeldungen von Nutzern in die Optimierung einfließen lässt. Konstruktive Kritik verbessert nicht nur die Inhalte der Datenbank, sondern auch ihre Akzeptanz. Für den Fall, dass Nutzer Fehler in den Einträgen finden oder andere Verbesserungsvorschläge haben, muss im Terminologieleitfaden ein Prozess definiert werden, der festlegt, wie die große Gruppe der Nutzer mit den Terminologieverantwortlichen kommunizieren kann. Die Möglichkeiten reichen von schlichten E-Mails (in kleinen Unternehmen und Projekten) über vorgefertigte Feedbackformulare im Intra- oder Internet bis hin zu ausgereiften Prozesstools. Diese Prozesstools überwachen nicht nur, ob alle Beteiligten die ihnen zugewiesenen Aufgaben in den vorgegebenen Zeiträumen erledigen, sondern stellen auch eine Art „Ticketsystem" zur Verfügung, mit dem die Nutzer Änderungs- oder Korrekturanträge stellen können. Diese Anträge werden vom Prozesstool automatisch an die verantwortlichen Bearbeiter weitergeleitet und der Antragsteller wird bei Erledigung informiert. Die direkte Kommunikation innerhalb der Terminologiedatenbank, z. B. über ein Anmerkungsfeld, wäre zwar ebenfalls denkbar, würde es aber erforderlich machen, dass alle Nutzer Schreibrechte haben.

6.7.2   Inhaltliche Validierung

6.7.2.1   Grundlagen

Bei der inhaltlichen Validierung werden insbes. die folgenden Aspekte überprüft und ggf. korrigiert:

- Aufnahme neuer Benennungen oder Begriffe
- Nutzen der Angaben
- Korrektheit der Angaben
- Aktualität der Angaben
- Zielgruppengerechtheit der Angaben (z. B. passendes fachliches Niveau bei Definitionen)
- Äquivalenz- und Synonymbestätigung
- Dubletten
- Bewertung der terminologischen Qualität der Benennungen

Validiert man den Begriff als Ganzes, so muss zunächst entschieden werden, ob der Begriff überhaupt aufzunehmen bzw. beizubehalten ist. Diese Entscheidung hängt vom gewählten Ziel und Einsatzbereich der Terminologiesammlung ab. Anschließend wird untersucht, ob die Definition fachlich korrekt ist und ob die in der Definition genannten Merkmale für den Begriff wirklich wesentlich sind. Zudem müssen die Definitionen für die Nutzergruppe/-n der Terminologiedatenbank verständlich sein, d. h. insbes. auf der gewünschten Fachlichkeitsstufe liegen (Zielgruppengerechtheit).

Darüber hinaus muss sichergestellt werden, dass alle im terminologischen Eintrag aufgeführten Benennungen tatsächlich synonym (bezogen auf eine Sprache) bzw. äquivalent (bezogen auf mehrere Sprachen) sind. Das heißt: Alle genannten Benennungen müssen denselben Begriff bezeichnen (Begriffsorientierung) und folglich zur selben Definition „passen".

Insgesamt werden also bei der inhaltlichen Validierung v. a. die Korrektheit, die Aktualität und der Nutzen aller Angaben überprüft. Eine besondere Rolle spielt dabei die terminologische Qualität der Definitionen, Anmerkungen und Kontexte. So muss z. B. bei der Datenkategorie *Kontext* darauf geachtet werden, dass die Nutzer nicht einfach beliebige Textauszüge einfügen, die den jeweiligen Terminus enthalten. Dieses Vorgehen füllt zwar die Datenbank, bringt aber in den meisten Fällen keinen echten Nutzen. Gefragt sind hier sprachlich aussagekräftige Kontexte, die dem Nutzer helfen, die Benennung korrekt und fachsprachlich angemessen zu verwenden, also Kollokationen, passende Präpositionen, besondere Pluralbildungen etc. Ein Kontext, der einfach nur eine Benennung enthält, belegt einzig und allein die Tatsache, dass der Terminus in Texten verwendet wird, nicht aber, **wie** man ihn korrekt verwendet. Gerade diese Verwendung ist jedoch klärenswert – speziell wenn Texte in einer anderen Sprache als der eigenen Muttersprache geschrieben werden.

6.7.2.2   Validieren und Freigeben von Definitionen

Im Idealfall sind die Terminologen in ihrem Themengebiet nicht nur sprachlich-terminologisch versiert, sondern auch fachlich-inhaltlich. Dieses Fachwissen hilft ihnen zu entscheiden, welche Merkmale in eine Definition gehören, welche Beziehungen zwischen Begriffen vorliegen (z. B. Ober-/Unterbegriff) und welche Begriffe überhaupt für das Themengebiet relevant sind. Eine rein sprachliche Betrachtung der terminologischen Gegebenheiten reicht für diese Entscheidungen und Bewertungen i. d. R. nicht aus.

In einigen Fällen ist es jedoch so, dass Mitarbeiter mit der Terminologierecherche und -erfassung beauftragt werden, die keine ausreichende Sachkenntnis mitbringen. In diesem Fall muss ein Validierungs- und Freigabeprozess zwischengeschaltet werden, in dem die recherchierten Benennungen und Definitionen von einem sog. Fachverantwortlichen geprüft, ggf. korrigiert und genehmigt werden. Diese Einbeziehung einer weiteren Personengruppe bedeutet zwar zusätzlichen Aufwand, stellt jedoch gleichzeitig sicher, dass die Ergebnisse akzeptiert und angewendet werden, nicht nur von den Freigebern selbst, sondern auch von anderen Gruppen im Unternehmen (zu den Kompetenzprofilen der verschiedenen Gruppen im Terminologieprozess siehe auch die Abschn. 3.3.2 und 3.3.3).

Abb. 6.2 Warnung eines Terminologieverwaltungssystems vor Doppeleinträgen

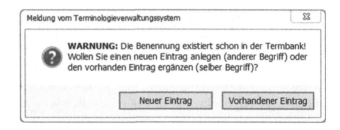

6.7.2.3 Dublettenprüfung

Unter Dubletten versteht man doppelte Einträge, d. h. zwei oder mehrere Einträge, die denselben Begriff betreffen. Identifiziert werden Dubletten jedoch über die Datenkategorie *Benennung*, da kein inhaltlicher Vergleich von Definitionen stattfinden kann. Folglich werden oft auch Ambiguitäten als Dubletten bezeichnet (zur klaren Unterscheidung siehe unten).

Gängige Terminologieverwaltungssysteme haben eine Funktion, die automatisch eine Meldung ausgibt, wenn eine schon im Terminologiebestand vorhandene Benennung ein zweites Mal eingegeben wird (siehe Abb. 6.2).

Die Tatsache, dass eine Benennung ein zweites Mal eingegeben wird, kommt, wie oben bereits angedeutet, in zwei verschiedenen Fällen vor, wobei eigentlich nur der erste echte Dubletten beschreibt:

1. Doppelte Einträge entstehen durch unaufmerksames oder paralleles Arbeiten. Wenn mehrere Terminologen gleichzeitig an einer Datenbank arbeiten, kann es passieren, dass zwei von ihnen denselben Begriff bearbeiten. Oder aber ein Terminologe hat übersehen, dass der Eintrag, den er gerade anlegen möchte, schon existiert. Auch durch einen ungeprüften Import externer Terminologiebestände können Doppeleinträge entstehen. In all diesen Fällen wird man die Mehrfacheinträge zusammenführen bzw. alle bis auf einen löschen.
2. Es kommt jedoch auch dann zu einer Dublettenmeldung, wenn (im Fachgebiet) Ambiguitäten vorliegen. Dieses Phänomen der Benennungsidentität für zwei verschiedene Begriffe sieht formal zunächst aus wie ein schlichter Doppeleintrag, wie er unter 1 beschrieben wurde. In diesem Fall jedoch müssen beide Einträge bestehen bleiben, da es sich um verschiedene Begriffe handelt.

6.7.3 Formale Validierung

Bei der formalen Validierung werden u. a. die folgenden Aspekte überprüft:

- Vollständigkeit der Einträge
- Einhaltung des Erstell- und Freigabeprozesses
- Korrektheit und Vollständigkeit der Quellenangaben

- Konsistenz der Einträge
- Sprachliche Form (Rechtschreibung, Grammatik, Interpunktion)
- Stilistisch-redaktionelle Qualität von Definitionen, Anmerkungen, Kontexten etc.

Die Überprüfung der Vollständigkeit kann durch die Spezifikation von Filtern (siehe Abschn. 6.5.4) unterstützt und systematisiert werden. So kann z. B. ein Filter angelegt werden, der bei allen Substantiven feststellt, ob eine Genusangabe (Filterbedingung: Datenkategorie *Genus* enthält einen Wert) vorhanden ist. Das Vorhandensein dieser Angabe kann nicht schon bei der Eingabe der Daten dadurch garantiert werden, dass die Datenkategorie *Genus* als obligatorisch spezifiziert wird, da z. B. Verben keine Genusangabe erhalten. Man müsste die Bedingungen also koppeln, indem man festlegt, dass die Datenkategorie *Genus* ein Pflichtfeld ist, sobald die Datenkategorie *Wortart* den Wert „Substantiv" hat. Die meisten gängigen Werkzeuge erlauben jedoch keine bedingten obligatorischen Datenkategorien.

Bei der Validierung von Quellen geht es nicht um die Bewertung der genutzten Dokumentation im Hinblick auf ihren Wert für die Terminologiearbeit; dies muss bereits bei der Nutzung der Quellen geschehen. Vielmehr geht es um das formale Überprüfen der Quellenangaben, die in einem Eintrag zu finden sind. Also: Stammt eine Information tatsächlich aus der aufgeführten Quelle? Entspricht die bibliografische Angabe den Vorgaben? Sind die Seiten-, Kapitel- oder Artikelangaben korrekt? Ist die Internetquelle noch immer unter dem angegebenen Link auffindbar?

Die formale Konsistenz der Informationen in terminologischen Einträgen kann in vielen Fällen schon durch eine gut durchdachte Datenmodellierung sichergestellt werden, z. B. durch die Verwendung geschlossener Datenkategorien mit definierten Wertelisten. Dies ist aber nicht für alle Datenkategorien möglich. Deshalb muss im Validierungsprozess überprüft werden, ob innerhalb des Terminologiebestands alle gleichartigen Informationen auch gleich kodiert sind. Unterstützt werden kann diese Konsistenzprüfung durch Filter, aber auch durch die gezielte Ausgabe der Inhalte bestimmter Datenkategorien, die dann in einer einfachen Tabelle (bspw. in einem Tabellenkalkulationsprogramm) leichter verglichen werden können.

Es gibt kaum Terminologieverwaltungssysteme, die eine ausgereifte Überprüfung von Orthografie, Interpunktion, Grammatik und Stil bei Datenkategorien mit textlichen Inhalten als Funktionalität bereitstellen, sodass zur Validierung der sprachlichen und redaktionell-stilistischen Korrektheit oft nur ein individuelles Lektorat übrig bleibt. Denkbar ist aber auch, Definitionen, Kontexte, Anmerkungen etc. aus dem Terminologiebestand zu exportieren, in einem Textverarbeitungsprogramm oder einem System zum maschinellen Lektorat zu überprüfen und anschließend wieder in das Terminologieverwaltungssystem zu reimportieren. Hierbei ist besondere Sorgfalt erforderlich und die Export- und Import-Konventionen des Terminologieverwaltungssystems müssen genau beachtet werden.

6.7.4 Technische Validierung

Die technische Validierung umfasst u. a. folgende Aspekte:

- Vergabe und Einhaltung von Schreib- und Leserechten
- Zeichencodierung, v. a. bei Sonderzeichen und Formeln
- Funktionalität der Datenbank (z. B. Verlinkungen)

Im Rahmen der technischen Validierung muss unter anderem überprüft werden, ob alle Benutzerrollen und -rechte korrekt unterstützt werden. So sollte für alle Benutzer(-grup-pen) getestet werden, ob die Lese- und Schreibrechte sowie die Anforderungen an die Darstellung und Anzeige von Einträgen (siehe Abschn. 6.6) so funktionieren, wie sie eingerichtet und spezifiziert wurden.

Ebenso muss vor allem bei Sprachen mit diakritischen Zeichen und nicht-lateinischen Zeichensätzen sichergestellt werden, dass alle Zeichen korrekt dargestellt werden, dass bei der Suche nach Benennungen die richtigen Einträge gefunden werden und dass die Sortierreihenfolge beim Aufbau des Indexes und beim Blättern im Datenbestand den festgelegten Konventionen der jeweiligen Sprache entspricht. Ähnliches gilt bei Symbolen, Sonderzeichen und Schriftauszeichnungen wie Fett- oder Kursivschrift.

Besonders beim Vorhandensein von Verlinkungen innerhalb des terminologischen Datenbestands, d. h. zwischen einzelnen terminologischen Einträgen, umfasst der technische Validierungsprozess auch die Überprüfung, ob die Verknüpfungen zu den jeweiligen Einträgen noch funktionieren. Es ist denkbar und nicht selten der Fall, dass die Zieleinträge der Links im Laufe der Zeit aus dem Datenbestand entfernt werden oder über eine andere Eintragsnummer oder Benennung zugänglich sind. Ebenso sollten Internetlinks (in Quellenangaben) regelmäßig geprüft und aktualisiert werden.

6.8   Bereitstellen und Nutzen der Daten

6.8.1 Bereitstellen terminologischer Daten

Terminologie kann nicht nur direkt im Terminologieverwaltungssystem, sondern auch in verschiedenen anderen Medien und in unterschiedlichem Umfang bereitgestellt werden, z. B. elektronisch im Intra- oder Internet oder gedruckt in Form eines Glossars, als vollständige Datensätze oder als reine Wortlisten. Je nach Zielsetzung und Nutzerkreis werden eine oder mehrere dieser Varianten im Unternehmen benötigt. Wichtig in diesem Zusammenhang sind eine zentrale Datenhaltung und klare Verantwortlichkeiten, um Redundanzen und unterschiedliche Aktualitätsgrade und damit das „Auseinanderdriften" von Datenbeständen zu verhindern.

Ein gutes Terminologieverwaltungssystem sollte den gleichzeitigen Zugriff mehrerer Nutzer erlauben und so v. a. auch räumlich voneinander getrennt arbeitenden Projektteams den Zugriff auf gemeinsame Daten im Intra- oder Internet ermöglichen (z. B. mittels einer Client-Server-Architektur oder über ein Web-Interface). Dieser Aspekt der allgemeinen Verfügbarkeit und Informationsbereitstellung ist besonders wichtig, denn Terminologie-arbeit geht alle im Unternehmen an: von der F&E-Abteilung über die Produktion, die Technische Redaktion, das Marketing, die Übersetzung bis hin zu den regionalen Nieder-lassungen des Unternehmens im Ausland. Sie alle profitieren von einem guten Termino-logiemanagement, müssen aber auch Zugriff auf die terminologischen Daten haben.

Auch im Zusammenspiel zwischen Auftraggebern, Sprachdienstleistern und Freibe-ruflern findet die Weitergabe terminologischer Daten in beide Richtungen statt. Unter-nehmen stellen ihre Terminologie für den Übersetzungsprozess zur Verfügung und Über-setzer geben ggf. aktualisierte Terminologiebestände wieder zurück. Ähnlich verhält es sich bei externen Dienstleistern, die für ein Unternehmen die Erstellung der Techni-schen Dokumentation übernehmen. Eine konsistente Terminologieverwendung in grö-ßeren Projekten, an denen mehrere Parteien beteiligt sind, kann nur dann sichergestellt werden, wenn alle auf dieselbe Terminologie zugreifen können. Allerdings erschweren unterschiedliche Terminologiewerkzeuge und individuelle Modellierungen von Termi-nologiebeständen den verlustfreien Austausch von terminologischen Daten. Genormte Terminologieaustauschformate (siehe Abschn. 6.8.3) können das Problem aber in der Regel lösen.

Funktionierende Austauschformate sind insbes. dann von großer Bedeutung, wenn man bedenkt, dass für externe Übersetzungsdienstleister eine Bereitstellung der Terminologie in ihrem jeweiligen CAT-Tool erforderlich ist. Dort bekommen sie Treffer aus der Terminolo-giedatenbank direkt während der Übersetzung angezeigt und müssen nicht auf eine andere Datenbank oder Liste zugreifen (siehe dazu auch Abschn. 7.4). Doch nicht nur bei der Übersetzung, sondern auch bei der ausgangssprachlichen Dokumentationserstellung muss eine direkte Integration des Terminologieverwaltungssystems in das gewohnte Arbeitsum-feld gewährleistet sein. Ein Technischer Redakteur möchte direkt bei der Texterstellung auf die festgelegte Terminologie zugreifen – z. B. über ein Authoring-Memory-System oder einen Controlled-Language-Checker (siehe dazu auch die Abschn. 7.2.4 und 7.3) – und nicht über diverse Klicks in einem separaten Werkzeug.

Wie bei der Verwaltung sollte man auch bei der Bereitstellung auf eine systematische und konsequente Rechtevergabe achten. Je nach Rollen und Rechten kann der termino-logische Bestand über Filter eingeschränkt werden und ist dann nur teilweise sichtbar, z. B. nur die Informationen, die für einen bestimmten Geschäftsbereich gelten, oder nur eine bestimmte Sprachkombination.

Angesichts des großen Arbeitsaufwands, der zum Aufbau terminologischer Bestände erforderlich ist, neigen einige Unternehmen dazu, ihre Terminologie „geheim" zu halten, d. h. sie nur intern zu verwenden und nicht allgemein zugänglich zu machen. Andere dagegen haben erkannt, dass durch die Bereitstellung von Terminologie die große Chance besteht, die Terminologie der eigenen Branche entscheidend mitzuprägen. Damit wird die Terminologie eines Unternehmens nicht nur zum Zeichen einer beherrschenden Marktstellung, sondern trägt auch zur Stärkung der Produktidentität bei.

6.8.2   Ausgabe terminologischer Daten

Die Nutzer und Betreiber von Terminologieverwaltungssystemen sind aus unterschiedlichen Gründen daran interessiert, die im System enthaltenen Bestände auf Papier, als elektronische Dokumente oder als Webseiten auszugeben. Dies kann bspw. notwendig sein, um Fachleute im Hause oder externe Mitarbeiter, die nicht über einen direkten Zugang zum Terminologieverwaltungssystem verfügen oder lieber mit gedrucktem Material arbeiten, mit der richtigen Terminologie zu versorgen. Auch für Dolmetscheinsätze, sowohl zur Vorbereitung als auch für das schnelle Nachschlagen in der Kabine, sind aufbereitete Terminologiesammlungen sinnvoll. Manchmal werden die Ergebnisse der rechnergestützten Terminologieverwaltung auch für die Erstellung traditioneller Fachwörterbücher verwendet. Für alle diese Zwecke muss es möglich sein, die im Terminologieverwaltungssystem gespeicherten Bestände auszugeben bzw. auszudrucken.

Grundsätzlich lassen sich bei der Druckaufbereitung zwei verschiedene Strategien erkennen: Entweder das Terminologieverwaltungssystem druckt selbst, wobei eine Anzahl von (wenigen) vorbereiteten Layoutvorlagen benutzt werden kann; diese Vorlagen definieren explizit die Auswahl und Anordnung der terminologischen Daten in dem Druckdokument sowie die Art der Textauszeichnung (Schriftgröße, Schriftart, Fett-/Kursivschrift). Oder der Ausdruck kann dadurch erfolgen, dass das Terminologieverwaltungssystem über eine Schnittstelle (API) oder andere Komponenten an ein Textverarbeitungs- oder DTP-Programm angebunden wird und die Daten zur Druckaufbereitung an dieses weitergibt; dort kann dann eine weitere layouttechnische Aufbereitung erfolgen.

Entscheidend für die Nutzbarkeit des ausgedruckten Terminologiebestands sind drei Faktoren: die (alphabetische) Ordnung, die Struktur der Informationen und die Selektion des auszudruckenden Bestands.

Die Ausgabe der terminologischen Daten erfolgt i. d. R. in der genormten alphabetischen Ordnung der jeweiligen Sprache. Dies sollte bei heutigen Unicode-basierten Terminologieverwaltungssystemen problemlos erfolgen. Dennoch muss darauf geachtet werden, dass besonders mit diakritischen Zeichen versehene Buchstaben richtig eingeordnet werden. So wird z. B. im Deutschen ein „Ä" wie ein „A" oder ein „Ae" einsortiert, im Spanischen ein „Ñ" als eigenständiger Buchstabe betrachtet und im Dänischen ein „Å" alphabetisch hinter dem „Z" angeordnet.

Bei der alphabetischen Ausgabe muss bedacht werden, dass der ausgedruckte Bestand in der aufbereiteten Ordnung nur noch sequentiell genutzt werden kann, was eine besondere Behandlung bei terminologischen Einträgen mit mehr als einer Benennung in einer Sprache erfordert. Besitzt der Eintrag neben der Vorzugsbenennung noch Synonyme, so muss entweder der gesamte Block der auszugebenden Informationen mehrfach ausgegeben werden, oder es muss bei den synonymen (sekundären) Benennungen ein Verweis auf die Vorzugsbenennung erfolgen.

Je nach Anforderung an den Ausdruck und an die Art der terminologischen Daten können bestimmte Lösungen für die Ausgabe erforderlich sein. So will man etwa phraseologische Einheiten wie „ein Testament eröffnen" nicht alphabetisch unter „ein" erscheinen lassen, sondern eher (mit einem Verweis) unter „Testament" oder auch unter „eröffnen". Begrifflichkeiten, die kulturspezifisch sind und die in einer bestimmten anderen Sprache oder Region keine Benennung haben (terminologische Lücken), werden oft im Benennungsfeld der entsprechenden Sprache umschrieben, z. B. das deutsche „Gemütlichkeit" oder das französische „Académie". Hier wäre es nicht angemessen, diese Umschreibungen bei einem alphabetischen Ausdruck als „Benennungen" in der jeweiligen Sprache aufzuführen. Kommen derartige Phänomene häufiger vor, so sollten bei der Modellierung des terminologischen Eintrags spezielle Datenkategorien dafür vorgesehen werden, um die Ausgabe der terminologischen Daten zu optimieren.

Für die Ausgabe ist es i. d. R. ebenfalls notwendig, Kriterien für die Auswahl eines Teilbestands zu spezifizieren, da nur selten alle Einträge ausgedruckt werden sollen. Eine derartige Selektion ist bspw. über die Fachgebiete (nur Einträge aus dem Fachgebiet IT) oder über den Bearbeitungsstatus (nur freigegebene und vollständige Einträge) denkbar. Es können aber auch Kombinationen unterschiedlichster Kriterien notwendig sein. Hierfür muss dem Nutzer der gleiche Mechanismus zur Verfügung stehen, wie er zur Definition von Filterbedingungen verwendet wird (siehe Abschn. 6.5.4).

In Abhängigkeit von der strukturellen Komplexität des terminologischen Eintrags können und sollen oft nicht alle Informationen ausgegeben werden. So kann es für bestimmte Verwendungszwecke sinnvoll sein, nur eine zweisprachige Wortliste oder nur eine einsprachige Liste mit allen Benennungen und ihren Definitionen auszugeben. Ebenso ist es sinnvoll, bestimmte (intern benutzte) verwaltungstechnische Datenkategorien (z. B. Name des Bearbeiters) oder ganze Sprachblöcke (z. B. Spanisch) bei der Ausgabe zu unterdrücken. Terminologieverwaltungssysteme erlauben es entweder dem Nutzer, den auszugebenden Umfang an Datenkategorien selbst festzulegen (siehe dazu auch Abschn. 6.8.3), oder sie stellen mehrere vorbereitete Ausgabeformate für die gängigsten Benutzeranforderungen zur Verfügung.

6.8.3   Export terminologischer Daten

Beim Export terminologischer Daten aus Terminologieverwaltungssystemen müssen grundsätzlich zwei Fälle unterschieden werden, bei denen sich unterschiedlich große technische und inhaltliche Probleme ergeben können:

- strukturerhaltender Export
- strukturverändernder Export

6.8.3.1   Strukturerhaltender Export

Unter strukturerhaltendem Export wird zunächst einmal die Ausgabe terminologischer Daten aus einem Terminologieverwaltungssystem zur Weiterwendung durch dasselbe System verstanden. Hierbei bleibt die logische Struktur des Terminologiebestands

(Datenkategorien und Eintragsaufbau) erhalten und wird in vielen Fällen nicht einmal explizit gemacht. Ebenso wird bei vielen Systemen bei einem derartigen Export die informationstechnische Struktur (internes Speicherformat) der Daten nicht aufgelöst, sodass die Daten nur durch das benutzte Terminologieverwaltungssystem und nicht durch den Nutzer (z. B. mit Hilfe eines normalen Editors) oder durch andere Systeme zu interpretieren sind.

Ein derartiger strukturerhaltender Export wird benutzt, um Sicherungskopien des terminologischen Datenbestands (außerhalb des Softwaresystems) zu erzeugen oder um Daten von einem Rechner auf einen anderen Rechner zu übertragen, wobei auf beiden Rechnern das gleiche Terminologieverwaltungssystem benutzt wird. Auch wenn ein Nutzer auf eine neue (Software-)Version seines Terminologieverwaltungssystems umsteigt, kann ein derartiger Export eine Möglichkeit sein, die Daten in die neue Systemversion zu überführen, falls vom Softwarehersteller nicht eine Routine für die Datenmigration bereitgestellt oder eine Aufwärtskompatibilität der Altdaten sichergestellt wird.

Für den strukturerhaltenden Export sollte wie bei der Suche (siehe Abschn. 6.5.4), bei der Anzeige von Terminologie (siehe Abschn. 6.6) oder beim Ausdruck terminologischer Bestände (siehe Abschn. 6.8.2) die Selektion von Teilbeständen durch Angabe von Filterbedingungen erlaubt sein. Hierdurch ist es möglich, Teilbestände an andere Nutzer (mit dem gleichen System) weiterzugeben. Ebenso kann man für die eigene Nutzung aus einem großen (logisch unterteilten) Terminologiebestand mehrere kleinere (physikalisch unterteilte) Terminologiebestände erzeugen.

Werden beim strukturerhaltenden Export die informationstechnische (interne) Struktur aufgelöst und die Daten unter Erhalt der logischen Struktur in ein weiterverarbeitbares Format (z. B. XML) umgewandelt, so bietet sich für den Nutzer die Möglichkeit, die Daten mittels eines einfachen Editors, eines Textverarbeitungsprogramms oder eines speziellen, auf das Format ausgerichteten Programms (XML-Editor) zu bearbeiten, um sie anschließend wieder in das System zu importieren. Ein derartiges „externes" Editieren ist häufig dann sinnvoll, wenn systematische Änderungen am gesamten Terminologiebestand nicht durch die Software des Terminologieverwaltungssystems unterstützt werden. Will der Nutzer z. B. in allen terminologischen Einträgen die Bezeichnung des Fachgebiets „IT" in die Bezeichnung „Datenverarbeitung" umwandeln, so kann dies durch die Schritte Export, Edition mit Suchen/Ersetzen und Import geschehen. Handelt es sich bei Fachgebiet um eine geschlossene Datenkategorie, so muss zeitgleich der entsprechende Wert der vorgegebenen Werteliste im Terminologieverwaltungssystem bearbeitet und angepasst werden.

6.8.3.2 Strukturverändernder Export

Die zweite Art des Exports ist der wesentlich komplexere strukturverändernde Export. Er tritt dann auf, wenn terminologische Daten zwischen unterschiedlichen Terminologieverwaltungssystemen oder mit anderen Systemen wie Content-Management-Systemen, Controlled-Language-Checkern, Maschinellen Übersetzungssystemen oder Teileverwaltungssystemen ausgetauscht werden sollen. Hierbei müssen beim Export nicht nur die terminologischen

Daten in einem standardisierten Format weitergegeben werden, sondern vor allem die logische Struktur des terminologischen Eintragsmodells und die semantische Bedeutung der einzelnen Datenkategorien explizit gemacht werden. Nur so können die Daten in einem anderen System mit einer divergierenden logischen und semantischen Struktur genutzt werden.

Um diese vollständige Überführung aller Daten und Strukturinformationen sicherzustellen, müssten normalerweise individuelle Konvertierungsroutinen zwischen den beiden am Austauschprozess beteiligten Systemen entwickelt werden. Hierzu ist es einerseits erforderlich, die individuellen Export- und Importformate der beteiligten Systeme zu kennen und in den Konvertierungen zu berücksichtigen. Andererseits muss man aber auch die „Semantik" der Datenkategorien und der Datenmodelle der beiden beteiligten Systeme richtig interpretieren. In Einzelfällen werden tatsächlich solche individuellen Konvertierungsroutinen entwickelt und eingesetzt.

Sind aber mehrere Systeme am Austausch terminologischer Daten beteiligt, so erhöht sich sehr schnell die Anzahl der notwendigen Konvertierungsroutinen. Deshalb möchte man auf genormte Austauschformate zurückgreifen, durch die jedes der beteiligten Terminologieverwaltungssysteme „nur" einen Import von Daten aus dem genormten Austauschformat und „nur" einen Export in das genormte Austauschformat bereitstellen muss.

Eines der bekanntesten und am häufigsten bereitgestellten Formate für den Datenaustausch ist das CSV-Format (Comma-Separated Values) oder das sehr ähnliche TSV-Format (Tab-Separated Values). Bei diesen Formaten werden Informationen durch Kommas oder Tabulatoren und Datensätze durch Zeilenumbrüche oder Absatzmarken getrennt (siehe Abb. 6.3).

```
1  →   Schmitz → 2012-02-04T17:35:49→Speichermedium→SCSI-Festplatte
→Lockerplatte → Schreib-/Lese-Kopf→Festplatte   →   Schmitz → 2012-02-
04T17:16:33  →  f. → Floppy-Disk → magnetisches·Speichermedium,·bei·dem·
Daten·auf·rotierenden·Scheiben·aus·einem·starren·Material·gespeichert·
werden  →  hard·disk·drive  →   Schmitz → 2012-02-04T17:16:33→disque·dur
→Schmitz → 2012-02-04T17:16:33→Schmitz → 2012-02-04T17:16:33→m. → ¶
5  →  Schmitz → 2012-02-04T17:18:20→Floppy-Disk → Schmitz → 2012-02-
04T17:18:20  →  Festplatte  →  floppy·disk → Schmitz → 2012-02-
04T18:07:11  →  disquette→Schmitz → 2012-02-04T18:07:11¶
7  →  Schmitz → 2012-03-26T09:51:35→Festplatte  →  Schmitz → 2012-03-
26T09:51:35  →  f. → Schön·dekorierte,·meist·mit·Fleisch-·und·
Wurstprodukten·ausgestattete·Anordnung·von·Essbarem·bei·einem·kalten·
Buffet.·  → ¶
8  →  kdschmitz→2015-09-07T10:05:24→Transparenz
→Materialbeschaffenheit → Opazität→ kdschmitz→2015-09-07T10:05:24→f.
→Substantiv   →   Maß·für·die·Lichtundurchlässigkeit→opacity → kdschmitz
→2015-09-07T10:09:07→Substantiv   →   measure·of·impenetrability·to·
electromagnetic·or·other·kinds·of·radiation → ¶
9   →  kdschmitz→2015-09-07T10:20:20→Lebensmittel·-·Getreide→Grünkern
→kdschmitz→2015-09-07T10:20:20→Substantiv   →   m. → Korn·des·Dinkels,·das·
halbreif·geerntet·und·unmittelbar·darauf·künstlich·getrocknet·wird
→Grünkern→ kdschmitz→2015-09-07T10:20:20→Substantiv   →   spelt·that·has·
been·harvested·when·half·ripe·and·then·artificially·dried → épeautre·
vert → kdschmitz→2015-09-07T10:20:20→Nominalphrase→m. → ¶
```

Abb. 6.3 Exportierte Daten einer Terminologiedatenbank im TSV-Format

Auch wenn die einzelnen Daten i. d. R. sauber voneinander getrennt werden, so ist doch ihre Bedeutung und Interpretation unklar und nicht im Format abgelegt. Ebenso ist die Abfolge der Datenelemente, die durch Kommas separiert werden, nicht bei jedem exportierten Datensatz (Eintrag) gleich, wenn die terminologischen Einträge unterschiedlich komplett mit Datenelementen befüllt sind. Fehlt etwa bei einem Eintrag die Definition oder hat ein Eintrag mehrere synonyme Benennungen, ein anderer aber keine, so kann die Interpretation der exportierten Daten fehlschlagen.

Die Verwendung einer Auszeichnungssprache wie XML (eXtensible Markup Language) umgeht genau diese Problematik. Einer Information kann nicht nur durch die Markierung mit einem sog. „Tag" eine Bedeutung mitgegeben werden, sondern auch die Gruppierung und Zuordnung von Daten wird mittels XML eindeutig festgelegt.

Will man also ein genormtes Austauschformat definieren, so muss man eigentlich nur die XML-Auszeichnungselemente in den spitzen Klammern, die Tags, standardisieren und festlegen, auf welcher Ebene des Formats diese Elemente auftreten können. Genau dies macht das in der ISO 30042 (2008) festgelegte Austauschformat TBX (TermBase eXchange). TBX nutzt das in ISO 16642 (2003) definierte terminologische Metamodell (siehe Abb. 5.8 in Abschn. 5.3.3.2) für die Ebenen und Strukturelemente der XML-Datei und die in ISOCAT (www.isocat.org) spezifizierten Datenkategorien für die Auszeichnung der einzelnen Informationswerte (siehe auch Schmitz 2012c, 2012d, 2012f).

Bei dem in Abb. 6.4 dargestellten Ausschnitt aus einem terminologischen Eintrag handelt es sich um vereinfachtes TBX.

Auch wenn TBX als ISO-Norm 30042 spezifiziert ist, so stellt man schon beim Konsultieren von ISOCAT fest, dass es verschiedene „TBXe", also verschiedene TBX-Varianten

```
...
<text><body>
  <termEntry id='ID0000073578'>
    <descrip type='subjectField'>Materialbeschaffenheit</descrip>
    <langSet lang=de>
      <descrip type='definition'>Maß für die Lichtundurchlässigkeit</descrip>
      <ntig>
        <termGrp>
          <term>Opazität</term>
          <termNote type='partOfSpeech'>Substantiv</termNote>
          <termNote type='grammaticalGender'>f.</termNote>
        </termGrp>
      </ntig>
      ...
    </langSet>
    ...
  </termEntry>
  ...
</body></text>
```

Abb. 6.4 Vereinfachter Auszug aus einer TBX-Datei

gibt. Die Norm selbst definiert eine Art Familie von TBX-kompatiblen Formaten, wobei TBX-Default den Gesamtumfang aller Datenkategorien der TBX-Familie berücksichtigt. Verschiedene Untermengen von Datenkategorien und Restriktionen in der Anordnung dieser Kategorien auf bestimmten Ebenen des Metamodells („dialects" wie etwa TBX-Basic) erlauben es, leichter zu implementierende Import- und Export-Routinen für spezifische Anwendergruppen und weniger komplexe Datenbanken zu erstellen (vgl. Reineke und Schmitz 2016).

Dennoch kommt es beim Austausch terminologischer Daten weiterhin zu Problemen, und zwar v. a. durch die fehlende Stringenz von Austauschformaten wie TBX und die (zu große) Flexibilität moderner Terminologieverwaltungssysteme.

TBX versucht, bei geschlossenen Datenkategorien auch die Werte, die auftreten können, als einfache Datenkategorien festzulegen. Das setzt voraus, dass bereits im Vorfeld alle möglichen Werte einer bestimmten Datenkategorie bekannt sind. Dieser Versuch mag bei bestimmten Datenkategorien wie *Genus* recht gut funktionieren (*Genus* = m., f. oder n.), bei anderen wie *Bearbeitungsstatus* noch möglich sein, obwohl der Bearbeitungsstatus in unterschiedlichen Umgebungen unterschiedliche Werte erfordern kann. Doch bei bestimmten Kategorien wie *Fachgebiet* ist der Versuch zum Scheitern verurteilt, da sich keine Fachgebietsklassifikation finden lässt, die allen Bedürfnissen gerecht wird. Deshalb kann ein vollkommen „blinder" Datenaustausch mit TBX nicht für alle Datenkategorien sichergestellt werden, da TBX z. B. keine Werte für die Datenkategorie *Fachgebiet* spezifiziert.

Sinnvollerweise sollte dem Nutzer eines kommerziellen Terminologieverwaltungssystems eine bereits vom Systemhersteller implementierte Import- und Exportfunktion für TBX bereitgestellt werden. Dies ist aber nur dann möglich, wenn das Terminologieverwaltungssystem eine fest vorgegebene Eintragsstruktur mit festgelegten Datenkategorien hat. Nur in diesem Fall kennt der Systementwickler die Semantik der Datenkategorien und kann sie adäquat in TBX abbilden. Hat man aber ein Terminologieverwaltungssystem, bei dem der Nutzer die Datenmodellierung selbst vornehmen muss/kann oder eine vorgeschlagene Datenmodellierung nach seinen Bedürfnissen modifizieren kann, so kann der Systementwickler keine saubere TBX-Schnittstelle bereitstellen, da er die Bedeutung der vom Nutzer abgelegten Datenkategorien nicht kennt. In diesen Fällen kann nur ein spezielles Mapping-Tool helfen, mit dem der Nutzer seine eigenen Datenkategorien auf die genormten ISOCAT-Datenkategorien abbildet („mappt"). Oder aber der Nutzer orientiert sich gleich beim Anlegen oder Modifizieren seiner Terminologiedatenbanken an den genormten Datenkategorien aus ISOCAT.

Terminologieverwendung in Texten 7

7.1 Einleitung

Im letzten Kapitel dieses Buchs werden die Möglichkeiten der effizienten und korrekten Verwendung von Terminologie beschrieben. Nach einer zusammenfassenden Thematisierung der Notwendigkeit von Terminologie, die als Leitmotiv durch das ganze Buch scheint, werden die Grundlagen zur Kontrolle der Terminologieverwendung gelegt. Danach wird im Detail auf die Verwendung von Terminologie bei der Erstellung von Ausgangstexten und beim Übersetzen eingegangen, wobei bei Ausgangstexten das Zusammenwirken von Terminologie mit Authoring-Memory-Systemen und Controlled-Language-Checkern und bei der Übersetzung das mit Translation-Memory-Systemen beschrieben wird. In Abschn. 7.4.1 wird zudem die grundlegende Rolle der Terminologiearbeit im Übersetzungsprozess dargestellt.

7.2 Kontrollierte Terminologieverwendung

7.2.1 Die Notwendigkeit von Terminologie

Fragt man nach dem Hauptverantwortlichen für Verständnisprobleme in fachsprachlichen Dokumenten, so hört man oft: „Die Terminologie ist schuld! All diese Fachwörter!" Das eigentliche Problem sind jedoch i. d. R. nicht die Benennungen, sondern das dahinter stehende Fachwissen. Jeder Terminus stellt eine komprimierte Form von Fachwissen dar. Erst durch das Fehlen dieses Fachwissens entstehen Verständnisprobleme.[1]

---

[1] Natürlich entstehen auch durch das Nichtkennen von Termini sowie durch ihre inkonsistente Verwendung Verständnisprobleme. Dieser Aspekt wird in vielen anderen Kapiteln dieses Buchs thematisiert, soll hier aber nicht im Mittelpunkt stehen.

© Springer-Verlag GmbH Deutschland 2017
P. Drewer, K.-D. Schmitz, *Terminologiemanagement*,
Kommunikation und Medienmanagement,
https://doi.org/10.1007/978-3-662-53315-4_7

Für das Verstehen von Fachausdrücken ist **in ausgeprägtem Maße Wissen notwendig**, das mit diesen Ausdrücken verbunden ist. Hier trifft ganz besonders zu, daß sich das Außersprachliche als innersprachlicher Inhalt wiederfindet [...], und nur wenn ich die **außersprachlichen Sachverhalte** kenne, kann ich die sprachlichen Fachausdrücke eines Textes verstehen. (Jahr 1996, S. 25, unsere Hervorhebung)

Will man einen Terminus umgehen oder erklären, so sind oft mehrere Sätze und umständliche Beschreibungen erforderlich, um das zu sagen, was sonst in einem einzigen Fachwort verdichtet ist.

Beispiel

Drehstrom – Dreiphasenwechselstrom
Der Drehstrom ist ein Wechselstrom mit drei Phasen (stromführende Leitungen). Der Begriff Drehstrom ist aus der Erzeugung abgeleitet. Dabei werden drei Spulen im 120°-Abstand rund um ein sich drehendes Magnetfeld angeordnet. Dadurch entstehen drei um 120° phasenverschobene sinusförmige Wechselspannungen.
(www.elektronik-kompendium.de/sites/grd/1006061.htm, 16.08.2016)

Diese lange Definition, die selbst wieder neue Termini enthält (z. B. „Wechselstrom", „Phase", „Magnetfeld"), ist für einen Experten bereits im Fachwort enthalten. Wenn jedoch ein Laie den Zusammenhang nicht versteht, so ist nicht die Benennung schuld, sondern die Tatsache, dass der Laie den Begriff hinter der Benennung nicht (gut genug) kennt.

7.2.2 Zielgruppen- und textsortengerechte Verwendung von Terminologie

Der Verfasser eines Fachtextes steht immer vor der Frage nach Quantität und Qualität der im Text verwendeten Terminologie, also: Wie viele und welche Termini kann ich verwenden? Müssen die Termini erklärt bzw. definiert werden? Um diese Fragen zu beantworten, findet zunächst eine Einstufung der Zielgruppe hinsichtlich ihres Vorwissens statt. Im Bereich der fachinternen Kommunikation, also bei Texten, die von Fachleuten für Fachleute geschrieben werden, ist davon auszugehen, dass die Rezipienten des Textes mit der Terminologie des Fachs vertraut sind und ihren Gebrauch erwarten. Definitionen sind hier nicht erforderlich.

Im fachexternen Bereich muss der Verfasser davon ausgehen, dass seine Leser die Terminologie des Fachs nicht oder nur oberflächlich kennen. Er muss also entscheiden, ob die Terminologie vermieden werden kann oder ob sie eingeführt und mit Hilfe von Definitionen erklärt werden muss. Die Antwort auf diese Frage hängt von der Textfunktion bzw. Textsorte ab (siehe Abb. 7.1).

Fachinterne Kommunikation: Leser mit viel Vorwissen

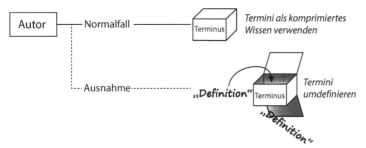

Fachexterne Kommunikation: Leser mit wenig Vorwissen

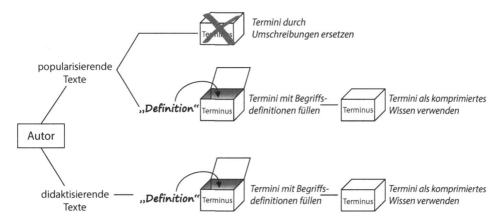

Abb. 7.1 Terminologieverwendung in der fachinternen und der fachexternen Kommunikation

In einem **didaktisierenden Text**, z. B. einem Lehrbuch, ist es zwingend erforderlich, neu eingeführte Termini zu erklären, denn das primäre Ziel des Textes – die Wissensvermittlung – geht einher mit der Vermittlung der entsprechenden Fachsprache.

Die Entscheidung, ob Terminologie erklärt oder vermieden werden soll, fällt anders aus, wenn es sich um einen **popularisierenden Text** handelt (Sachbuch, populärwissenschaftlicher Zeitschriftenartikel o. Ä.). Hier soll zwar ebenfalls Wissen vermittelt werden, doch im Vordergrund steht die Unterhaltungsfunktion des Textes; eine Einführung in die relevante Fachsprache ist nicht zwingend erforderlich. Termini werden hier dennoch aus zwei verschiedenen Gründen gebraucht:

- Sie lassen den Text „wissenschaftlicher" und damit glaubwürdiger erscheinen.
- Sind Termini erst einmal eingeführt, so kann der Text wesentlich ökonomischer gestaltet werden. Es ist nicht bei jedem Auftreten eine umständliche Umschreibung oder die Generierung eines Ersatzausdrucks erforderlich, sondern der Terminus wird einmal erklärt und kann von da an problemlos verwendet werden.

Allerdings wird i. d. R. auf umfangreiche Definitionen der verwendeten Termini verzichtet. Sie würden den Textfluss hemmen oder Erinnerungen an lehrbuchartige, schulische Vermittlungsformen wachrufen, die in popularisierenden Texten unerwünscht sind (vgl. Niederhauser 1997, S. 114). Es handelt sich hier also eher um Kurzdefinitionen oder kleinere Erklärungstexte.

Wie man sieht, ist die Frage nach Quantität und Qualität der eingesetzten Terminologie nicht pauschal zu beantworten, sondern muss im Einzelfall von Zielgruppe und Textfunktion abhängig gemacht werden.

7.2.3 Einführung und Erklärung von unbekannten Termini

Die Strategien zur Einführung und Erklärung unbekannter Termini sind vielfältig. Sie reichen von der wörtlichen Übersetzung eines Fremdworts über Reformulierungen und Paraphrasierungen bis hin zu umfangreichen Definitionen (vgl. Pörksen 1986, S. 194). Ein wichtiges Verfahren ist auch das Bilden von Vergleichen oder Metaphern, die in vielen Fachgebieten ohnehin eine erkenntnisstiftende Funktion haben und daher auch auf sprachlicher Ebene ein adäquates Mittel zur Wissensrepräsentation sind (vgl. Drewer 2003, S. 78ff.).

Formal sind folgende Formen der Erklärung zu unterscheiden:

*   Einführung/Definition innerhalb des Textes, d. h. in den Textfluss integriert
*   Einführung/Definition außerhalb des Textes (z. B. als Bild, in einem Infokasten, per Verlinkung bei Hypertexten)

Insbesondere bei längeren Texten, die nicht chronologisch gelesen werden (Handbücher, Bedienungsanleitung etc.), empfiehlt es sich, die verwendeten Termini (zusätzlich) in einem Glossar zu erklären. Wird ein Terminus nämlich nur bei seiner ersten Nennung erklärt und dann als bekannt vorausgesetzt, ergibt sich für Leser, die selektiv auf bestimmte Passagen zugreifen, ein Problem. In einem Glossar dagegen kann der Leser jederzeit nachschlagen, wenn ihm ein unbekanntes Fachwort begegnet. Gleichzeitig wird so das Problem der heterogenen Zielgruppen entschärft: Leser mit geringem Vorwissen schlagen häufiger nach, Leser mit großem Vorwissen werden das Glossar unter Umständen nie benutzen.

Handelt es sich um einen unterhaltsamen, z. B. wissenschaftsjournalistischen Text, so wird der Autor i. d. R. auf umfangreiche, fachlich präzise Definitionen verzichten und stattdessen bevorzugt Umschreibungen verwenden, die zwar weniger präzise, dafür aber „leichter verdaulich" sind (siehe dazu Abschn. 7.2.2).

Neu eingeführte Termini werden zur Hervorhebung oft metasprachlich oder typografisch markiert, z. B. durch Anführungszeichen oder Kursiv- bzw. Fettdruck. Definitionen hingegen findet man oft in Klammern oder zwischen Gedankenstrichen. Lexikalisch auffällig ist auch die Verwendung von „Einführungsverben" wie „darunter versteht man", „das ist", „d. h.", „das nennt man/sich" etc. Diese Segmente werden manchmal von

Terminologen genutzt, um in elektronisch vorliegenden Dokumenten gezielt nach Definitionen zu suchen (zur Terminologierecherche siehe auch Abschn. 4.2.2).

7.2.4 Kontrolle der Terminologieverwendung

Ist die Terminologie eines Unternehmens erarbeitet, erfasst und bereinigt, so muss sichergestellt werden, dass sich alle Beteiligten an die standardisierte Terminologie halten, also keine verbotenen Benennungen mehr verwenden, sondern nur noch die festgelegten Vorzugsbenennungen. Die Überprüfung der Terminologieverwendung kann auf mindestens drei Arten erfolgen (vgl. auch Drewer und Schmitz 2010):

- Ein menschlicher Lektor prüft den Text.
- Ein Controlled-Language-Checker führt ein maschinelles Lektorat durch (siehe dazu Abschn. 7.3.2).
- Ein Authoring-Memory-System (bei der Ausgangstexterstellung) oder ein Translation-Memory-System (bei der Zieltexterstellung) sorgt für die Wiederverwendung von früheren Textbausteinen und damit auch von früher verwendeter Terminologie (siehe dazu Abschn. 7.3.1 und 7.4.2).

Da die Terminologiekontrolle nur einen Teil der sprachlich-inhaltlichen Qualitätssicherung darstellt, wird sie im Folgenden im Zusammenhang mit einer Gesamtprüfung der Texte betrachtet. Eine ausführliche Darstellung dieser Prozessschritte sowie der entsprechenden Werkzeuge findet sich in Drewer und Ziegler (2014, S. 55–102, 219–286).

Für das **menschliche Lektorat** wird i. d. R. ein Redaktionsleitfaden als Grundlage verwendet. Zudem bringen Lektoren fundierte Textsorten- und Textproduktionskompetenzen mit. Wenn kein Leitfaden vorliegt oder aber der bestehende Leitfaden unvollständig ist, werden für die Textproduktion und für das Lektorat oft Regelwerke von Institutionen oder Verbänden verwendet, z. B. der tekom-QualiAssistent (Software, die den menschlichen Lektor bei seiner Textprüfung unterstützt) oder Arbeitsergebnisse der AG „Technisches Deutsch" (tekom 2009, 2013, Techdeutsch 2009).

In den letzten Jahren hat der menschliche Lektor maschinelle „Konkurrenz" in Form von Sprachkontrolltools bzw. Controlled-Language-Checkern (CLC) bekommen: Diese Werkzeuge zum **maschinellen Lektorat** haben den großen Vorteil, dass sie schon parallel zur Texterstellung zum Einsatz kommen können, während das menschliche Lektorat der Texterstellung stets nachgeschaltet ist. Controlled-Language-Checker werden also vom Autor selbst während oder direkt nach der Textproduktion (meist nach dem Fertigstellen eines bestimmten Textabschnitts) eingesetzt. Der CLC wird über eine Schnittstelle mit dem jeweiligen Erstellprogramm des Autors verbunden. Sobald der Autor die Erstellung eines bestimmten Textabschnitts oder des gesamten Dokuments beendet hat, startet er die Prüfung durch den CLC, der auf die Einhaltung von Rechtschreib-, Grammatik- und Stilregeln achtet sowie auf die ausschließliche Verwendung der festgelegten Terminologie.

Bei den **Memory-Systemen** (sowohl Authoring-Memory-Systeme bei der Ausgangs-texterstellung als auch Translation-Memory-Systeme bei der Zieltexterstellung) ist das Prinzip ein anderes: Hier geht es nicht um sprachliche Qualitätssicherung und die Vermei-dung von Fehlern, sondern um die Wiederverwendung von vorhandenem Textmaterial. Auch sie trägt zur Steigerung der terminologischen Konsistenz bei. Allerdings kommt es im ungünstigen Fall zum sog. GIGO-Effekt (Garbage In – Garbage Out), bei dem fehler-haftes Textmaterial wiederverwendet wird (vgl. Drewer 2013a, S. 57f.).

7.3   Terminologie bei der Erstellung von Ausgangstexten

7.3.1   Authoring-Memory-Systeme

7.3.1.1   Funktionsweise und Einsatzgebiete von Authoring-Memory-Systemen

Besonders in der Technischen Dokumentation kommen bestimmte Inhalte immer wieder vor, z. B. in verschiedenen Textsorten (Broschüre, Webseite, Handbuch) oder bei verschie-denen Produktversionen bzw. -varianten. Um für Konsistenz in diesen Dokumenten zu sorgen und um Texterstellungs- sowie Übersetzungskosten zu senken, sollten für gleiche Inhalte immer die gleichen Formulierungen genutzt werden, was auch eine konsistente Terminologieverwendung beinhaltet. Um dies sicherzustellen, wurden Authoring-Memo-ry-Systeme (AMS) entwickelt, die analog zu den schon länger eingesetzten Translation-Memory-Systemen (TMS) konzipiert und benannt wurden. Sie speichern bereits verwen-dete Textsegmente ab und bieten sie bei der Erstellung neuer Texte zur Wiederverwendung an. Der Einsatz dieser Werkzeuge ist besonders sinnvoll, wenn größere Autorenteams gemeinsam an Dokumenten arbeiten, da so persönliche Stilvorlieben und Formulierungs-weisen vermieden werden.

Die durch AMS unterstützte sprachliche Konsistenz erhöht die Verständlichkeit und Qualität von Texten, da gleiche Inhalte auch immer gleich formuliert werden. Dies hat zusätzlich einen positiven Einfluss auf die Übersetzungskosten und die Qualität der Zieltexte.

Im Gegensatz zu Content-Management-Systemen, die eine Wiederverwendung auf Modulebene zum Ziel haben, unterstützen AMS die Autoren bei der Wiederverwendung auf Wort- und Satzebene. Bei einem reinen CMS-Einsatz blieben diese kleineren sprach-lichen Einheiten sonst völlig ungenutzt.

AMS zeigen sowohl völlig übereinstimmende Sätze (sog. 100%-Matches) als auch leicht abweichende Sätze (sog. Fuzzy-Matches) aus früheren Texten an.[2] Der Textpro-duzent kann dann entscheiden, ob er den alten Satz (unverändert oder angepasst) wie-derverwenden möchte. Gleichzeitig erhält er Ergebnisse aus der Terminologiedatenbank

---

[2] Zur Darstellung der verschiedenen Matcharten siehe Abschn. 7.4.2.1

und kann über die sog. Konkordanzsuche auch nach einzelnen Phrasen oder Termini im Kontext suchen.

Abbildung 7.2 zeigt einen typischen Anwendungsfall am Beispiel des AMS crossAuthor. Wie zu erkennen ist, hat der Verfasser eines neuen Textes soeben den Satz „Im Admin-Handbuch finden Sie Einzelheiten zu dieser Funktion." formuliert. Aus dem AMS erhält er nun die Meldung, dass es einen ähnlichen Satz bereits in früheren Dokumenten gab, und zwar „Einzelheiten zu dieser Funktion finden Sie in der Online-Hilfe". Dieser Satz wird als 64 %-Match im crossAuthor-Fenster angezeigt. Um die deutschen Texte konsistenter zu gestalten und um im anschließenden Übersetzungsprozess einen höheren Matchwert zu bewirken, wird der Autor des Textes den Satz aus dem Memory übernehmen und lediglich „Online-Hilfe" durch „Admin-Handbuch" ersetzen.

Im dargestellten Beispiel erhält der Autor zudem in einem separaten Fenster (rechts oben im Bild) die Meldung, dass zu diesem Satz keine Treffer in der Terminologiedatenbank vorhanden sind. Der Einsatz eines AMS zur Terminologiekontrolle wird in Abschn. 7.3.1.2 noch genauer dargestellt.

Der AMS-Einsatz reduziert also den Neuformulierungsaufwand und sorgt durch die Wiederverwendung früher formulierter Segmente für einheitliche, standardisierte Texte. Doch die Tatsache, dass ein Segment in einem früheren Dokument schon einmal vorkam, sagt noch nichts über seine Qualität aus. Der Vorteil der AMS greift also nur, wenn im Memory keine fehlerhaften Segmente abgespeichert sind. Anderenfalls kommt es durch den sog. GIGO-Effekt zur ständigen Wiederverwendung ungeeigneter oder sogar fehlerhafter Formulierungen. Die Segmente im Memory müssen also vor ihrer Wiederverwendung zwingend auf Qualität geprüft werden.

Bevor vor einigen Jahren die AMS auf den Markt kamen (bis dato waren nur Translation-Memory-Systeme im Einsatz), waren Auftraggeber und Übersetzer darauf angewiesen,

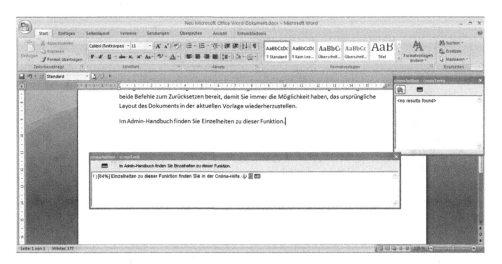

Abb. 7.2 Funktionsweise eines Authoring-Memory-Systems (crossAuthor)

dass mehr oder weniger durch Zufall Übereinstimmungen (Matches) im TMS entstanden. Die Verfasser der Ausgangstexte waren in der Formulierung ihrer Texte frei – bis auf
sprachlich-stilistische Vorgaben aus Redaktionsleitfäden oder anderen Regelwerken. Eine
Wiederverwendung von früher erstellten Textbausteinen fand auf Autorenseite nicht statt.
Nur die Übersetzer waren es gewohnt, im Falle einer Übereinstimmung im TMS die alten
Übersetzungen zu nutzen. Wenn es also einen Treffer gab, übernahmen sie stets das alte
zielsprachliche Segment und passten es ggf. an den neuen Text an. Eine Neuübersetzung
fand nur dann statt, wenn kein Treffer im TMS erschien.

Vor allem kombinierte AMS/TMS bieten hier inzwischen technische Unterstützung in
beiden Phasen des Prozesses und binden auch die Ausgangstexterstellen in die Wiederverwendung ein. Abbildung 7.3 verdeutlicht die gemeinsame Nutzung der Datenbestände
durch Ausgangstextautoren und Übersetzer (vgl. dazu auch die Ausführungen in Drewer
2012b, Drewer und Ziegler 2014, S. 274ff.).

Sinnvollerweise sollten Autoren und Übersetzer dasselbe Memory benutzen. Wenn
schon die Autoren Treffer aus diesem Memory angezeigt bekommen und diese Segmente
in ihren neuen Texten wieder einsetzen, ist völlig klar, dass es im anschließenden Übersetz-
zungsprozess zu deutlich mehr Übereinstimmungen und zu deutlich höheren Matchwerten
kommt, da ja die Segmente aus demselben Datenbestand stammen. Dieser Vorteil gilt auch
dann, wenn die Autoren die gefundenen alten Textsegmente noch anpassen, denn selbst in

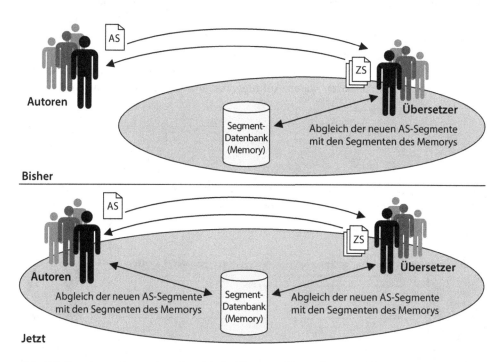

Abb. 7.3 Erweiterter Anwendungsbereich für Memorys (Darstellung nach Drewer und Ziegler
2014, S. 274)

angepasster Form werden die Segmente noch zu besseren Treffern im Memory führen als völlig neu formulierte Texte.

7.3.1.2 Terminologiekontrolle per Authoring-Memory-System

Nach dieser allgemeinen Darstellung der Funktionsweise von AMS kommen wir nun zu dem Punkt, der uns besonders interessiert: Wie erfolgt die Kontrolle der Terminologieverwendung im AMS?

Zusätzlich zur Anzeige der Wiederverwendungsmatches erhält der Autor verschiedene weitere Informationen: Bei AMS, die mit TMS kombiniert im Einsatz sind, erfolgt z. B. eine Information darüber, ob Übersetzungen für das jeweilige Segment hinterlegt sind und in welchen Sprachen diese vorliegen. Abbildung 7.4 zeigt im unteren Fenster aus crossAuthor eine kleine US-amerikanische Flagge als Symbol dafür, dass Englisch als Zielsprache bereits vorhanden ist. Die Abbildung illustriert auch, wie schon kleinere syntaktische Variationen zu deutlich reduzierten Matchwerten führen können. Im neuen Text wurden die frühere Aktivkonstruktion („Ein federbelastetes Sperrventil schließt in einer Richtung … ") in eine Passivkonstruktion umgewandelt („Bei einem federbelasteten Sperrventil wird das Schließelement … betätigt") und gleichzeitig kleinere lexikalische Umwandlungen vorgenommen. Schon diese relativ geringfügigen Veränderungen führen dazu, dass nur noch ein 66 %-Match entsteht (siehe Anzeige im unteren Fenster der Abb. 7.4).

Das kleine Fenster oben rechts in der Abbildung zeigt Treffer aus der Terminologiedatenbank. Hier werden alle Termini angezeigt, die im momentan bearbeiteten Segment

Abb. 7.4 Einsatz eines Authoring-Memory-Systems (inkl. Terminologiedatenbankabfrage)

vorkommen. Dadurch wird ersichtlich, ob die verwendeten Benennungen zulässig oder verboten sind. Beim Beispiel in Abb. 7.4 hat der Autor die Benennung „Sperrventil" verwendet und stellt nun bei der Anzeige des terminologischen Eintrags fest, dass es sich dabei um eine verbotene Benennung handelt. Ebenso wie „1-Wege-Ventil" darf die Benennung „Sperrventil" nicht verwendet werden; zulässig ist nur „Rückschlagventil".

Im dargestellten Fall ist die Anzeige aus der Terminologiedatenbank „korrekter" bzw. aktueller als die Anzeige der Wiederverwendungssegmente aus dem Memory, denn dort findet sich ebenfalls die unzulässige Benennung „Sperrventil". Durch eine reine Übernahme des Segments würde sich also der Terminologiefehler wiederholen. Häufig kommen diese Abweichungen zwischen Segmentspeicher und Terminologiedatenbank durch Unaufmerksamkeit der Textverfasser zustande, die versehentlich einen unzulässigen Terminus verwenden und dann das entstandene fehlerhafte Segment im Memory abspeichern. Eine andere Ursache kann eine Aktualisierung der terminologischen Bestände ohne gleichzeitige Anpassung der Memory-Segmente sein. Wenn im Terminologieverwaltungssystem eine (nachträgliche) Änderung vorgenommen wird, so müssen die Memorys von AMS und TMS nachgezogen werden. Daher ist es immer auch eine Kostenfrage, wenn ein Unternehmen beschließt, für einen Begriff eine neue Vorzugsbenennung festzulegen. Die Bestände im AMS müssen aktualisiert werden und es kommt zunächst sogar zu einer Erhöhung der Übersetzungskosten, da die neu etablierte Vorzugsbenennung zu einer Senkung der Matchwerte im TMS führt.

Wichtig bei der Terminologiekontrolle mit einem AMS (ebenso mit einem TMS) ist die direkte Integration, denn aktives Nachschlagen und Suchen wäre für die meisten Dokumentationsprojekte, die unter großem Zeitdruck ablaufen, zu aufwendig. Zudem hat der Textersteller in einigen Fällen evtl. den Eindruck, er kenne den erforderlichen Terminus, und schlägt daher gar nicht nach. Durch die direkte Integration und aktive Terminologieerkennung jedoch werden alle Treffer aus dem Terminologieverwaltungssystem angezeigt – allerdings nur, sofern das System über eine unscharfe oder „linguistisch intelligente" Suche verfügt, die auch flektierte und zusammengesetzte Formen der Termini erkennt.

7.3.2 Controlled-Language-Checker

7.3.2.1 Funktionsweise und Einsatzgebiete von Controlled-Language-Checkern

Wie bereits erwähnt, sind Controlled-Language-Checker (CLC) Sprachprüfprogramme, die für verschiedene Sprachen erhältlich sind. Sie können also sowohl zur Qualitätssicherung von Ausgangs- als auch von Zieltexten eingesetzt werden. Da sie jedoch bislang im Bereich der Ausgangstexterstellung häufiger anzutreffen sind, sollen sie an dieser Stelle behandelt werden.

Neben der korrekten Terminologieverwendung überwachen Controlled-Language-Checker auch die Einhaltung von Rechtschreib-, Zeichensetzungs-, Grammatik- und Stilregeln. Die Terminologieprüfung stellt dabei neben der Stilkontrolle die wichtigste Funktion von

CLC dar. In vielen Fällen ist sie sogar der ausschlaggebende Grund für die Anschaffung eines CLC. Das Sprachkontrolltool wird dabei möglichst direkt in die Autoren- oder Übersetzungs-umgebung integriert und kann während oder nach der Textproduktion eingesetzt werden.

Die Grammatikprüfung konzentriert sich z. B. auf Fehler aus Bereichen wie Wortstel-lung oder Kongruenz, während die stilistische Prüfung das Ziel hat, die Verständlichkeit der Texte zu erhöhen und so ihre Qualität zu steigern.

Die Verwaltung der Terminologie und der Sprachstandards erfolgt auf einem Server, sodass die Regeln allen Nutzern einfach und schnell zur Verfügung gestellt werden können und nicht client-seitig individuell angepasst und dadurch verfälscht werden. Im Gegen-satz zu den computerlinguistisch programmierten Stilregeln, die der Nutzer nicht selbst erstellen kann, werden die terminologischen Bestände, die mit einem CLC geprüft (und evtl. auch in ihm verwaltet) werden sollen, von den Terminologieverantwortlichen auf Nutzerseite selbst gepflegt.

Abbildung 7.5 zeigt eine Fehlermeldung des CLC Acrolinx. In einer ersten Meldung erfährt der Autor nur, dass das Modalverb „sollen" vermieden werden muss. Wenn er mit dieser Kurzmeldung nicht zurechtkommt, kann er sich eine detailliertere Beschreibung mit Beispielsätzen anzeigen lassen (siehe Abb. 7.6). Diese Meldungen müssen dann im Anschluss vom Autor in seinem konkreten Text produktiv umgesetzt werden; eine auto-matische Korrektur durch den CLC erfolgt nicht. Im dargestellten Fall muss der Autor

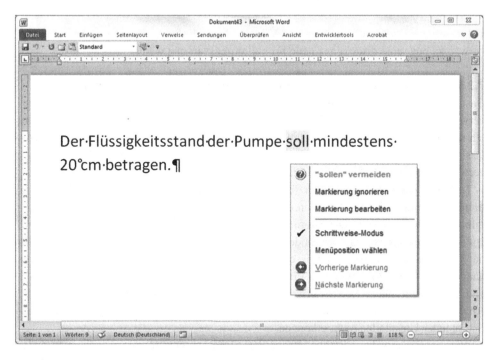

Abb. 7.5 Fehlermeldung des CLC Acrolinx „*sollen vermeiden*"

Abb. 7.6 Erläuterung des CLC Acrolinx zur Fehlermeldung *„sollen vermeiden"*

sich also entscheiden, ob er eines der Modalverben „dürfen", „können" oder „müssen"
verwendet oder eine dritte, ganz neue Formulierungsvariante wählt.

7.3.2.2 Terminologiekontrolle per Controlled-Language-Checker

Basis der maschinellen Terminologieprüfung sind die Bestände aus dem Terminologieverwaltungssystem, das entweder direkt in das Prüfprogramm integriert ist oder mit dem
ein regelmäßiger Datenaustausch stattfindet. Damit das Werkzeug die Verwendung unzu-
lässiger Termini anzeigen kann, müssen auch verbotene Benennungen in der Datenbank
verwaltet und als „unzulässig" markiert werden.

Technisch gesehen findet bei der Terminologieprüfung mit CLC ein Vergleich der (flektierten) Termini im Text mit den (in der Grundform abgespeicherten) Termini in der Terminologiedatenbank statt. Die Zuordnung der flektierten Benennung zur Grundform kann
entweder mit linguistischen Methoden oder mit einem Fuzzy-Mechanismus erfolgen. In
der Terminologiedatenbank ist z. B. ein Eintrag zum Terminus „Datenstrukturbaum" vorhanden, im Text jedoch wird die Pluralform „Datenstrukturbäume" mit Umlaut („-ä-")
und Flexionsmorphem („-e") verwendet. Ein einfaches System ohne morphologische
Analyse würde diesen Terminus aufgrund der formalen Abweichungen speziell im Wort-
innern unter Umständen nicht erkennen.

Wie bereits erwähnt, ist die Basis der Terminologieprüfung eine begriffsorientierte Terminologiesammlung. Oft wird diese Sammlung in einem eigenständigen

Terminologieverwaltungssystem oder in der Terminologiekomponente eines Translation-Memory-Systems verwaltet. Aus diesem System wird die Terminologie regelmäßig in den Controlled-Language-Checker importiert, möglichst über eine direkte Schnittstelle, alternativ über Austauschformate wie TBX. Neuere Programmversionen der CLC ermöglichen auch die direkte Verwaltung der Terminologie innerhalb des Tools. Für die Prüfung ist dann also kein Datenaustausch mehr nötig, wohl aber für andere Anwendungen mit Terminologiebezug wie bspw. die Übersetzung, denn nun müssen die Übersetzer regelmäßig den neuesten Stand der Terminologie aus der Verwaltungskomponente des CLC in ihr TMS importieren.

Abbildung 7.7 und 7.8 illustrieren die Terminologieverwaltung im CLC Acrolinx.

Abbildung 7.7 zeigt alle verwalteten Termini zunächst in alphabetischer Reihenfolge. Die Liste umfasst also Benennungen aller Bearbeitungs- und Gültigkeitsstatus (z. B. „proposed", „deprecated" oder „preferred"). Sind Synonyme hinterlegt, so erscheinen diese in der rechten Spalte unter *Verknüpfte Terme*. Im dargestellten Auszug sind z. B.

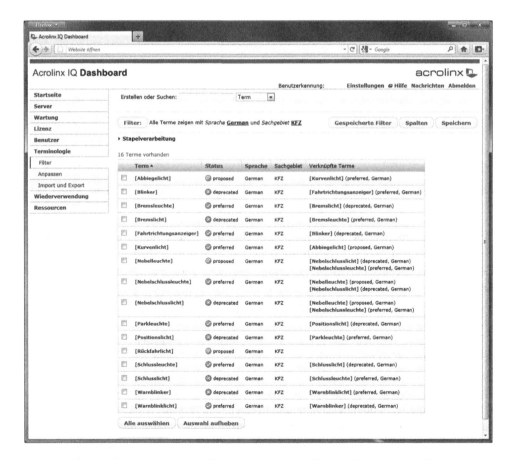

Abb. 7.7 Terminologieverwaltung im Controlled-Language-Checker (Acrolinx): gefilterte Ansicht

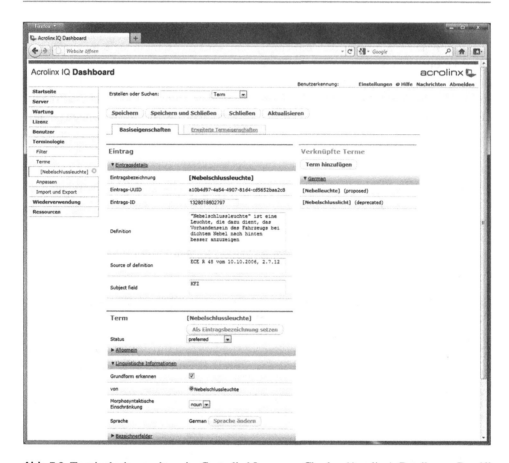

Abb. 7.8 Terminologieverwaltung im Controlled-Language-Checker (Acrolinx): Details zum Begriff

die Termini „Nebelleuchte", „Nebelschlusslicht" und „Nebelschlussleuchte" als Synonyme eingetragen, wobei „Nebelschlussleuchte" die Vorzugsbenennung ist und der Gebrauch von „Nebelschlusslicht" untersagt wird. Der Terminus „Nebelleuchte" befindet sich noch im Vorschlagsstadium und ist daher mit dem Status „proposed" versehen. Der einzige Terminus im dargestellten Screenshot, zu dem es kein Synonym gibt, ist „Rückfahrlicht".

Zusätzlich zum Terminus und seinem Verwendungsstatus können bei der Terminologieverwaltung im CLC Acrolinx noch weitere terminologische Daten, wie z. B. die Definition des Begriffs, die Quelle der Definition oder das Sachgebiet, hinterlegt werden. Die Aufbereitung und Anzeige dieser Daten zeigt Abb. 7.8.

Wenn nun die Terminologieverwendung in einem Text geprüft wird, so erhält der Autor einen Hinweis, sobald er einen unzulässigen Terminus verwendet; das System bietet in diesem Fall die hinterlegte Vorzugsbenennung als Ersetzungsterminus an. Eine solche Fehlermeldung zeigt Abb. 7.9. Der CLC Acrolinx erkennt, dass statt der vorgeschriebenen

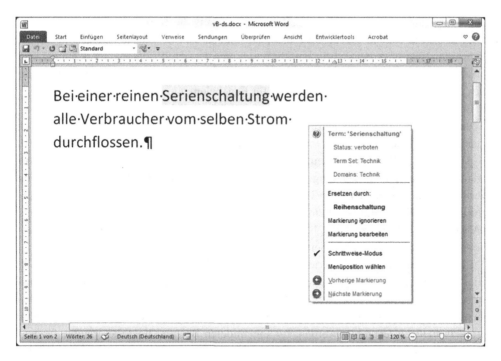

Abb. 7.9 Fehlermeldung bei Verwendung eines verbotenen Terminus (Acrolinx)

Vorzugsbenennung „Reihenschaltung" das unzulässige Synonym „Serienschaltung" verwendet wurde.

Das Erkennen verbotener Benennungen und das Vorschlagen der entsprechenden Vorzugsbenennung gehören zum Standardumfang einer Terminologieprüfung. Darüber hinaus sind einige CLC in der Lage, auch Benennungen als unzulässig zu erkennen, die gar nicht in der Terminologiedatenbank hinterlegt sind. Hintergrund dieser Funktionalität ist eine sog. Variantenerkennung, die z. B. auf Abweichungen der folgenden Art reagiert (zur Variantenerkennung siehe auch Drewer 2012a, S. 35ff.):

1. *Befüllmechanismus* vs. *Befüllungsmechanismus* vs. *Mechanismus zur Befüllung*
2. *Vier-Augen-Prinzip* vs. *4-Augen-Prinzip*
3. *Potential* vs. *Potenzial*

Nur eine der Benennungen muss in der Datenbank enthalten sein; die anderen werden aufgrund ihrer formalen Nähe als mögliche Synonyme erkannt. Die Abweichungen beziehen sich v. a. auf morphologische Varianten (Beispiel 1), auf den Umgang mit Zahlen vs. Ziffern (Beispiel 2), auf Rechtschreibvarianten (Beispiel 3 mit konservativer vs. progressiver Schreibweise), auf Groß-/Kleinschreibung, auf die Verwendung von Bindestrichen, auf den Einsatz von Sonderzeichen in Benennungen oder auf unterschiedliche Fugenelemente. Ohne diese Variantenerkennung müsste der Nutzer alle denkbaren Schreibweisen und Benennungsmuster separat als verbotene Termini in die Terminologieverwaltung einpflegen, um auf von der Vorzugsbenennung abweichenden Gebrauch aufmerksam gemacht zu werden. Dieser Arbeitsschritt entfällt durch eine ausgereifte Variantenerkennung, die oft sprachliche Eigenheiten offenbart, die sonst nicht aufgedeckt worden wären, z. B. die Vorliebe eines bestimmten Textverfassers für Fugenelemente oder Bindestriche.

Beim Aufspüren von Benennungsvarianten sind zwei verschiedene Ansätze denkbar: Entweder werden die Abweichungen aufgrund von morphologischen Analysen erkannt oder aber man greift auf Mechanismen der unscharfen Suche zurück (vgl. auch Geldbach 2009, S. 19).

Abbildung 7.10 zeigt, wie eine morphologische Variante als potentielles Synonym erkannt wurde. Die Benennung „Abkühlungsvorgang", die der Verfasser des Textes verwendet hat, ist nicht in der Terminologiedatenbank enthalten, wird aber als mögliches Synonym erkannt, da sie eine große morphologische Nähe zum erfassten Terminus „Abkühlvorgang" aufweist. Die beiden Termini unterscheiden sich lediglich in den Wortbildungsmorphemen und Fugenelementen.

Eine terminologische Fehlermeldung anderer (allgemeinerer) Art zeigt Abb. 7.11. Hier erfährt der Autor, dass ein von ihm verwendetes Kompositum „Nebenfreiflächenverschleiß" zu lang ist bzw. zu viele Elemente umfasst. Die maximale Anzahl von Elementen, die der Autor in einem Kompositum aneinanderreihen darf, kann firmen- oder projektspezifisch festgelegt werden. Im abgebildeten Beispiel liegt die erlaubte Grenze bei 3 Elementen. Ab dieser Länge muss entweder eine Mehrwortbenennung gebildet werden oder das Kompositum durch Bindestriche sichtbar strukturiert werden. Die Umwandlung des Kompositums in eine Mehrwortbenennung wird von Acrolinx leider nicht vorgeschlagen, sondern die Erklärung bietet als Hilfestellung nur die Lösung mit Bindestrich an (siehe Abb. 7.12). Dabei wäre in vielen Fällen die Bildung einer Mehrwortbenennung eine gute Alternative, z. B. „Hebebühne zur Achsmessung" statt „Achsmess-Hebebühne".

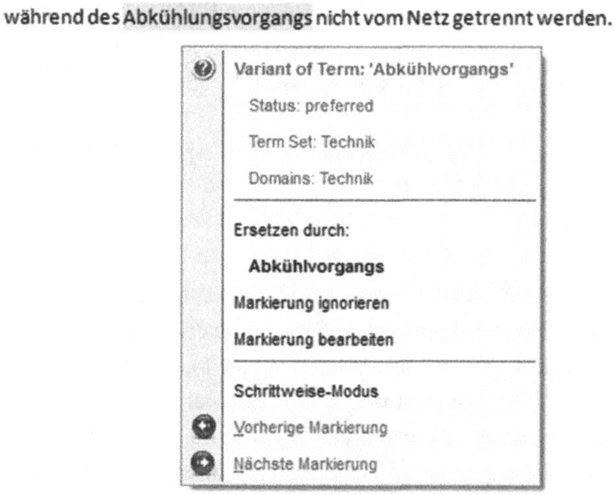

Abb. 7.10 Termvariantenerkennung im CLC

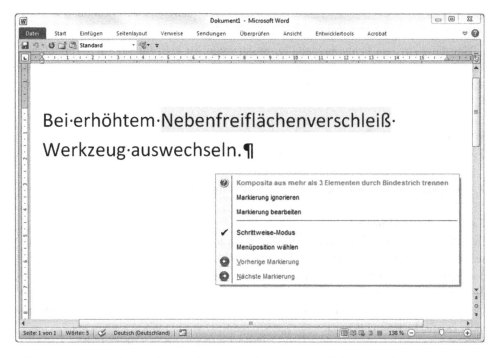

Abb. 7.11 Fehlermeldung zu Kompositum mit mehr als 3 Bestandteilen (Acrolinx)

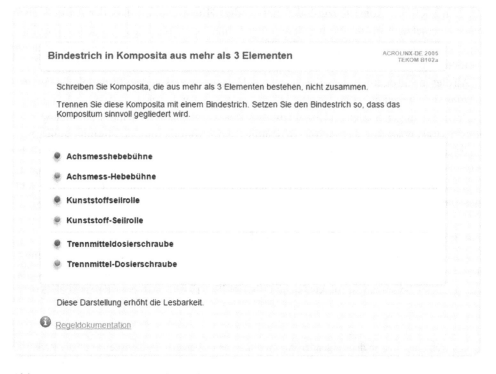

Abb. 7.12 Details zur Fehlermeldung (Kompositum mit mehr als 3 Bestandteilen)

Um diese Art von Fehlermeldung zu produzieren, ist kein Eintrag im Terminologie-verwaltungssystem erforderlich, sondern die Implementierung einer morphologischen Analysekomponente, die feststellt, aus wie vielen Bestandteilen (Basismorphemen) ein Kompositum besteht.

7.4   Terminologie beim Übersetzen

7.4.1   Terminologiearbeit im Übersetzungsprozess

7.4.1.1   Grundlagen

Betrachtet man den Übersetzungsmarkt, so kann man feststellen, dass nahezu alle über-setzten Textsorten einen hohen Grad an Fachlichkeit haben und stark mit Fachwörtern durchsetzt sind, wobei je nach Fachlichkeitsgrad der Anteil der fachspezifischen Termino-logie unterschiedlich groß sein kann. Oft behandeln übersetzte Texte innovative Fachge-biete und Themen, bei denen die zu verwendende Terminologie in der Zielsprache (noch) nicht existiert oder etabliert ist.

Zudem handelt es sich bei Übersetzungsprojekten in der Praxis meist um größere Vor-haben (mit engen Zeitvorgaben), an denen mehrere Mitarbeiter beteiligt sind. Deshalb sind die Klärung der ausgangssprachlichen Terminologie und die Festlegung der ziel-sprachlichen Äquivalente vor dem Beginn der Übersetzung nicht nur aus Effizienz-, sondern auch aus Konsistenzgründen notwendig. Hinzu kommt, dass der Auftraggeber einer Übersetzung oft die Verwendung einer firmen- oder produktspezifischen Termino-logie vorschreibt, die von allen am Übersetzungsprozess beteiligten Personen eingehalten werden muss.

All dies macht deutlich, dass eine korrekt und konsistent verwendete Terminologie Voraus-setzung für eine qualitativ hochwertige Übersetzung ist, zeigt aber auch, dass die Terminolo-gie an den richtigen Stellen im Übersetzungsprozess eingebunden sein muss. Abbildung 7.13 illustriert als erste Annäherung die Bedeutung und Positionierung der Terminologiearbeit innerhalb des Übersetzungsprozesses. Aus der vereinfachten Darstellung ist ersichtlich, dass die Terminologiearbeit in allen Phasen eine zentrale Rolle spielt – von der Projekt-spezifikation über alle Phasen der eigentlichen Übersetzung bis hin zur Überprüfung und endgültigen Auslieferung des zielsprachlichen Textes (siehe auch Schmitz 2007b, 2008c).

7.4.1.2   Terminologiearbeit vor dem Übersetzungsprozess

Vor der Erteilung eines Übersetzungsauftrags spezifizieren Auftraggeber und Übersetzungs-dienstleister[3] in einer Vereinbarung die organisatorischen und inhaltlichen Rahmenbedin-gungen des Übersetzungsprojekts (siehe DIN EN ISO 17100 2016 oder Kraus et al. 2012).

---

[3] Auch wenn hier und in den folgenden Abschnitten von „Übersetzungsdienstleistern" die Rede ist, so gelten die angesprochenen Sachverhalte natürlich analog für freiberuflich tätige Einzelübersetzer/ Freelancer oder interne Sprachendienste.

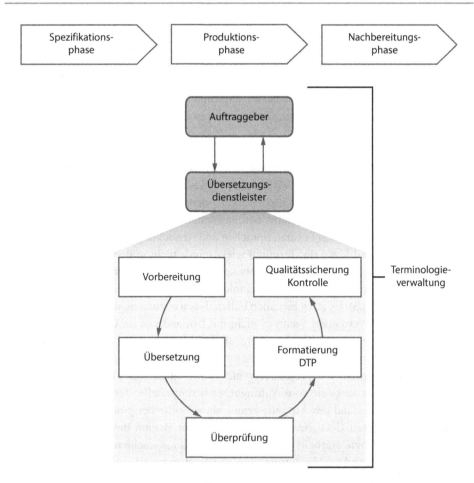

Abb. 7.13 Schematische Darstellung des Übersetzungsprozesses (Darstellung nach ASTM F2575 2006)

Aus Sicht der Terminologiearbeit gehört zu den **organisatorischen Spezifikationen** die Festlegung, ob und in welchem Format der Auftraggeber Terminologiebestände für den Übersetzungsauftrag bereitstellt und ob und in welchem Format der Übersetzungsdienstleister auftragsrelevante Terminologie erarbeitet und dem Auftraggeber mit der fertigen Übersetzung übermittelt. Die Bereitstellung von Terminologie durch den Auftraggeber und die Erarbeitung von Terminologie durch den Übersetzungsdienstleister haben Einfluss auf die Preisgestaltung und häufig auch auf die Festlegung bestimmter Software (z. B. die Verwendung eines bestimmten Terminologieverwaltungssystems).

Zu den **inhaltlichen Spezifikationen** eines Übersetzungsauftrags ist der Wunsch bzw. die Anforderung des Auftraggebers zu zählen, bei der Übersetzung eine bestimmte firmen- oder produktspezifische Terminologie in der Zielsprache zu verwenden. Diese sollte dem Übersetzungsdienstleister vor Beginn des Übersetzungsvorhabens zusammen mit dem Ausgangstext und anderen Unterlagen zur Verfügung gestellt werden.

Unabhängig davon, ob der Auftraggeber Terminologie bereitstellt oder nicht, sollte aus dem bisher Ausgeführten deutlich geworden sein, dass qualitativ hochwertige translatorische Produkte – nicht nur im Bereich der Fachtextübersetzungen – ohne Terminologiearbeit und Terminologieverwaltung nicht erstellt werden können (vgl. Schmitz 2007b). Deshalb muss jeder professionelle Übersetzungsdienstleister, und das gilt auch für freiberuflich arbeitende Einzelübersetzer, eine rechnergestützte Lösung zur Terminologieverwaltung einrichten und nutzen.

7.4.1.3 Terminologiearbeit als erster Schritt des Übersetzungsprozesses

In der Vorbereitungsphase eines Übersetzungsprojekts spielt die Terminologiearbeit eine bedeutende Rolle, besonders wenn mehrere Personen(gruppen) beteiligt sind. Zunächst müssen die evtl. durch den Auftraggeber bereitgestellten Terminologiebestände analysiert werden, vor allem hinsichtlich Format, Sprachen und Abdeckung der Terminologie des zu übersetzenden Textes. Liegen die Terminologiebestände nicht in dem Format des Terminologieverwaltungssystems vor, das im Rahmen des Übersetzungsprojekts benutzt wird, so müssen sie konvertiert und in das Terminologieverwaltungssystem importiert werden (siehe dazu Abschn. 6.3). Es ist in fast allen Fällen davon abzuraten, das TVS des Auftraggebers (parallel) zu verwenden, wenn es nicht mit den anderen im Übersetzungsprozess verwendeten Werkzeugen wie Editoren, Translation-Memory- oder eigenen Terminologieverwaltungssystemen kompatibel ist oder mit ihnen kommunizieren kann.

Kann der Auftraggeber die projektrelevante Terminologie nur in der Ausgangssprache bereitstellen oder deckt die vom Auftraggeber bereitgestellte Terminologie nicht den gesamten Fachwortbestand des Ausgangstextes ab, so sollte bei größeren Übersetzungsprojekten mit mehreren Übersetzern auf jeden Fall vor Beginn des eigentlichen Übersetzens die Terminologie erarbeitet und festgelegt werden. Geschieht dies nicht, so kann sich der Gesamtaufwand für die terminologische Recherche erheblich erhöhen und die konsistente Verwendung von Terminologie im Zieltext nicht sichergestellt werden, da mehrere Übersetzer das gleiche terminologische Problem bearbeiten müssen und oft zu unterschiedlichen Lösungen kommen.

Bei der Terminologiearbeit vor Beginn der eigentlichen Übersetzung geht es zunächst darum, die terminologischen Problemfälle zu identifizieren. Dies kann entweder durch einen erfahrenen Übersetzer geschehen, der die potentiellen terminologischen Fragestellungen des gesamten Übersetzerteams „vorhersehen" kann, oder durch den Einsatz von (einsprachigen) Termextraktionsprogrammen, die die im Text enthaltenen Fachwörter herausfiltern (siehe dazu Abschn. 4.2.2). Die Extraktionsprogramme liefern im Idealfall eine umfassende Liste von Termkandidaten, die aber in jedem Fall von einem Terminologen oder Übersetzer überprüft und bereinigt werden muss. Manche dieser Programme können auch einen Abgleich mit dem beim Übersetzungsdienstleister bereits vorhandenen Terminologiebestand vornehmen und so die Kandidaten ausschließen, die schon terminologisch geklärt wurden.

Nachdem die für den anstehenden Übersetzungsauftrag relevanten terminologischen Problemfälle identifiziert wurden, beginnt die eigentliche Terminologiearbeit mit der

Klärung der ausgangssprachlichen Begrifflichkeiten und der Festlegung der zielsprachlichen Benennungen. Die Ergebnisse dieser vorbereitenden Terminologiearbeit werden im Terminologieverwaltungssystem festgehalten und dadurch allen am Übersetzungsprozess beteiligten Personen (und Werkzeugen) bereitgestellt. Im Idealfall werden die Begriffe bereits vom Auftraggeber mit ausgangssprachlichen Definitionen versehen; speziell bei firmenspezifischen Begriffen ist er oft der Einzige mit dem nötigen fachlichen Know-how zur Erstellung von Definitionen.

7.4.1.4 Terminologiearbeit während des Übersetzungsprozesses

Wurde die relevante Terminologie im Vorfeld erarbeitet und geklärt, so kann diese von allen am Übersetzungsprozess beteiligten Personen während der Übersetzung genutzt werden. Hierzu werden i. d. R. Terminologieverwaltungssysteme eingesetzt, die mit den anderen Übersetzungswerkzeugen kommunizieren können – vor allem CAT-Tools und Editoren (auch Textverarbeitungsprogramme oder Desktop-Publishing-Programme).

Bei Übersetzungseditoren muss der Zugriff auf die Terminologie möglich sein, ohne den Editor zu verlassen. Gefundene Äquivalente sollten bequem und automatisch in den Zieltext übernommen werden können. Wird ein Zieltextdokument nicht vollständig neu, sondern durch Überschreiben der Ausgangstextdatei erstellt, sollte hier der ausgangssprachliche Terminus durch einfaches Markieren zur Recherche an das Terminologieverwaltungssystem übermittelt werden können.

Beim Einsatz von Translation-Memory-Systemen bietet sich die Möglichkeit, (alle) Benennungen des Ausgangstextes direkt und automatisch im Terminologieverwaltungssystem nachzuschlagen und die Ergebnisse dem Übersetzer (in einem eigenen Bildschirmfenster) anzubieten. Weitere Details zum Zusammenwirken von Terminologiekomponente und Translation-Memory-System werden in Abschn. 7.4.2 dargestellt.

Es muss jedoch im Zusammenhang mit Translation-Memory-Systemen unbedingt darauf hingewiesen werden, dass durch den Einsatz derartiger Systeme nicht auf eine Lösung zur Terminologieverwaltung verzichtet werden kann. Translation-Memory-Systeme sind zur Verwaltung von Terminologie ungeeignet, da die benötigten Datenkategorien zur Dokumentation und Klassifizierung von Begriffen und Benennungen nicht zur Verfügung stehen, und man – besonders bei umfangreichen Übersetzungsspeichern – nicht davon ausgehen kann, dass selbst bei identischen ausgangssprachlichen Sätzen (100-Prozent-Matches) die im zielsprachlichen Segment enthaltenen Termini in jedem Übersetzungskontext korrekt sind (siehe auch Schmitz 2011a).

Auch während der eigentlichen Übersetzung kann es vorkommen, dass trotz der terminologischen Vorbereitung punktuell auftretende Terminologieprobleme ad hoc gelöst werden müssen. Hierzu muss am Übersetzerarbeitsplatz die Möglichkeit bestehen, terminologische Recherchen schnell und effizient durchzuführen, etwa durch den Zugriff auf das Internet, auf bereits übersetztes Material (im selben Fachgebiet oder für denselben Auftraggeber) oder auf durch den Auftraggeber bereitgestellte Zusatzinformationen. Es versteht sich von selbst, dass der Übersetzer für diese Fälle zumindest über methodisches Grundwissen im Bereich der Terminologiearbeit verfügen muss.

Das Ergebnis der punktuellen Terminologiearbeit sollte einfach und schnell in das Terminologieverwaltungssystem eingebracht (Schnelleingabe) und danach allen am Übersetzungsprozess Beteiligten zeitnah zur Verfügung gestellt werden. Besonders der letztgenannte Aspekt kann nur durch moderne Systemarchitekturen von Terminologieverwaltungssystemen (z. B. Client-Server-Architektur oder webbasierte Systeme) geleistet werden, da in größeren Projekten die einzelnen Übersetzer nicht an einem Ort sitzen, sondern im Extremfall über den gesamten Globus verteilt sind.

7.4.1.5   Terminologiekontrolle als letzter Schritt des Übersetzungsprozesses

Während der Überprüfung der Übersetzung im Rahmen der Qualitätskontrolle ist selbstverständlich auch auf die korrekte und konsistente Verwendung der (vom Auftraggeber vorgegebenen) Terminologie zu achten. Auch hierbei muss ein Zugang zum Terminologieverwaltungssystem bestehen, um einerseits die korrekte Terminologie nachzuschlagen und andererseits auch die im Terminologiebestand enthaltene, evtl. ad hoc während der Übersetzung erarbeitete Terminologie zu korrigieren. Für die Terminologiekontrolle können (semi-)automatische Verfahren eingesetzt werden, die die im Text verwendete mit der im Terminologiebestand enthaltenen Terminologie abgleichen und auf Fehlverwendungen hinweisen (zur Terminologiekontrolle durch CLC siehe Abschn. 7.3.2.2).

Im Rahmen der Terminologiekontrolle können auch Korrekturprogramme Verwendung finden, die – ähnlich wie die Autokorrektur bei der Rechtschreibprüfung in Textverarbeitungssystemen – falsch verwendete Benennungen durch korrekte ersetzen. Hierzu ist es notwendig, dass der verwendete Terminologiebestand begriffsorientiert organisiert ist, dass neben den korrekten auch abgelehnte Benennungen aufgenommen sind und dass der Status aller Benennungen durch Attribute wie „erlaubt" oder „abgelehnt" gekennzeichnet ist. Ähnlich könnten auch Attribute wie „Regionale Verwendung", „Stilebene" oder „Auftraggeber" bei einer automatischen Terminologiekontrolle und -korrektur Verwendung finden.

7.4.1.6   Terminologiearbeit nach dem Übersetzungsprozess

Ist der eigentliche Übersetzungsprozess abgeschlossen und kann der Zieltext an den Auftraggeber ausgeliefert werden, so ist je nach Spezifikation des Übersetzungsauftrags auch die erarbeitete Terminologie mitzugeben. Ob für diese Leistung Kosten in Rechnung gestellt werden (können), muss bei der Auftragsvergabe vorab geklärt werden. Betreibt der Übersetzungsdienstleister eine eigene Terminologieverwaltung, in der nicht nur die auftragsspezifische Terminologie enthalten ist, so muss das Terminologieverwaltungssystem Filtermechanismen bereitstellen, die es ermöglichen, nur die für das Übersetzungsprojekt relevanten Einträge herauszufiltern und zu exportieren (siehe Abschn. 6.5.4). Beim Export sind die bereits in Abschn. 6.8.3 angesprochenen Formatspezifikationen und Austauschstandards zu berücksichtigen.

Hat der Auftraggeber kein eigenes Terminologieverwaltungssystem und ist die Weitergabe von Terminologie im Übersetzungsauftrag nicht explizit gefordert, so kann der

Übersetzungsdienstleister dennoch auftrags- oder kundenspezifische Terminologie etwa in Form von (gedruckten) Glossaren oder zweisprachigen Wortlisten aufbereiten und dem Auftraggeber anbieten. Dies kann eine Zusatzleistung des Übersetzungsdienstleisters sein, die weitere Einnahmequellen erschließt oder den Kunden stärker an das Übersetzungsbüro bindet.

Gibt es in der Nachbereitungsphase im Rahmen der Evaluierung des Übersetzungsprojekts Rückmeldungen bzw. Korrekturwünsche des Auftraggebers, so müssen die terminologierelevanten Aspekte in den Terminologiebestand des Dienstleisters eingepflegt werden. Diese Aufgabe wird oft vernachlässigt, da bereits neue Übersetzungsprojekte in Bearbeitung sind, die viele Ressourcen binden. Dennoch gehört dieser Schritt eindeutig zur professionellen Terminologiearbeit innerhalb des Übersetzungsprozesses und ist entscheidend für eine längerfristige, qualitativ hochwertige Terminologieverwaltung beim Übersetzungsdienstleister (vgl. dazu Abb. 7.13).

7.4.2 Translation-Memory-Systeme

7.4.2.1 Funktionsweise und Einsatzgebiete von Translation-Memory-Systemen

Da professionelle Übersetzungen heutzutage grundsätzlich über Translation-Memory-Systeme (TMS) abgewickelt werden, wird dieser Werkzeugtyp im Folgenden etwas eingehender behandelt (zu einer grundlegenden Auseinandersetzung mit dem Thema TMS siehe z. B. auch Reinke 2004). Nur wenn man die Funktions- und Arbeitsweise versteht, kann man übersetzungsgerechte Texte erstellen und die Zusammenhänge zwischen Memory und Terminologieverwaltung nachvollziehen und angemessen organisieren (vgl. auch Schmitz 2011a).

TMS basieren auf der Wiederverwendung von früheren Übersetzungen – ebenso wie die bereits beschriebenen AMS das Ziel haben, früher erstellte Ausgangstextsegmente wiederzuverwenden. Zu diesem Zweck werden in einem TMS übersetzte Texteinheiten (sog. Segmente) jeweils in Ausgangs- und Zielsprache abgelegt. Sobald in einem neu zu übersetzenden Ausgangstext ein Segment vorkommt, das einem bereits übersetzten stark ähnelt oder sogar mit ihm identisch ist, schlägt das TMS den alten Textabschnitt zur Übernahme in den Zieltext vor. Der Übersetzer kann dann dieses Segment unverändert oder angepasst (bei teilweiser Übereinstimmung oder verändertem Kontext) in seinen Zieltext übernehmen. Ist kein passendes Segment im Speicher vorhanden, so wird der entsprechende Text durch den Übersetzer neu übersetzt. Dieses neue Satzpaar wird vom TMS gespeichert und bei zukünftigen Übersetzungen bereitgestellt.

Bei vielen TMS wird heute die Anbindung an ein System zur Maschinellen Übersetzung angeboten, das Segmente, zu denen es keine Treffer im TMS gibt, maschinell (vor-)übersetzt und diese (Roh-)Übersetzungen zur Weiterverarbeitung vorschlägt. Auf diese Thematik soll hier nicht eingegangen werden, zumal die Optimierung der Ergebnisse der Maschinellen Übersetzung durch korrekte und aktuelle Terminologie aus

Terminologieverwaltungssystemen bei statistischen MÜ-Systemen (außer in der Trainingsphase) derzeit noch vollkommen ungeklärt ist.

Bei den Treffern aus dem Übersetzungsspeicher sind grundsätzlich zwei Arten von Übereinstimmungen zu unterscheiden:[4]

- Exact- oder 100%-Matches
- Fuzzy-Matches

Bei Exact-Matches liegt eine 100%ige Übereinstimmung zwischen einem schon übersetzten, im Translation-Memory abgespeicherten Satz und einem Satz im neuen Ausgangstext vor. Diese Exact-Matches können oft unverändert in den neuen zielsprachlichen Text übernommen werden. Es muss jedoch vorher überprüft werden, ob wichtige Aspekte wie Kontext, Zielgruppe, Textfunktion etc. konstant geblieben sind. Anderenfalls muss auch ein Exact-Match angepasst werden.

Bei Fuzzy-Matches liegen teilweise Entsprechungen zwischen abgespeicherten und neu zu übersetzenden Segmenten vor. Der Übersetzer passt in diesem Fall das zielsprachliche Segment an die Änderungen im Ausgangstext an. Es kann jedoch durchaus passieren, dass sich der Ausgangstext nur formal und nicht inhaltlich verändert hat, sodass das alte zielsprachliche Segment trotz Fuzzy-Match unverändert übernommen werden kann.

Zeitgleich zur Suche im Memory findet ein Abgleich zwischen dem Ausgangstext und dem integrierten Terminologieverwaltungssystem statt. Hierbei werden alle Termini im Ausgangstext markiert, zu denen es terminologische Einträge gibt – unabhängig davon, ob es sich um verbotene oder erlaubte Benennungen handelt. Diese Treffer aus der Terminologiedatenbank werden (meist in einem separaten Fenster) angezeigt. Die Terminologie sollte in jedem Fall begriffsorientiert verwaltet werden, um gleich sichtbar zu machen, ob Synonyme vorliegen und welche Benennungen zur Verwendung vorgeschrieben sind.

Abbildung 7.14 illustriert die Funktionsweise eines TMS anhand der Arbeitsoberfläche des Programms SDL Trados Studio. Die linke Tabellenspalte zeigt den zu übersetzenden deutschen Ausgangstext. Er wurde bereits aus seinem ursprünglichen Dateiformat eingelesen und vom System segmentiert. Im Moment bearbeitet der Übersetzer den deutschen Satz „*Der bipolare Transistor hat drei Anschlüsse, die den drei Halbleiterschichten entsprechen: Emitter, Basis und Kollektor*". Zu den Termini „bipolarer Transistor" und „Anschluss" gibt es Einträge in der Terminologiedatenbank, die im rechten Fenster (Terminologieerkennung) angezeigt werden.

Darüber hinaus wird zu diesem Satz ein Fuzzy-Match aus dem Translation-Memory angezeigt. Das heißt: Im Datenspeicher befindet sich ein sehr ähnlicher Satz, der bereits früher übersetzt worden ist. In diesem vorangegangenen Projekt lautete der deutsche Ausgangssatz „*Der bipolare Transistor verfügt über drei Anschlüsse, die den drei Halbleiterschichten*

---

[4] Neben diesen zwei Grundarten von Matches sind weitere Arten verfügbar, z. B. sog. bedingte 100%-Matches, 101%-Matches, Kontext-Matches o. Ä., die hier aber nicht weiter vertieft werden sollen. Eine recht ausführliche Darstellung der verschiedenen Matcharten sowie des Umgangs mit den verschiedenen Arten liefern Drewer und Ziegler (2014, S. 69–80) oder Ottmann (2004, S. 21ff., 34ff.).

entsprechen: Emitter, Basis und Kollektor". Der einzige Unterschied zum neuen Satz besteht also in der Verwendung eines anderen Prädikats („hat" statt „verfügt über"). Wäre diese Veränderung vermieden worden, hätte das System eine 100%ige Übereinstimmung gefunden. Durch die Inkonsistenz in der Ausgangstextproduktion kommt es jedoch zu einem Fuzzy-Match, der vom Übersetzer überprüft und ggf. angepasst werden muss; deswegen entstehen für diesen Satz (anteilige) Übersetzungskosten. Da sich der Sinn des Ausgangssatzes nicht verändert hat, wird der Übersetzer höchstwahrscheinlich den angezeigten Treffer aus dem Memory unverändert übernehmen, was zur Folge hat, dass die englischen Texte (frühere und aktuelle Übersetzungen) an dieser Stelle einheitlicher formuliert sind als die deutschen Ausgangstexte.

7.4.2.2 Terminologiekontrolle per Translation-Memory-System

Der erste positive Effekt des TMS-Einsatzes entsteht durch die Wiederverwendung von Segmenten aus dem Memory. Unter der Voraussetzung, dass in früheren Übersetzungen auf die korrekte Terminologie geachtet wurde, führt die Wiederverwendung existierender Segmente zu einer einheitlichen Terminologie. Der in Abb. 7.14 dargestellte Screenshot zeigt den Idealfall: Sowohl im neuen Ausgangstext als auch in den alten Segmenten im Memory wurde durchgehend die korrekte Terminologie verwendet, und zwar nicht nur im Ausgangs-, sondern auch im Zieltext. Doch die Realität sieht oft etwas anders aus. Nicht alle Ausgangstexersteller und Übersetzer achten auf die Einhaltung der vorgegebenen Terminologie. Auch kommt es vor, dass festgelegte Vorzugsbenennungen im Nachhinein geändert werden. Das Memory enthält dann Segmente, in denen Benennungen vorkommen, die zu einem früheren Zeitpunkt korrekt waren, inzwischen aber veraltet und nicht

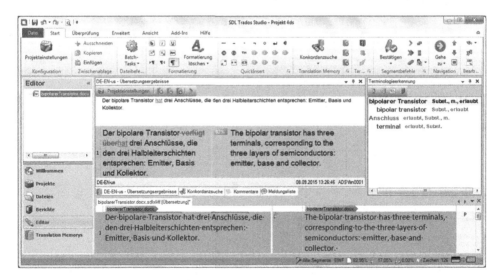

Abb. 7.14 Einsatz eines Translation-Memory-Systems (inkl. Terminologiedatenbankabfrage) am Beispiel von SDL Trados Studio

mehr zulässig sind. Hier würde also die unveränderte Übernahme der Segmente aus dem Memory zu Fehlern führen.

Auch aus diesem Grund erhält der Übersetzer zeitgleich zur Anzeige der Treffer aus dem Memory über eine aktive Terminologieerkennung auch Treffer aus der Terminologieverwaltungskomponente des TMS.

Abbildung 7.15 zeigt zunächst einmal, dass der Autor des neuen Ausgangstextes einen Terminologiefehler begangen hat, denn er hat die unzulässige Benennung „Aufpralltest" verwendet; sie ist im Terminologiefenster als sog. Unwort markiert. An diesem Fehler im Ausgangstext trägt der Übersetzer natürlich keine Schuld. Professionelle, gute Übersetzer werden in dieser Situation den Auftraggeber darüber unterrichten, dass sie einen Defekt im Ausgangstext gefunden haben, sodass der Ersteller des Ausgangstextes seinen Text entsprechend korrigieren kann. Welche Benennung in der Ausgangssprache die Vorzugsbenennung ist, kann der Übersetzer in seiner TMS-Ansicht nicht erkennen, denn im TMS liegt der Fokus auf der Zielsprache. Er sieht aber zumindest, dass in einem früheren Segment das ausgangssprachliche Synonym „Crashtest" verwendet wurde (unteres Fenster in Abb. 7.15). Ob es sich hierbei um die Vorzugsbenennung oder um eine weitere verbotene Benennung handelt, wird nicht ersichtlich, da das Memory dem Wiederverwendungsgedanken folgt und nicht der sprachlichen Qualitätskontrolle dient.

An dieser Stelle sieht man, wie wichtig es ist, beim Auftraggeber einen Ansprechpartner für den Übersetzer bereitzustellen und Rückmeldungen des Übersetzers zur Optimierung der Ausgangstexte zu nutzen. Ebenso wichtig ist es, eine Aktualisierung an allen relevanten Stellen und in allen relevanten Werkzeugen vorzunehmen, also nicht nur im aktuellen,

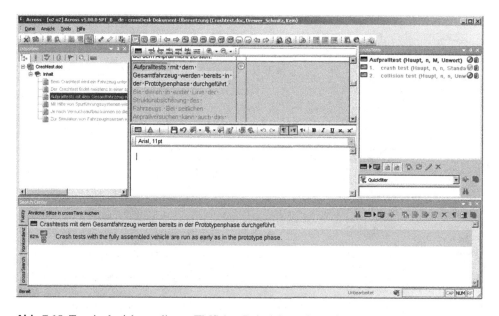

Abb. 7.15 Terminologiekontrolle per TMS (am Beispiel von Across)

sondern auch in thematisch verwandten Texten, nicht nur im Erstelleditorformat, sondern auch in anderen Verwaltungssystemen wie AMS oder CMS.

Gleichzeitig erfährt der Übersetzer aus dem dargestellten Beispiel in Abb. 7.15, dass es auch in seiner Zielsprache Synonyme gibt. Die Vorzugsbenennung im Englischen lautet „crash test" – sie erscheint sowohl im angezeigten Match aus dem Memory als auch im Terminologiefenster (dort zusammen mit der verbotenen Benennung „collision test").

Diese Beispiele zeigen deutlich, dass die Produktion von Übersetzungen wie auch die Produktion von Ausgangstexten heutzutage sinnvoll und effizient nur durch den Einsatz unterstützender Werkzeuge wie TMS, AMS oder CMS erfolgen kann. Da es sich bei nahezu allen Texten um Fachtexte handelt, ist der Zugriff auf einen Terminologiebestand während der Texterstellung unabdingbar. Hierzu müssen die fach- und die kundenspezifische Terminologie des Auftraggebers sowie die eigene Terminologie des Übersetzungsdienstleisters eingebunden werden und durch entsprechende Werkzeuge und Schnittstellen während des Texterstellungsprozesses bereitgestellt werden.

Erratum zu: Terminologiemanagement

Erratum to:
P. Drewer Klaus-Dirk Schmitz
Terminologiemanagement,
https://doi.org/10.1007/ 978-3-662-53314-7

der folgende Text wurde auf der Impressumseite (Titelei Seite IV) eingefügt:

„Konzeption der Reihe Kommunikation + Medienmanagement: Prof. Sissi Closs und Prof. Petra Drewer, Studiengang Kommunikation und Medienmanagement an der Hochschule Karlsruhe"

Die Online-Version des Originalbuches finden Sie unter
https://doi.org/10.1007/978-3-662-53315-4

© Springer-Verlag GmbH Deutschland 2017
P. Drewer, K.-D. Schmitz, *Terminologiemanagement*,
Kommunikation und Medienmanagement,
https://doi.org/10.1007/978-3-662-53315-4_8

Literatur

Albers, Jan (2007): Grundlagen integrierter Schaltungen: Bauelemente und Mikrostrukturierung. München: Hanser

Antia, Bassey Edem (Hrsg.) (2007): Indeterminacy in Terminology and LSP: Studies in Honour of Heribert Picht. Amsterdam: Benjamins (Terminology and Lexicography Research and Practice 8)

Antos, Gerd (1996): Laien-Linguistik: Studien zu Sprach- und Kommunikationsproblemen im Alltag – am Beispiel von Sprachratgebern und Kommunikationstrainings. Tübingen: Niemeyer (Germanistische Linguistik 146)

Arntz, Reiner / Mayer, Felix / Reisen, Ursula (Hrsg.) (2001): Terminologie in Gegenwart und Zukunft. Ausgewählte Beiträge der DTT-Symposien 1989-2000. Köln: Deutscher Terminologie-Tag e.V.

Arntz, Reiner / Picht, Heribert / Schmitz, Klaus-Dirk (2014): Einführung in die Terminologiearbeit. 7. vollständig überarb. und akt. Auflage. Hildesheim: Olms

ASTM F2575 – 06 (2006): Standard Guide for Quality Assurance in Translation. West Conshohocken: ASTM International

Baumann, Klaus-Dieter (1992): „Die Fachlichkeit von Texten als eine komplexe Vergleichsgröße". In: Baumann, Klaus-Dieter / Kalverkämper, Hartwig (Hrsg.) (1992), 29-48

Baumann, Klaus-Dieter / Kalverkämper, Hartwig (Hrsg.) (1992): Kontrastive Fachsprachenforschung. Tübingen: Narr (Forum für Fachsprachen-Forschung 20)

Baur, Wolfram et al. (Hrsg.) (2009): Übersetzen in die Zukunft. Berlin: BDÜ

Baur, Wolfram et al. (Hrsg.) (2012): Übersetzen in die Zukunft. Dolmetscher und Übersetzer: Experten für internationale Fachkommunikation. Berlin: BDÜ

Beneke, Jürgen (1992): „‚Na, was fehlt ihm denn?' – Kommunikation in und mit der Autowerkstatt". In: Fiehler, Reinhard / Sucharowski, Wolfgang (Hrsg.) (1992), 212-233

Beneke, Jürgen / Jarman, Francis (Hrsg.) (2005): Interkulturalität in Wissenschaft und Praxis. Hildesheim: Universitätsverlag (Hildesheimer Universitätsschriften 15)

Beneking, Heinz (1973): Feldeffekttransistoren. Berlin: Springer

Berns, Kerstin (2008): „Vom Translation Memory zum Authoring Memory". In: Produkt Global, Ausgabe 02/2008, 26-28

Best, Joanna / Kalina, Sylvia (Hrsg.) (2002): Übersetzen und Dolmetschen: Eine Orientierungshilfe. Tübingen: Francke (Uni-Taschenbücher UTB 2329)

Biere, Bernd Ulrich (1996): „Fachsprachengebrauch und Verständlichkeit: Bemerkungen zum Verhältnis von Wissenschaft und Öffentlichkeit". In: Hennig, Jörg / Meier, Jürgen (Hrsg.) (1996), 213-227

© Springer-Verlag GmbH Deutschland 2017
P. Drewer, K.-D. Schmitz, *Terminologiemanagement*,
Kommunikation und Medienmanagement,
https://doi.org/10.1007/978-3-662-53315-4

Brown, Keith (Hrsg.) (2005): Encyclopedia of Language and Linguistics. Vol. 12. 2nd Edition. Oxford: Elsevier Publishers

Budin, Gerhard (1996): Wissensorganisation und Terminologie: Die Komplexität und Dynamik wissenschaftlicher Informations- und Kommunikationsprozesse. Tübingen: Narr (Forum für Fachsprachenforschung 28)

Bundesministerium für Arbeit und Soziales (2014): Leichte Sprache: Ein Ratgeber. In Zusammenarbeit mit dem Netzwerk „Leichte Sprache". Paderborm: Bonifatius

Bungarten, Theo (Hrsg.) (1981a): Wissenschaftssprache: Beiträge zur Methodologie, theoretischen Fundierung und Deskription. München: Fink

Bungarten, Theo (1981b): „Wissenschaft, Sprache und Gesellschaft". In: Bungarten, Theo (Hrsg.) (1981a), 14-53

Cabré, Maria Teresa (1999): Terminology: theory, methods and applications. Amsterdam: Benjamins (Terminology and Lexicography Research and Practice 1)

Childress, Mark (2004): „Terminologiemanagement und Wissensmanagement bei der SAP AG". In: Mayer, Felix / Schmitz, Klaus-Dirk / Zeumer, Jutta (Hrsg.) (2004), 128-143

Childress, Mark (2007): „Terminology work saves more than it costs". In: MultiLingual, April/May 2007, 43-46

Damasio, Antonio (1994): Descartes' Error: Emotion, Reason, and the Human Brain. New York: Putnam

DIN 2330 (1993): Begriffe und Benennungen – Allgemeine Grundsätze. Berlin: Beuth (*zurückgezogen*)

DIN 2330 (2013): Begriffe und Benennungen – Allgemeine Grundsätze. Berlin: Beuth

DIN 2331 (1980): Begriffssysteme und ihre Darstellung. Berlin: Beuth

DIN 2332 (1988): Benennen international übereinstimmender Begriffe. Berlin: Beuth (*zurückgezogen*)

DIN 2335 (2016): Deutsche Sprachennamen für den Alpha-2-Code nach ISO 639-1. Berlin: Beuth

DIN 2336 (2004): Darstellung von Einträgen in Fachwörterbüchern und Terminologie-Datenbanken. Berlin: Beuth

DIN 2340 (2009): Kurzformen für Benennungen und Namen. Berlin: Beuth

DIN 2342 (2011): Begriffe der Terminologielehre. Berlin: Beuth

DIN 2344 (2000): Ausarbeitung und Gestaltung von terminologischen Festlegungen in Normen. Berlin: Beuth (*zurückgezogen*)

DIN 2345 (1998): Übersetzungsaufträge. Berlin: Beuth (*zurückgezogen*)

DIN EN 15038 (2006): Übersetzungs-Dienstleistungen – Dienstleitungsanforderungen. Berlin: Beuth (*zurückgezogen*)

DIN EN ISO 9241-110 (2008): Ergonomie der Mensch-System-Interaktion – Teil 110: Grundsätze der Dialoggestaltung. Berlin: Beuth

DIN EN ISO 17100 (2016): Übersetzungsdienstleistungen – Anforderungen an Übersetzungsdienstleistungen. Berlin: Beuth

DIN ISO 26162 (2016): Systeme zur Verwaltung von Terminologie, Wissen und Content – Gestaltung, Einrichtung und Pflege von Terminologieverwaltungssystemen. Berlin: Beuth

Djoudi, Nadira / Magni, Marta (2002): „Internationales Terminologie-Management – Wie überwinde ich Raum und Zeit?". In: Mayer, Felix / Schmitz, Klaus-Dirk / Zeumer, Jutta (Hrsg.) (2002), 95-97

DOG (2005): „TermiDOG – Was ist TermiDOG?". <http://www.dog-gmbh.de/ttyX/produkte/show/86/> [Stand: 2005, Zugriff: 18.08.2005]

Donalies, Elke (2007): Basiswissen Deutsche Wortbildung. Tübingen: UTB

Drewer, Petra (2003): Die kognitive Metapher als Werkzeug des Denkens: Zur Rolle der Analogie bei der Gewinnung und Vermittlung wissenschaftlicher Erkenntnisse. Tübingen: Narr (Forum für Fachsprachen-Forschung 62)

Drewer, Petra (2005): „Zur Interkulturalität wissenschaftlicher Metaphern". In: Beneke, Jürgen / Jarman, Francis (Hrsg.) (2005), 25-39

Drewer, Petra (2006a): „Sauberes Terminologiemanagement – Saubere Terminologie: Wie bringe ich Ordnung ins terminologische Chaos?". In: Mayer, Felix / Muthig, Jürgen / Schmitz, Klaus-Dirk (Hrsg.) (2006), 95-98

Drewer, Petra (2006b): „Terminologiemanagement im Unternehmen – von der Terminologiegewinnung bis zur Terminologieverwaltung". In: Tagungsband zur tekom-Jahrestagung 2006. Stuttgart: tekom, 228-231

Drewer, Petra (2007): „Wissensvermittlung mit Hilfe kognitiver Metaphern". In: Gerzymisch-Arbogast, Heidrun / Villiger, Claudia (Hrsg.) (2007), 77-92

Drewer, Petra (2008a): „Terminologiemanagement: Methodische Grundlagen". In: Hennig, Jörg / Tjarks-Sobhani, Marita (Hrsg.) (2008), 54-69

Drewer, Petra (2008b): „Wie viel Terminologielehre hat Platz im praktischen Terminologiemanagement?". In: Krings, Hans-Peter / Mayer, Felix (Hrsg.) (2008), 305-316

Drewer, Petra (2008c): „Qualität und Qualitätssicherung von Technischer Dokumentation". In: Information Management & Consulting, 23. Jg., Februar 2008, 56-62

Drewer, Petra (2009a): „Übersetzungsgerecht schreiben". In: technische kommunikation, Heft 03/2009, 28-33

Drewer, Petra (2009b): „Terminologie in Theorie und Praxis: Ein Projekt zur Kompetenz(v)ermittlung in der Ausbildung Technischer Redakteure". In: Lenz, Friedrich (Hrsg.) (2009), 155-177

Drewer, Petra (2010a): „Präskriptive Terminologiearbeit im Unternehmen: Bildung und Bewertung von Benennungen". In: Mayer, Felix / Reineke, Detlef / Schmitz, Klaus-Dirk (Hrsg.) (2010), 131-142

Drewer, Petra (2010b): „Terminologie: Aus- und Weiterbildung an der Hochschule Karlsruhe, Studiengang Technische Redaktion". In: eDITion – Terminologiemagazin, Ausgabe 2/2010, 17-18

Drewer, Petra (2011a): „Präskriptive Terminologiearbeit im Unternehmen: Bildung und Bewertung von Benennungen". In: Mayer, Felix / Schmitz, Klaus-Dirk (Hrsg.) (2011), 139-150

Drewer, Petra (2011b): „Begriffe und Benennungen – Allgemeine Grundsätze: Normentwurf E DIN 2330 mit vielen Änderungen". In: DIN-Mitteilungen – Zeitschrift für deutsche, europäische und internationale Normung, Heft 7/2011, Jahrgang 90.2011, 140-141

Drewer, Petra (2011c): „Begriffe der Terminologielehre und der Terminologiearbeit". In: DIN-Mitteilungen – Zeitschrift für deutsche, europäische und internationale Normung, Heft 8/2011, Jahrgang 90.2011, 113-114

Drewer, Petra (2011d): „Termini zerhacken. Oder: Warum morphologische Kenntnisse im Terminologiemanagement wichtig sind". In: Tagungsband zur tekom-Jahrestagung 2011. Stuttgart: tekom, 473-476

Drewer, Petra (2012a): „Terminologiearbeit im Unternehmen: Von der Terminologiesammlung bis zur Kontrolle der Terminologieverwendung". In: Mayer, Felix / Schmitz, Klaus-Dirk (Hrsg.) (2012), 27-38

Drewer, Petra (2012b): „Von A wie Ausgangstext bis Z wie Zieltext: Methoden und Tools". In: Tagungsband zur tekom-Frühjahrstagung 2012. Stuttgart: tekom, 21-24

Drewer, Petra (2013a): „Kulturspezifik als Zielgruppenkriterium in der Technischen Kommunikation". In: Hennig, Jörg / Tjarks-Sobhani, Marita (Hrsg.) (2013), 53-62

Drewer, Petra (2013b): „Terminologiearbeit für Nicht-Terminologen". In: Tagungsband zur tekom-Jahrestagung und tcworld conference 2013. Stuttgart: tcworld, 455-458

Drewer, Petra (2014): „Die Terminologiearbeit VOR der Terminologiearbeit". In: Tagungsband zur tekom-Jahrestagung und tcworld conference 2014. Stuttgart: tcworld, 478-482

Drewer, Petra (2015a): „Das Kompositum – der perfekte Benennungsdeckel für jeden Begriffstopf". In: edition – Fachzeitschrift für Terminologie. Ausgabe 1/2015, 11. Jahrgang, 5-9

Drewer, Petra (2015b): „Komposita und Terminologen – in Hassliebe verbunden?". In: Tagungsband der tekom-Jahrestagung und tcworld conference 2015, Stuttgart: tcworld, 498-502

Drewer, Petra (2016): „Technische Redaktion featuring Terminologiearbeit: Sprachliche Standardisierung von der Text- bis zur Wortebene". In: Drewer, Petra / Mayer, Felix / Schmitz, Klaus-Dirk (Hrsg.) (2016), 73-84

Drewer, Petra / Hernandez, Maryline (2009): „Der Terminus im Fokus: Entscheidungshilfen zur Benennungsbildung, -schreibung und -bewertung". In: Tagungsband zur tekom-Jahrestagung 2009. Stuttgart: tekom, 337-340

Drewer, Petra / Horend, Sybille (2007): „How much Terminology Theory can Practical Terminology Management Use?". In: Language at Work – International Journal for language and communication professionals and researchers, Issue no. 2, Spring 2007, 13-23

Drewer, Petra / Horend, Sybille / Salzner, Elke (2005): „Wie vertragen sich Theorie und Praxis im mehrsprachigen Terminologiemanagement? Eine Kooperation zwischen Industrie und Hochschule". In: Tagungsband zur tekom-Jahrestagung 2005. Stuttgart: tekom, 175-177

Drewer, Petra / Horend, Sybille / Weilandt, Annette (2007): „Mehrsprachige Terminologiearbeit – Der kritische Pfad". In: Tagungsband zur tekom-Jahrestagung 2007. Stuttgart: tekom, 197-199

Drewer, Petra / Kämpf, Charlotte (2008): „‚Outsourcing' of Technical Communication Tasks from German-Speaking Contexts". In: Thatcher, Barry L. / Evia, Carlos (Hrsg.) (2008), 67-85

Drewer, Petra / Mayer, Felix / Schmitz, Klaus-Dirk (Hrsg.) (2014): Rechte, Rendite, Ressourcen - Wirtschaftliche Aspekte des Terminologiemanagements. Akten des 14. DTT-Symposions. Köln: Deutscher Terminologie-Tag e.V.

Drewer, Petra / Mayer, Felix / Schmitz, Klaus-Dirk (Hrsg.) (2016): Terminologie und Kultur. Akten des DTT-Symposions 2016. Köln: Deutscher Terminologie-Tag e.V.

Drewer, Petra / Pulitano, Donatella / Schmitz, Klaus-Dirk (2015): Terminoloji Çalışması. En İyi Uygulamalar 2.0. Türkische Fassung von „DTT: Terminologiearbeit – Best Practices 2.0". Übersetzer: Ender Ateşman. Ankara: Grafiker Yayinlari

Drewer, Petra / Pulitano, Donatella / Schmitz, Klaus-Dirk (2016): „Steigender Bedarf – Perspektiven für Terminologen". In: MDÜ – Fachzeitschrift für Dolmetscher und Übersetzer, Nr. 2/2016, 10-15

Drewer, Petra / Schmitz, Klaus-Dirk (2010): „Der terminale Terminus – bereinigt, vereinheitlicht, verständlich". In: Tagungsband zur tekom-Jahrestagung 2010. Stuttgart: tekom, 328-330

Drewer, Petra / Schmitz, Klaus-Dirk (2013): „Terminology Management in Technical Communication – Principles, Methods, Training". In: Gesellschaft für Technische Kommunikation (Hrsg.) (2013): Proceedings of the European Colloquium on Technical Communication 2012, Vol. 1, Stuttgart: tcworld, 50-61

Drewer, Petra / Schmitz, Klaus-Dirk (2014): „Erfolgreiches Terminologiemanagement: Wer, wie, wann?". In: Drewer, Petra / Mayer, Felix / Schmitz, Klaus-Dirk (Hrsg.) (2014), 97-104

Drewer, Petra / Schmitz, Klaus-Dirk (2016): „Terminologielehre und -arbeit in Kommunikationsberufen: Anforderungen an Aus- und Weiterbildung". In: Hennig, Jörg / Tjarks-Sobhani, Marita (Hrsg.) (2016), 133-143

Drewer, Petra / Siegel, Melanie (2012): „Terminologieextraktion – multilingual, semantisch und mehrfach verwendbar". In: Tagungsband zur tekom-Frühjahrstagung 2012. Stuttgart: tekom

Drewer, Petra / Ziegler, Wolfgang (2014): Technische Dokumentation: Eine Einführung in die übersetzungsgerechte Texterstellung und in das Content-Management. 2. überarbeitete und aktualisierte Auflage. Würzburg: Vogel

DTT – Deutscher Terminologie-Tag (2014) (Hrsg.): Terminologiearbeit – Best Practices 2.0. 2. überarb. und ergänzte Aufl. Koordination und Redaktion: Petra Drewer, Donatella Pulitano, Klaus-Dirk Schmitz. Köln: Deutscher Terminologie-Tag e.V.

Dunne, Keiran J. (2007): „Terminology: Ignore It at Your Peril". In: MultiLingual April/May 2007, 32-38

Düsterbeck, Bernd / Hesser, Wilhelm (2001): „Terminology-Based Knowledge Engineering in Enterprises". In: Wright, Sue Ellen / Budin, Gerhard (Hrsg.) (2001), 480-479

Eckstein, Karina (2009): „Toolgestützte Terminologieextraktion". In: Mayer, Felix / Seewald-Heeg, Uta (Hrsg.) (2009), 108-120

Eichinger, Ludwig M. (1994): Deutsche Wortbildung: Eine Einführung. Heidelberg: Groos

Esselink, Bert (2000): A Practical Guide to Localization. Amsterdam: Benjamins

Eydam, Erhard (1992): Die Technik und ihre sprachliche Darstellung – Grundlagen der Elektrotechnik. Hildesheim: Olms (Studien zu Sprache und Technik 4)

Felber, Helmut (1987): Manuel de terminologie. Paris: Unesco/Infoterm

Felber, Helmut (2000): Allgemeine Terminologielehre, Wissenslehre und Wissenstechnik: Theoretische Grundlagen und philosophische Betrachtungen. Wien: TermNet Publisher (IITF Series 10)

Felber, Helmut / Budin, Gerhard (1989): Terminologie in Theorie und Praxis. Tübingen: Narr

Fiehler, Reinhard / Sucharowski, Wolfgang (Hrsg.) (1992): Kommunikationsberatung und Kommunikationstraining: Anwendungsfelder der Diskursforschung. Opladen: Westdeutscher Verlag

Fluck, Hans-Rüdiger (1996): Fachsprachen: Einführung und Bibliographie. 5. überarb. und erw. Aufl. Tübingen: Francke

Freudenfeld, Regina / Nord, Britta (Hrsg.) (2007): Professionell kommunizieren: Neue Berufsfelder – Neue Vermittlungskonzepte. Hildesheim: Olms

Galinski, Christian / Goebel, Jürgen W. (1996): Infoterm Leitfaden für Terminologievereinbarungen. Wien: Internationales Terminologienetz (TermNet). Auch elektronisch in mehreren Sprachen im Web verfügbar unter: <http://www.infoterm.info/publications/> [Stand: 1996, Zugriff: 31.01.2014]

Galinski, Christian / Raupach, Inke (2014): „Urheberrechte an Terminologie und anderen Arten von strukturiertem Content – Grundlagen, neue Aspekte, Probleme und Lösungsmöglichkeiten unter dem Einfluss der Informations- und Kommunikationstechnologien". In: Drewer, Petra / Mayer, Felix / Schmitz, Klaus-Dirk (Hrsg.) (2014), 11-24

Gaus, Wilhelm (2013): Dokumentations- und Ordnungslehre. Theorie und Praxis des Information Retrieval. 2. völlig neubearb. Aufl. Berlin: Springer

Geldbach, Stefanie (2009): „Neue Werkzeuge zur Autorenunterstützung – Quelltextbearbeitung in Kombination mit Translation-Memory-Systemen". In: MDÜ – Fachzeitschrift für Dolmetscher und Übersetzer, Heft 4/2009, 10-19

Gerzymisch-Arbogast, Heidrun / Villiger, Claudia (Hrsg.) (2007): Kommunikation in Bewegung: Multimedialer und multilingualer Wissenstransfer in der Experten-Laien-Kommunikation: Festschrift für Annely Rothkegel. Frankfurt/Main: Lang

Göpferich, Susanne (1998): Interkulturelles Technical Writing: Fachliches adressatengerecht vermitteln: Ein Lehr- und Arbeitsbuch. Tübingen: Narr (Forum für Fachsprachen-Forschung 40)

Göpferich, Susanne (2002): Textproduktion im Zeitalter der Globalisierung: Entwicklung einer Didaktik des Wissenstransfers. Tübingen: Stauffenburg (Studien zur Translation 15)

Göpfert, Winfried (1996): „Beispiele, Vergleiche und Metaphern". In: Göpfert, Winfried / Ruß-Mohl, Stephan (Hrsg.) (1996), 107-121

Göpfert, Winfried / Ruß-Mohl, Stephan (Hrsg.) (1996): Wissenschafts-Journalismus: Ein Handbuch für Ausbildung und Praxis. 3. völlig neu überarb. Auflage. München: List

Goßner, Stefan (2008): Grundlagen der Elektronik: Halbleiter, Bauelemente und Schaltungen. Aachen: Shaker

Graham, John D. (1999): „Terminologiearbeit – eine Standortbestimmung für die Praxis". In: Mayer, Felix / Reisen, Ursula (Hrsg.) (1999), 13-18

GTW – Gesellschaft für Terminologie und Wissenstransfer (1994): Empfehlungen für Planung und Aufbau von Terminologiedatenbanken. Saarbrücken: Gesellschaft für Terminologie und Wissenstransfer e.V.

GTW – Gesellschaft für Terminologie und Wissenstransfer (1996): Criteria for the Evaluation of Terminology Management Software. Saarbrücken: Gesellschaft für Terminologie und Wissenstransfer e. V.

Gust, Dieter (2006): „Wirtschaftliche Terminologiearbeit in der Technischen Dokumentation". In: eDITion – Terminologiemagazin, Ausgabe 2/2006, 16-20

Hahn, Walter von / Vertan, Cristina (Hrsg.) (2010): Fachsprachen in der weltweiten Kommunikation – Akten des XVI. Europäischen Fachsprachensymposiums, Hamburg 2007. Frankfurt/Main: Lang

Halskov, Jakob (2004): „Probing the Properties of Determinologization: the DiaSketch". <www.halskov.net/files/lingres_term_paper.ps> [Stand: 2004, Zugriff: 25.08.16]

Harms, Ilse / Luckhardt, Heinz-Dirk / Giessen, Hans W. (Hrsg.) (2006): Information und Sprache. Beiträge zu Informationswissenschaft, Computerlinguistik, Bibliothekswesen und verwandten Fächern. Festschrift für Harald H. Zimmermann. München: K G Saur

Hennig, Jörg / Meier, Jürgen (Hrsg.) (1996): Varietäten der deutschen Sprache. Festschrift für Dieter Möhn. Frankfurt/Main: Lang (Sprache in der Gesellschaft, Beiträge zur Sprachwissenschaft 23)

Hennig, Jörg / Tjarks-Sobhani, Marita (Hrsg.) (2002): Lokalisierung von Technischer Dokumentation. Lübeck: Schmidt-Römhild (Schriften zur Technischen Kommunikation 6)

Hennig, Jörg / Tjarks-Sobhani, Marita (Hrsg.) (2008): Terminologiearbeit für Technische Dokumentation. Lübeck: Schmidt-Römhild (Schriften zur Technischen Kommunikation 12)

Hennig, Jörg / Tjarks-Sobhani, Marita (Hrsg.) (2012): Technische Kommunikation im Jahr 2041 – 20 Zukunftsszenarien. Lübeck: Schmidt-Römhild (Schriften zur Technischen Kommunikation 16)

Hennig, Jörg / Tjarks-Sobhani, Marita (Hrsg.) (2013): Zielgruppen für Technische Kommunikation. Lübeck: Schmidt-Römhild (Schriften zur Technischen Kommunikation 17)

Hennig, Jörg / Tjarks-Sobhani, Marita (Hrsg.) (2016): Terminologiearbeit für Technische Dokumentation. 2., vollständig überarb. Auflage. Lübeck: Schmidt-Römhild (Schriften zur Technischen Kommunikation 21)

Hernandez, Maryline / Rascu, Ecaterina (2004): „Checking and Correcting Technical Documents." In: Vienney, Séverine / Bioud, Mounira (Hrsg.) (2004), 69-83

Herwartz, Rachel (2005): „Einfache Lösungen für das Terminologiemanagement: Terminologie mit 'Hausmitteln'". In: technische kommunikation, Heft 2/2005, 40-43

Heuer, Jens (2014): „Urheberschutz von Terminologien". In: Drewer, Petra / Mayer, Felix / Schmitz, Klaus-Dirk (Hrsg.) (2014), 3-10

Heyn, Matthias / Schmitz, Klaus-Dirk (2011): „Die Wertigkeit von Sprachtechnologie im Unternehmen". In: Mayer, Felix / Schmitz, Klaus-Dirk (Hrsg.) (2011), 163-170

Hoffmann, Lothar (1985): Kommunikationsmittel Fachsprache: Eine Einführung. Tübingen: Narr

Hoffmann, Lothar / Kalverkämper, Hartwig / Wiegand, Herbert E. (Hrsg.) (1998): Fachsprachen: Languages for Special Purposes. Ein internationales Handbuch zur Fachsprachenforschung und Terminologiewissenschaft. 1. Halbband. Berlin: de Gruyter

Hoffmann, Lothar / Kalverkämper, Hartwig / Wiegand, Herbert Ernst (Hrsg.) (1999): Fachsprachen: Languages for Special Purposes. Ein internationales Handbuch zur Fachsprachenforschung und Terminologiewissenschaft. 2. Halbband. Berlin: de Gruyter

Institut Porphyre (Hrsg.) (2011): Terminologie & Ontologie: Théories et Applications. Actes de la conférence TOTh 2011. Annecy: Institut Porphyre

ISO 639-1 (2002): Codes for the Representation of Names of Languages – Part 1: Alpha-2 Code. Genf: ISO

ISO 639-2 (1998): Codes for the Representation of Names of Languages – Part 2: Alpha-3 Code. Genf: ISO

ISO 704 (2009). Terminology Work – Principles and Methods. Genf: ISO

ISO 860 (2007): Terminology Work – Harmonization of Concepts and Terms. Genf: ISO

ISO 1087-1 (2000): Terminology Work – Vocabulary – Part 1: Theory and application. Genf: ISO

ISO 1951 (2007): Presentation/Representation of Entries in Dictionaries – Requirements, Recommendations and Information. Genf: ISO

ISO 3166-1 (2013): Codes for the representation of names of countries and their subdivisions – Part 1: Country codes. Genf: ISO

ISO 3166-2 (2013): Codes for the representation of names of countries and their subdivisions – Part 2: Country subdivision code. Genf: ISO

ISO 5964 (1985): Documentation – Guidelines for the establishment and development of multilingual thesauri. Genf: ISO *(zurückgezogen)*

ISO 8601 (2004): Data elements and interchange formats – Information interchange – Representation of dates and times. Genf: ISO

ISO 10241-1 (2011): Terminological entries in standards – Part 1: General requirements and examples of presentation. Genf: ISO

ISO 12199 (2000): Alphabetical ordering of multilingual terminological and lexicographical data represented in the Latin alphabet. Genf: ISO

ISO 12200 (1999): Computer applications in terminology – Machine-readable terminology interchange format (MARTIF) – Negotiated interchange. Genf: ISO *(zurückgezogen)*

ISO 12615 (2004): Bibliographic references and source identifiers for terminology work. Genf: ISO

ISO 12616 (2002): Translation-oriented terminography. Genf: ISO

ISO 12620 (1999): Computer applications in terminology – Data categories. Genf: ISO *(zurückgezogen)*

ISO 12620 (2009): Terminology and other language and content resources – Specification of data categories and management of a Data Category Registry for language resources. Genf: ISO

ISO 15188 (2001): Project management guidelines for terminology standardization. Genf: ISO

ISO 16642 (2003): Computer applications in terminology – Terminological markup framework. Genf: ISO

ISO 17100 (2015): Translation services – Requirements for translation services. Genf: ISO

ISO 22128 (2008): Terminology products and services – Overview and guidance. Genf: ISO

ISO 26162 (2012): Systems to manage terminology, knowledge and content – Design, implementation and maintenance of terminology management systems. Genf: ISO

ISO 30042 (2008): Systems to manage terminology, knowledge and content – TermBase eXchange (TBX). Genf: ISO

Jahr, Silke (1996): Das Verstehen von Fachtexten: Rezeption – Kognition – Applikation. Tübingen: Narr (Forum für Fachsprachen-Forschung 34)

Jakobs, Eva-Maria / Knorr, Dagmar (Hrsg.) (1997): Schreiben in den Wissenschaften. Frankfurt/Main: Lang (Textproduktion und Medium 1)

Janke, Regina (2013): Anforderungen an die Terminologieextraktion: Eine vergleichende Untersuchung der Bedürfnisse von Terminologen, Technischen Fachübersetzern und Technischen Redakteuren. Stuttgart: tcworld (tekom Hochschulschriften 20)

Kalverkämper, Hartwig (Hrsg.) (1988a): Fachsprachen in der Romania. Tübingen: Narr (Forum für Fachsprachen-Forschung 8)

Kalverkämper, Hartwig (1988b): „Fachexterne Kommunikation als Maßstab einer Fachsprachen-Hermeneutik: Verständlichkeit kernphysikalischer Fakten in spanischen Zeitungstexten". In: Kalverkämper, Hartwig (Hrsg.) (1988a), 151-193

Knapp, Karlfried et al. (Hrsg.) (2004): Angewandte Linguistik – Ein Lehrbuch. Tübingen: Francke

Kockaert, Hendrik J. / Steurs, Frieda (Hrsg.) (2015): Handbook of Terminology. Amsterdam: Benjamins

Kraus, Benedikt / Schmitz, Klaus-Dirk / Wallberg, Ilona (2012): Leitfaden Einkauf von Übersetzungsdienstleistungen. Stuttgart: tekom

Krings, Hans-Peter / Mayer, Felix (Hrsg.) (2008): Sprachenvielfalt im Kontext von Fachkommunikation, Übersetzung und Fremdsprachenunterricht. Für Reiner Arntz zum 65. Geburtstag. Berlin:
Frank & Timme (Forum für Fachsprachenforschung 83)

Kruse, Astrid (2014): „Wem gehören Terminologie und TM? Die Verwendung von Datenbanken
durch Übersetzer und Terminologen aus urheberrechtlicher Sicht". In: Drewer, Petra / Mayer,
Felix / Schmitz, Klaus-Dirk (Hrsg.) (2014), 25-33

KÜDES – Konferenz der Übersetzungsdienste europäischer Staaten (2002): Empfehlungen für die
Terminologiearbeit. 2. überarb. und erw. Aufl. Bern: Schweizerische Bundeskanzlei

KÜDES – Konferenz der Übersetzungsdienste europäischer Staaten (2014): Recommandations rela-
tives à la terminologie. 3ème édition, entièrement révisée en collaboration avec la Section de
terminologie de la Chancellerie fédérale suisse. Bern: Schweizerische Bundeskanzlei

Lehmann, Sabine / Siegel, Melanie / Collmann, Oliver (2009): „Intelligente Wiederverwendung
statt blinden Kopierens". <http://www.acrolinx.de/uploads/documents/whitepapers/Whitepa-
per_Intelligent_Reuse-2009-06-[de].pdf> [Stand: 2009, Zugriff: 28.07.2009]

Lehrndorfer, Anne (1996): Kontrolliertes Deutsch: Linguistische und sprachpsychologische Leitlinien für eine (maschinell) kontrollierte Sprache in der Technischen Dokumentation. Tübingen:
Narr (Tübinger Beiträge zur Linguistik 415)

Lehrndorfer, Anne / Reuther, Ursula (2008): „Kontrollierte Sprache – standardisierende Sprache?"
In: Muthig, Jürgen (Hrsg.) (2008), 97-121

Lehrndorfer, Anne / Tjarks-Sobhani, Marita (2001): „Schreibprozess-Steuerung durch sprachliche
Standardisierungen in der technischen Dokumentation". In: Möhn, Dieter / Roß, Dieter / Tjarks-
Sobhani, Marita (Hrsg.) (2001), 145-166

Lenk, Hartmut (2003): „Typen von Entlehnungen". Universität Helsinki, Institut für moderne Sprachen, Fachgebiet Germanistik, Skript zur Vorlesung „Lexikologie", Frühjahrssemester 2003.
<http://www.helsinki.fi/~lenk/entlehnungstypen.html> [Stand: 2003, Zugriff: 27.07.2011]

Lenz, Friedrich (Hrsg.) (2009): Schlüsselqualifikation Sprache: Anforderungen – Standards – Vermittlung. Frankfurt/Main: Lang (forum Angewandte Linguistik 50)

Lieske, Christian (2002): „Pragmatische Evaluierung von Werkzeugen für die Term-Extraktion". In:
Mayer, Felix / Schmitz, Klaus-Dirk / Zeumer, Jutta (Hrsg.) (2002), 109-132

Linguee (2015): „Über Linguee". <http://www.linguee.de/deutsch-englisch/page/about.php> [Stand
2015, Zugriff: 06.08.2015]

LISA – Localization Industry Standards Association (2003): Einführung in die Lokalisierungsbran-
che. 2. überarb. Aufl. Fechy: Localization Industry Standards Association

Loewenheim, Ulrich (Hrsg.) (2010): Urheberrecht: Kommentar. 4., neubearbeitete Auflage des von
Gerhard Schricker bis zur 3. Auflage herausgegebenen Werkes. München: Beck

Mayer, Felix (1998): Eintragsmodelle für terminologische Datenbanken: Ein Beitrag zur überset-
zungsorientierten Terminographie. Tübingen: Narr (Forum für Fachsprachen-Forschung 44)

Mayer, Felix (Hrsg.) (2001a): Dolmetschen und Übersetzen: Der Beruf im Europa des 21. Jahrhun-
derts. Akten des Kongresses des BDÜ Landesverbandes Bayern e.V., 23.-25. November 2001,
München. Freiburg: freigang, mauro + reinke

Mayer, Felix (2001b): „Terminologie in der Fachübersetzung". In: Mayer, Felix (Hrsg.) (2001a),
164-168

Mayer, Felix / Muthig, Jürgen / Schmitz, Klaus-Dirk (Hrsg.) (2006): Terminologie von Anfang an.
Stuttgart: tekom

Mayer, Felix / Reineke, Detlef / Schmitz, Klaus-Dirk (Hrsg.) (2010): Best Practices in der Terminologiearbeit. Akten des DTT-Symposions Heidelberg, 15.-17. April 2010. Köln: Deutscher
Terminologie-Tag e.V.

Mayer, Felix / Reisen, Ursula (Hrsg.) (1999): Deutsche Terminologie im internationalen Wettbewerb.
Akten des DTT-Symposions Köln, 24.-25. April 1998. Köln: Deutscher Terminologie-Tag e.V.

Mayer, Felix / Schmitz, Klaus-Dirk (Hrsg.) (2008): Terminologie und Fachkommunikation. Akten des DTT-Symposions Mannheim, 18.-19. April 2008. Köln: Deutscher Terminologie-Tag e.V.

Mayer, Felix / Schmitz, Klaus-Dirk (Hrsg.) (2011): Terminologie vor neuen Ufern. Ausgewählte Beiträge der DTT-Symposien 2000-2010. Festschrift für Jutta Zeumer. Köln: Deutscher Terminologie-Tag e.V.

Mayer, Felix / Schmitz, Klaus-Dirk (Hrsg.) (2012): Terminologieprozesse und Terminologiewerkzeuge. Akten des DTT-Symposions in Heidelberg, 19.-21. April 2012, Köln: Deutscher Terminologie-Tag e.V.

Mayer, Felix / Schmitz, Klaus-Dirk / Zeumer, Jutta (Hrsg.) (2002): eTerminology: Professionelle Terminologiearbeit im Zeitalter des Internet. Akten des DTT-Symposions Köln, 12.-13. April 2002. Köln: Deutscher Terminologie-Tag e.V.

Mayer, Felix / Schmitz, Klaus-Dirk / Zeumer, Jutta (Hrsg.) (2004): Terminologie und Wissensmanagement. Akten des DTT-Symposions Köln, 26.-27. März 2004. Köln: Deutscher Terminologie-Tag e.V.

Mayer, Felix / Seewald-Heeg, Uta (Hrsg.) (2009): Terminologiemanagement: Von der Theorie zur Praxis. Berlin: BDÜ

Melby, Alan K. / Schmitz, Klaus-Dirk / Wright, Sue Ellen (2001): „Terminology Interchange". In: Wright, Sue Ellen / Budin, Gerhard (Hrsg.) (2001), 613-642

Möhn, Dieter / Roß, Dieter / Tjarks-Sobhani, Marita (Hrsg.) (2001): Mediensprache und Medienlinguistik. Festschrift für Jörg Hennig. Frankfurt/Main: Lang (Sprache in der Gesellschaft Bd. 26)

Mueller, Scott (2005): PC-Hardware Superbibel. München: Markt+Technik

Muthig, Jürgen (Hrsg.) (2008): Standardisierungsmethoden für die Technische Dokumentation. Lübeck: Schmidt-Römhild (tekom Hochschulschriften 16)

Niederhauser, Jürg (1997): „Das Schreiben populärwissenschaftlicher Texte als Transfer wissenschaftlicher Texte". In: Jakobs, Eva-Maria / Knorr, Dagmar (Hrsg.) (1997), 107-122

Nord, Christiane (1991): Textanalyse und Übersetzen: Theoretische Grundlagen, Methode und didaktische Anwendung einer übersetzungsrelevanten Textanalyse. Heidelberg: Groos

Oehmig, Peter / Massion, François / Childress, Mark (2003): „Wege zur firmeneinheitlichen Terminologie". Folien zum Vortrag vor der tekom-Regionalgruppe Rhein-Main am 20.03.03. <http://www.tekom-rhein-main.de/Folien/03_03_Terminologie.pdf> [Stand: 2003, Zugriff 30.05.2007]

Ogden, Charles .K. / Richards, Ivor .A. (1974): Die Bedeutung der Bedeutung – The Meaning of Meaning. Eine Untersuchung über den Einfluß der Sprache auf das Denken und die Wissenschaft des Symbolismus. Frankfurt/Main: Suhrkamp

Ottmann, Angelika (2002): „Software-Lokalisierung". In: Hennig, Jörg / Tjarks-Sobhani, Marita (Hrsg.) (2002), 146-163

Ottmann, Angelika (2004): Translation-Memory-Systeme: Nutzen, Risiken, erfolgreiche Anwendung. Schenkenzell: GFT

Ottmann, Angelika (2005): „Lokalisierung von Softwareoberflächen". In: Reineke, Detlef / Schmitz, Klaus-Dirk (Hrsg.) (2005), 101-115

Pfundmayr, Mike / Preissner, Annette (2002): „Terminologie in der Normung: Die Terminologiedatenbank des DIN". In: Mayer, Felix / Schmitz, Klaus-Dirk / Zeumer, Jutta (Hrsg.) (2002), 57-70

Picht, Heribert / Schmitz, Klaus-Dirk (Hrsg.) (2001): Terminologie und Wissensordnung – Ausgewählte Schriften aus dem Gesamtwerk von Eugen Wüster. Wien: TermNet

Pörksen, Uwe (1986): Deutsche Naturwissenschaftssprachen: Historische und kritische Studien. Tübingen: Narr (Forum für Fachsprachen-Forschung 2)

RaDT – Rat für Deutschsprachige Terminologie (2004): Berufsprofil Terminologe/Terminologin. <http://radt.org/veroeffentlichungen.html> [Stand: 2004, Zugriff: 12.08.2016]

RaDT – Rat für Deutschsprachige Terminologie (2013): Terminologisches Basiswissen für Fachleute. <http://radt.org/veroeffentlichungen.html> [Stand: 2004, Zugriff: 12.08.2016]

Raupach, Inke (2009): „Terminologieportale mit Mehrwert". In: Mayer, Felix / Seewald-Heeg, Uta (Hrsg.) (2009), 121-127

Reineke, Detlef (2014): „Terminologieaustausch". In: Drewer, Petra / Mayer, Felix / Schmitz, Klaus-Dirk (Hrsg.) (2014), 157-165

Reineke, Detlef / Schmitz, Klaus-Dirk (Hrsg.) (2005): Einführung in die Softwarelokalisierung. Tübingen: Narr

Reineke, Detlef / Schmitz, Klaus-Dirk (2016): „Ein neuer Anlauf für TBX". In: technische kommunikation, Heft 2/2016, 40-43

Reinke, Uwe (1999a): „Überlegungen zu einer engeren Verzahnung von Terminologiedatenbanken, Translation Memories und Textkorpora". In: LDV-Forum, Zeitschrift für Computerlinguistik und Sprachtechnologie, Bd. 16, Nr. 1/2, Jg. 1999, 64-80

Reinke, Uwe (1999b): „Evaluierung der linguistischen Leistungsfähigkeit von Translation Memory-Systemen: Ein Erfahrungsbericht". In: LDV-Forum, Zeitschrift für Computerlinguistik und Sprachtechnologie, Bd. 16, Nr. 1/2, Jg. 1999, 100-117

Reinke, Uwe (2002): „Terminologiemanagement in modernen Übersetzungsumgebungen: Translation Memories und Lokalisierungstools". In: Mayer, Felix / Schmitz, Klaus-Dirk / Zeumer, Jutta (Hrsg.) (2002), 215-238

Reinke, Uwe (2004): Translation Memories: Systeme – Konzepte – Linguistische Optimierung. Frankfurt/Main: Lang (Sabest – Saarbrücker Beiträge zur Sprach- und Translationswissenschaft 2)

Reinke, Uwe / Schmitz, Klaus-Dirk (1998): Testing the Machine Readable Terminology Interchange Format (MARTIF). Saarbrücken: Universität des Saarlandes (Saarbrücker Studien zu Sprachdatenverarbeitung und Übersetzen 13)

Reisch, Michael (2007): Halbleiter-Bauelemente. Berlin: Springer

Reisen, Ursula (1991): „Terminologiearbeit zahlt sich aus!". In: Arntz, Reiner / Mayer, Felix / Reisen, Ursula (Hrsg.) (2001), 3-15

Reuther, Ursula (2006): „Gut für Struktur und Inhalt: Kontrollierte Sprache in strukturierten Dokumenten". In: technische kommunikation, Heft 5/2006, 53-55

Reuther, Ursula / Theofilidis, Axel (2000): „Sprache kontrollieren mit Kontrollierter Sprache". <http://www.iai.uni-sb.de/docs/pres_001115_iai.pdf> [Stand: 2000, Zugriff: 21.02.2008]

Rogers, Margaret (2003): „Terminologies Are Dead – Long Live Terminologies!". In: Schubert, Klaus (Hrsg.) (2003), 139-154

Russi, Debora / Schmitz, Klaus-Dirk (2007): „DANDELION-Projekt". In: eDITion – Terminologiemagazin, Ausgabe 1/2007, 18-19

Russi, Debora / Schmitz, Klaus-Dirk (2008): „Terminologiearbeit und Softwarelokalisierung". In: Hennig, Jörg / Tjarks-Sobhani, Marita (Hrsg.) (2008), 155-163

Sager, Juan C. (1990): A Practical Course in Terminology Processing. Amsterdam: Benjamins

SALT (2000): SALT project — XML representations of Lexicons and Terminologies (XLT) — Default XLT Format (DXLT). SALT working draft document. <http://www.ttt.org/oscar/xlt/DXLTspecs.html> [Stand: 2000, Zugriff: 06.09.2016]

Sandrini, Peter (Hrsg.) (1999): Terminology and Knowledge Engineering TKE'99, Innsbruck, August 1999. Wien: TermNet

Schmitt, Peter A. (1999a): Translation und Technik. Tübingen: Stauffenburg (Studien zur Translation 6)

Schmitt, Peter A. (1999b): „Translatorische Aspekte – Technische Arbeitsmittel". In: Snell-Hornby, Mary (Hrsg.) (1999), 186-199

Schmitt, Peter A. (2002): „Terminologie in der Fachwörterbuchproduktion". In: Mayer, Felix / Schmitz, Klaus-Dirk / Zeumer, Jutta (Hrsg.) (2002), 43-56

Schmitt, Peter A. / Herold, Susann / Weilandt, Annette (Hrsg.) (2011): Translationsforschung. Tagungsberichte der LICTRA 2010 in Leipzig. Frankfurt/Main: Lang

Schmitt, Peter A. / Jüngst, Heike E. (Hrsg.) (2007): Translationsqualität. Frankfurt/Main: Lang

Schmitz, Klaus-Dirk (1999a): „Terminologiedokumentation". In: technische kommunikation, Heft 2/1999, 22–23.

Schmitz, Klaus-Dirk (1999b): „Computergestützte Terminographie: Systeme und Anwendungen". In: Hoffmann, Lothar / Kalverkämper, Hartwig / Wiegand, Herbert Ernst (Hrsg.) (1999), 2164-2170

Schmitz, Klaus-Dirk (1999c): „Cross References in Terminological Databases". In: Sandrini, Peter (Hrsg.) (1999), 391-400

Schmitz, Klaus-Dirk (2000): „Terminologieverwaltungssysteme". In: Schmitz, Klaus-Dirk / Wahle, Kirsten (Hrsg.) (2000), 135-150

Schmitz, Klaus-Dirk (Hrsg.) (2000): Sprachtechnologie für eine dynamische Wirtschaft im Medienzeitalter. Tagungsakten der XXVI. Jahrestagung der Internationalen Vereinigung Sprache und Wirtschaft e.V., 23.-25. November 2000. Wien: TermNet

Schmitz, Klaus-Dirk (2001a): „Criteria for Evaluating Terminology Database Management Programs". In: Wright, Sue Ellen / Budin, Gerhard (Hrsg.) (2001), 539-551

Schmitz, Klaus-Dirk (2001b): „Systeme zur Terminologieverwaltung: Funktionsprinzipien, Systemtypen und Auswahlkriterien". In: technische kommunikation, Heft 2/2001, 34-39

Schmitz, Klaus-Dirk (2002): „Lokalisierung: Konzepte und Aspekte". In: Hennig, Jörg / Tjarks-Sobhani, Marita (Hrsg.) (2002), 11-26

Schmitz, Klaus-Dirk (2004a): „Terminologiearbeit und Terminographie". In: Knapp, Karlfried et al. (Hrsg.) (2004), 435-456

Schmitz, Klaus-Dirk (2004b): „Die neuen Terminologiedatenbanken: online statt offline". In: Mayer, Felix / Schmitz, Klaus-Dirk / Zeumer, Jutta (Hrsg.) (2004), 180-189

Schmitz, Klaus-Dirk (2005a): „Terminologieverwaltung für die Softwarelokalisierung". In: Reineke, Detlef / Schmitz, Klaus-Dirk (Hrsg.) (2005), 39-53

Schmitz, Klaus-Dirk (2005b): „Terminology and Terminological Databases". In: Brown, Keith (Hrsg.) (2005), 578-587

Schmitz, Klaus-Dirk (2006a): „Wörterbuch, Thesaurus, Terminologie, Ontologie – Was tragen Terminologiewissenschaft und Informationswissenschaft zur Wissensordnung bei?" In: Harms, Ilse / Luckhardt, Heinz-Dirk / Giessen, Hans W. (Hrsg.) (2006) 129-138

Schmitz, Klaus-Dirk (2006b): „Data Modeling: From Terminology to Other Multilingual Structured Content". In: Wang, Yuli / Wang, Ye / Tian, Ye (Hrsg.) (2006), 4-14

Schmitz, Klaus-Dirk (2007a): „Indeterminacy of Terms and Icons in Software Localization". In: Antia, Bassey Edem (Hrsg.) (2007), 49-58

Schmitz, Klaus-Dirk (2007b): „Translationsqualität durch Terminologiequalität – wie und wo sollte Terminologiearbeit den Übersetzungsprozess unterstützen?". In: Schmitt, Peter A. / Jüngst, Heike E. (Hrsg.) (2007), 537-552

Schmitz, Klaus-Dirk (2008a): „Bedeutung von Normung und Terminologiearbeit für die Technische Dokumentation". In: Hennig, Jörg / Tjarks-Sobhani, Marita (Hrsg.) (2008), 11-17

Schmitz, Klaus-Dirk (2008b): „Zur Begrifflichkeit von Terminologie in Softwareoberflächen". In: Krings, Hans P. / Mayer, Felix (Hrsg.) (2008), 267-275

Schmitz, Klaus-Dirk (2008c): „Terminologie und Übersetzung". In: Prokom-Report, 3. Quartal 2008, 6-7

Schmitz, Klaus-Dirk (2009): „Wie finde ich die richtigen Worte? Schöpfung neuer und Auswahl guter Terminologie". In: Baur, Wolfram et al. (Hrsg.) (2009), 260-268

Schmitz, Klaus-Dirk (2010a): „Gegenstand und Begriff in der virtuellen Realität". In: Mayer, Felix / Reineke, Detlef / Schmitz, Klaus-Dirk (Hrsg.) (2010), 123-130

Schmitz, Klaus-Dirk (2010b): „Terminologierecherche im Internet". In: Mayer, Felix / Reineke, Detlef / Schmitz, Klaus-Dirk (Hrsg.) (2010), 211-219

Schmitz, Klaus-Dirk (2010c): „definition sine qua non – Definitionen in der Terminologiearbeit". In: Tagungsband zur tekom-Jahrestagung 2010. Stuttgart: tekom, 336-338

Schmitz, Klaus-Dirk (2010d): „Überlegungen zu Begriffen und deren Repräsentationen in Software-oberflächen". In: Hahn, Walter von / Vertan, Cristina (Hrsg.) (2010), 145-152

Schmitz, Klaus-Dirk (2010e): „Terminologieaus- und -weiterbildung". In: eDITion – Terminologie-magazin, Ausgabe 2/2010, 7-9

Schmitz, Klaus-Dirk (2011a): „Termini – Phrasen – Sätze: Unterscheide und Gemeinsamkeiten von Termbanken und Übersetzungsspeichern". In: Schmitt, Peter A. / Herold, Susann / Weilandt, Annette (Hrsg.) (2011), 733-738

Schmitz, Klaus-Dirk (2011b): „Concepts as building blocks for knowledge organization - a more ontological and less linguistic perception of terminology". In: Institut Porphyre (Hrsg.) (2011), 37-46

Schmitz, Klaus-Dirk (2011c): „Managing Terms in Terminology Management". In: Magyar Termi-nológia - Journal of Hungarian Terminology, Nr. 4/2011-2, 238-245

Schmitz, Klaus-Dirk (2012a): „TIPPS - Terminology Information Policy, Portal and Service". In: eDITion – Terminologiemagazin, Ausgabe 1/2012, 36

Schmitz, Klaus-Dirk (2012b): „Von der Benennung zum Begriff, vom Begriff zur Ontologie". In: Mayer, Felix / Schmitz, Klaus-Dirk (Hrsg.) (2012), 3-16

Schmitz, Klaus-Dirk (2012c): „Austausch von terminologischen Daten - wie können Normen helfen?". In: Baur, Wolfram et al. (Hrsg.) (2012), 253-258

Schmitz, Klaus-Dirk (2012d): „TBX - ein Standard für den Austausch terminoloischer Daten: Anfor-derungen, Probleme, Verbesserungen". In: Tagungsband zur tekom-Jahrestagung und tcworld conference 2012. Stuttgart: tcworld, 338-340

Schmitz, Klaus-Dirk (2012e): „Terminologische Informationen für Spracharbeiter". In: Tagungs-band zur tekom-Jahrestagung und tcworld conference 2012. Stuttgart: tcworld, 467-469

Schmitz, Klaus-Dirk (2012f): „Using international standards for terminology exchange". In: Termi-nologija 19/2012, 33-38

Schmitz, Klaus-Dirk (2012g): „Cyber-Terminology – Wie könnte Terminologiemanagement im Kontext der Technischen Kommunikation in 30 Jahren aussehen?". In: Henning, Jörg / Tjarks-Sobhani, Marita (Hrsg.) (2012), 89-94

Schmitz, Klaus-Dirk (2013a): „Von Wüster zu ISOcat – Zur geschichtlichen Entwicklung von Datenkategorien". In: eDITion – Terminologiemagazin, Ausgabe 1/2013, 13-17

Schmitz, Klaus-Dirk (2013b): „Die Fachwortpfleger". In: technische kommunikation, Heft 5/2013, 24-27

Schmitz, Klaus-Dirk (2015a): „Terms in Text and the Challenge for Terminology Management". In: Terminologija 22/2015, 15-25

Schmitz, Klaus-Dirk (2015b): „Definitionen in der Terminologiearbeit". In: edition – Fachzeitschrift für Terminologie, Ausgabe 1/2015, 10-16

Schmitz, Klaus-Dirk (2015c): „Terminology and localization". In: Kockaert, Hendrik J. / Steurs, Frieda (Hrsg.) (2015), 451-463

Schmitz, Klaus-Dirk (2016): „Das Ziel im Blick – Konzeption und Aufbau von Termbanken". In: MDÜ – Fachzeitschrift für Dolmetscher und Übersetzer, Heft 2/2016, 16-21

Schmitz, Klaus-Dirk / Dreßler, Jens / Raupach, Inke (2011): „Vorsprung durch Terminologie – ein eLearning-System für alle am Terminologieprozess Beteiligten". In: Tagungsband zur tekom-Jahrestagung 2011. Stuttgart: tcworld, 441-443

Schmitz, Klaus-Dirk / Freigang, Karl-Heinz (2002): „Terminologieverwaltung und Sprachdatenver-arbeitung". In: Best, Joanna / Kalina, Sylvia (Hrsg.) (2002), 85-100

Schmitz, Klaus-Dirk / Gornostay, Tatiana (2013): „Beyond the Conventional Terminology Work". In: Tagungsband zur tekom-Jahrestagung und tcworld conference 2013. Stuttgart: tcworld, 19-21

Schmitz, Klaus-Dirk / Nájera, Blanca (2012): „Terminologieaus- und -weiterbildung, auch für Über-setzer und Dolmetscher". In: Baur, Wolfram et al. (Hrsg.) (2012), 275-282

Schmitz, Klaus-Dirk / Straub, Daniela (2010): Successful Terminology Management in Companies
    – Practical tips and guidelines. Stuttgart: TC and more

Schmitz, Klaus-Dirk / Straub, Daniela (2015): „Terminologiemanagement: der Status quo der Ter-
    minologiearbeit in Unternehmen". In: Tagungsband der tekom-Jahrestagung und tcworld confe-
    rence 2015, Stuttgart: tcworld, 512-515

Schmitz, Klaus-Dirk / Straub, Daniela (2016a): „Erfolgreiches Terminologiemanagement im Unter-
    nehmen - Praxishilfe und Leitfaden", 2. aktualisierte Auflage. Stuttgart: TC and more

Schmitz, Klaus-Dirk / Straub, Daniela (2016b): „Welchen Stellenwert hat Terminologie?". In: tech-
    nische kommunikation, Heft 04/2016, 34-37

Schmitz, Klaus-Dirk / Straub, Daniela (2016c): „Tight budgets and a growing number of languages
    impede terminology work". In: tcworld, July 2016, 22-26

Schmitz, Klaus-Dirk / Wahle, Kirsten (Hrsg.) (2000): Softwarelokalisierung. Tübingen: Stauffenburg

Schmitz, Klaus-Dirk / Weilandt, Annette (2014): „Strategien und Prozesse im Terminologiema-
    nagement". In: Tagungsband zur tekom-Jahrestagung und tcworld conference 2014. Stuttgart:
    tcworld, 492-494

Schmitz, Klaus-Dirk / Zander, Lara (2014): „Beyond Conventional Terminology Work - eine Eva-
    luierung des TaaS-Portals". In: Tagungsband zur tekom-Jahrestagung und tcworld conference
    2014. Stuttgart: tcworld, 466-470

Schubert, Klaus (2006): „Interkulturalität in technischer Redaktion und Fachübersetzung". In:
    Wolff, Dieter (Hrsg.) (2006), 191-204

Schubert, Klaus (2008): „Der Stellenwert der Terminologiearbeit in der Ausbildung Technischer
    Redakteure". In: Hennig, Jörg / Tjarks-Sobhani, Marita (Hrsg.) (2008), 134-143

Schubert, Klaus (Hrsg.) (2003): Übersetzen und Dolmetschen: Modelle, Methoden, Technologie.
    Tübingen: Narr

Siegel, Melanie / Schmeling, Roland (2007): „Wie Texte standardisiert und sprachtechnologisch
    qualitätsgesichert werden können". Vortrag auf der tekom-Jahrestagung 2007. <http://www.
    tekom.de/index_neu.jsp?url=/servlet/ControllerGUI?action=voll&id=2284#> [Stand: 2007,
    Zugriff: 03.01.2008]

Siegel, Melanie / Schmeling, Roland (2008): „Von der Funktion zum Inhalt: Methodische Textpro-
    duktion und Kontrollierte Sprache". In: Produkt Global, Ausgabe 03/2008, 31-32

Snell-Hornby, Mary (Hrsg.) (1999): Handbuch Translation. 2., verbesserte Auflage. Tübingen:
    Stauffenburg

Sturz, Wolfgang (2007): „Terminologiemanagement als Fundament für effektives Wissensmanage-
    ment". In: eDITion – Terminologiemagazin, Ausgabe 1/2007, 15-16

Süddeutsche (2013): „Abschied vom „RkReÜAÜG"-Ungetüm". <http://www.sueddeutsche.de/kultur/
    laengstes-deutsches-wort-verschwindet-abschied-vom-rkreueaueg-ungetuem-1.1687160>. [Stand
    2013, Zugriff: 02.03.2015]

Techdeutsch (2009): „Positionspapier aus dem Arbeitskreis Technisches Deutsch". <http://www.
    techdeutsch.de/index.html> [Stand: 2009, Zugriff: 14.04.2009]

tekom (2009): „Arbeitsgruppe Technisches Deutsch". <http://www.tekom.de/index_neu.jsp?url=/
    servlet/ControllerGUI?action=voll&id=2742> [Stand: 2009, Zugriff: 14.04.2009]

tekom (2013): Regelbasiertes Schreiben: Deutsch für die Technische Kommunikation. 2. Auflage.
    Stuttgart: tekom

Temmerman, Rita (2000): Towards New Ways of Terminology Description: the Sociocognitive
    Approach. Amsterdam: Benjamins (Terminology and Lexicography Research and Practice 3)

Thatcher, Barry L. / Evia, Carlos (Hrsg.) (2008): Outsourcing Technical Communication: Issues,
    Policies and Practices. Amityville: Baywood

Tjarks-Sobhani, Marita (2007): „Der Wandel in der Professionalität Technischer Redakteure: Anfor-
    derungsprofile als Grundlage für Ausbildungsinhalte am Beispiel der Kernkompetenz ‚Schrei-
    ben'". In: Freudenfeld, Regina / Nord, Britta (Hrsg.) (2007), 23-39

Urheberrechtsgesetz (2008): Urheberrechtsgesetz vom 09.09.1965 (BGBl. I S. 1273), zuletzt geändert durch Artikel 83 des Gesetzes vom 17. Dezember 2008 (BGBl. I S. 2586)

Vasiljevs, Andrejs / Schmitz, Klaus-Dirk (2006): „Collection, harmonization and dissemination of dispersed multilingual terminology resources in an online terminology databank". In: Wang, Yuli / Wang, Ye / Tian, Ye (Hrsg.) (2006), 265-272

Vienney, Séverine / Bioud, Mounira (Hrsg.) (2004): BULAG 29 – Correction automatique: bilan et perspectives. Besançon: Presses Universitaires de Franche-Comté. Auch unter: <http://www.univ-fcomte.fr/download/pufc/document/doc_en_ligne/ouvrages_en_ligne/bulag_29_.pdf> [Stand: 2004, Zugriff: 14.04.2009]

Wachowius, Ulrich (2002): „Terminologie in der technischen Redaktion: Linguistisches Kapital mit hohem Stellenwert". In: Mayer, Felix / Schmitz, Klaus-Dirk / Zeumer, Jutta (Hrsg.) (2002), 13-17

Wang, Yuli / Wang, Ye / Tian, Ye (Hrsg.) (2006): Terminology, Standardization and Technology Transfer. Proceedings of the TSTT'2006 Conference. Beijing: Encyclopedia of China Publishing House

Warburton, Kara (2001): „Globalization and Terminology Management". In: Wright, Sue Ellen / Budin, Gerhard (2001) (Hrsg.), 687-696

WebHits (2015): „Web-Barometer". <http://www.webhits.de/deutsch/webstats.html/> [Stand: 2015, Zugriff: 06.08.2015]

Wikipedia (2016): Hauptseite der deutschen Version von Wikipedia. <https://de.wikipedia.org/wiki/Wikipedia:Hauptseite> [Stand: 2016, Zugriff: 18.08.2016]

Wiktionary (2016): Hauptseite der deutschen Version von Wiktionary. <https://de.wiktionary.org/wiki/Wiktionary:Hauptseite> [Stand: 2016, Zugriff: 18.08.2016]

Witschel, Hans Friedrich (2004): Terminologie-Extraktion – Möglichkeiten der Kombination statistischer und musterbasierter Verfahren. Würzburg: Ergon

Wolff, Dieter (Hrsg.) (2006): Mehrsprachige Individuen – vielsprachige Gesellschaften. Frankfurt/Main: Lang

Wright, Sue Ellen (1997): „Term Selection: The Initial Phase of Terminology Management". In: Wright, Sue Ellen / Budin, Gerhard (1997) (Hrsg.), 13-23

Wright, Sue Ellen (2001a): „Punktuelle Terminologiearbeit in modernen Übersetzungsumgebungen". In: MDÜ – Fachzeitschrift für Dolmetscher und Übersetzer, Heft 01/2001, 5-10

Wright, Sue Ellen (2001b): „Economics of Terminology Management". In: TermNet News No. 54, 2001, 1-10

Wright, Sue Ellen (2001c): „Terminology as an Organizational Principle in CIM Environments". In: Wright, Sue Ellen / Budin, Gerhard (2001) (Hrsg.), 467-479

Wright, Sue Ellen / Budin, Gerhard (Hrsg.) (1997): Handbook of Terminology Management. Basic Aspects of Terminology Management. Vol. 1. Amsterdam: Benjamins

Wright, Sue Ellen / Budin, Gerhard (Hrsg.) (2001): Handbook of Terminology Management. Application-Oriented Terminology Management. Vol. 2. Amsterdam: Benjamins

Wüster, Eugen (1959/1960): „Das Worten der Welt, schaubildlich und terminologisch dargestellt - Leo Weisgerber zum 60. Geburtstag". In: Picht, Heribert / Schmitz, Klaus-Dirk (Hrsg.) (2001), 21-51

Wüster, Eugen (1991): Einführung in die allgemeine Terminologielehre und terminologische Lexikographie. Bonn: Romanistischer Verlag

Zander, Lara (2014): Beyond Conventional Terminology Work – eine Evaluierung des EU-geförderten Projekts „Terminology as a Service (TaaS)". Eine terminologiewissenschaftliche Untersuchung. Masterarbeit. Fachhochschule Köln, Studiengang „Terminologie und Sprachtechnologie"

Zerfaß, Angelika (2006): „Terminologieextraktion". In: eDITion – Terminologiemagazin, Ausgabe 2/2006, 21-25

Stichwortverzeichnis

© Springer-Verlag GmbH Deutschland 2017
P. Drewer, K.-D. Schmitz, *Terminologiemanagement*,
Kommunikation und Medienmanagement,
https://doi.org/10.1007/978-3-662-53315-4

Printed in the United States
By Bookmasters